全国高职高专院校药学类与食品药品类专业"十三五"规划教材

实用发酵工程技术

（ 供药品生产技术、 药品生物技术、 药学专业用 ）

主 编　臧学丽　胡莉娟

副主编　吴素琴　李　宁　彭　坤　高宇萍

编 者　（以姓氏笔画为序）

于　丽（黑龙江职业学院）　　　　　　王　晶（吉林亚泰生物药业股份有限公司）

成　亮（山西药科职业学院）　　　　　刘　登（山东理工职业学院）

李　宁（山东药品食品职业学院）　　　吴素琴（辽宁医药职业学院）

张天竹（重庆医药高等专科学校）　　　胡莉娟（杨凌职业技术学院）

高宇萍（包头轻工职业技术学院）　　　商天奕（信阳农林学院）

彭　坤（重庆医药高等专科学校）　　　臧学丽（长春医学高等专科学校）

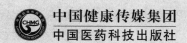

中国健康传媒集团

中国医药科技出版社

内 容 提 要

本书是全国高职高专院校药学类与食品药品类专业"十三五"规划教材之一，根据《实用发酵工程技术》教学大纲的基本要求和课程特点编写而成，内容上涵盖菌种选育与保藏、培养基的制备、灭菌、种子的扩大培养、微生物发酵工艺的控制等内容。本书具有使发酵技术教学和企业生产有效对接的特点，借鉴了生产、管理和服务第一线的新技术、新工艺、新要求、新规范，因此与企业发展保持动态跟进，适应新形势，使该教材形成完善的知识体系。同时，教材编写过程中凸显高职高专教育工学结合的教育特点，具有一定的超前意识和前瞻性。

本书供药品生产技术、药品生物技术、药学等专业使用。

图书在版编目（CIP）数据

实用发酵工程技术/臧学丽，胡莉娟主编 . —北京：中国医药科技出版社，2017.1
全国高职高专院校药学类与食品药品类专业"十三五"规划教材
ISBN 978-7-5067-8796-3

Ⅰ. ①实…　Ⅱ. ①臧…②胡…　Ⅲ. ①发酵工程-高等职业教育-教材　Ⅳ. ①TQ92

中国版本图书馆 CIP 数据核字（2016）第 304414 号

美术编辑　陈君杞
版式设计　锋尚设计

出版　**中国健康传媒集团** | 中国医药科技出版社
地址　北京市海淀区文慧园北路甲 22 号
邮编　100082
电话　发行：010-62227427　邮购：010-62236938
网址　www.cmstp.com
规格　787×1092mm ¼₁₆
印张　16 ½
字数　368 千字
版次　2017 年 1 月第 1 版
印次　2020 年 8 月第 3 次印刷
印刷　北京市密东印刷有限公司
经销　全国各地新华书店
书号　ISBN 978-7-5067-8796-3
定价　**39. 00 元**

全国高职高专院校药学类与食品药品类专业"十三五"规划教材

出 版 说 明

全国高职高专院校药学类与食品药品类专业"十三五"规划教材（第三轮规划教材），是在教育部、国家食品药品监督管理总局领导下，在全国食品药品职业教育教学指导委员会和全国卫生职业教育教学指导委员会专家的指导下，在全国高职高专院校药学类与食品药品类专业"十三五"规划教材建设指导委员会的支持下，中国医药科技出版社在2013年修订出版"全国医药高等职业教育药学类规划教材"（第二轮规划教材）（共40门教材，其中24门为教育部"十二五"国家规划教材）的基础上，根据高等职业教育教改新精神和《普通高等学校高等职业教育（专科）专业目录（2015年）》（以下简称《专业目录（2015年）》）的新要求，于2016年4月组织全国70余所高职高专院校及相关单位和企业1000余名教学与实践经验丰富的专家、教师悉心编撰而成。

本套教材共计57种，其中19种教材配套"医药大学堂"在线学习平台。主要供全国高职高专院校药学类、药品制造类、食品药品管理类、食品类有关专业〔即：药学专业、中药学专业、中药生产与加工专业、制药设备应用技术专业、药品生产技术专业（药物制剂、生物药物生产技术、化学药生产技术、中药生产技术方向）、药品质量与安全专业（药品质量检测、食品药品监督管理方向）、药品经营与管理专业（药品营销方向）、药品服务与管理专业（药品管理方向）、食品质量与安全专业、食品检测技术专业〕及其相关专业师生教学使用，也可供医药卫生行业从业人员继续教育和培训使用。

本套教材定位清晰，特点鲜明，主要体现在如下几个方面。

1.坚持职教改革精神，科学规划准确定位

编写教材，坚持现代职教改革方向，体现高职教育特色，根据新《专业目录》要求，以培养目标为依据，以岗位需求为导向，以学生就业创业能力培养为核心，以培养满足岗位需求、教学需求和社会需求的高素质技能型人才为根本。并做到衔接中职相应专业、接续本科相关专业。科学规划、准确定位教材。

2.体现行业准入要求，注重学生持续发展

紧密结合《中国药典》（2015年版）、国家执业药师资格考试、GSP（2016年）、《中华人民共和国职业分类大典》（2015年）等标准要求，按照行业用人要求，以职业资格准入为指导，做到教考、课证融合。同时注重职业素质教育和培养可持续发展能力，满足培养应用型、复合型、技能型人才的要求，为学生持续发展奠定扎实基础。

3. 遵循教材编写规律，强化实践技能训练

遵循"三基、五性、三特定"的教材编写规律。准确把握教材理论知识的深浅度，做到理论知识"必需、够用"为度；坚持与时俱进，重视吸收新知识、新技术、新方法；注重实践技能训练，将实验实训类内容与主干教材贯穿一起。

4. 注重教材科学架构，有机衔接前后内容

科学设计教材内容，既体现专业课程的培养目标与任务要求，又符合教学规律、循序渐进。使相关教材之间有机衔接，坚持上游课程教材为下游服务，专业课教材内容与学生就业岗位的知识和能力要求相对接。

5. 工学结合产教对接，优化编者组建团队

专业技能课教材，吸纳具有丰富实践经验的医疗、食品药品监管与质量检测单位及食品药品生产与经营企业人员参与编写，保证教材内容与岗位实际密切衔接。

6. 创新教材编写形式，设计模块便教易学

在保持教材主体内容基础上，设计了"案例导入""案例讨论""课堂互动""拓展阅读""岗位对接"等编写模块。通过"案例导入"或"案例讨论"模块，列举在专业岗位或现实生活中常见的问题，引导学生讨论与思考，提升教材的可读性，提高学生的学习兴趣和联系实际的能力。

7. 纸质数字教材同步，多媒融合增值服务

在纸质教材建设的同时，本套教材的部分教材搭建了与纸质教材配套的"医药大学堂"在线学习平台（如电子教材、课程PPT、试题、视频、动画等），使教材内容更加生动化、形象化。纸质教材与数字教材融合，提供师生多种形式的教学资源共享，以满足教学的需要。

8. 教材大纲配套开发，方便教师开展教学

依据教改精神和行业要求，在科学、准确定位各门课程之后，研究起草了各门课程的《教学大纲》（《课程标准》），并以此为依据编写相应教材，使教材与《教学大纲》相配套。同时，有利于教师参考《教学大纲》开展教学。

编写出版本套高质量教材，得到了全国食品药品职业教育教学指导委员会和全国卫生职业教育教学指导委员会有关专家和全国各有关院校领导与编者的大力支持，在此一并表示衷心感谢。出版发行本套教材，希望受到广大师生欢迎，并在教学中积极使用本套教材和提出宝贵意见，以便修订完善，共同打造精品教材，为促进我国高职高专院校药学类与食品药品类相关专业教育教学改革和人才培养作出积极贡献。

中国医药科技出版社

2016 年 11 月

教材目录

序号	书 名	主 编	适用专业
1	高等数学（第 2 版）	方媛璐 孙永霞	药学类、药品制造类、食品药品管理类、食品类专业
2	医药数理统计*（第 3 版）	高祖新 刘更新	药学类、药品制造类、食品药品管理类、食品类专业
3	计算机基础（第 2 版）	叶 青 刘中军	药学类、药品制造类、食品药品管理类、食品类专业
4	文献检索	章新友	药学类、药品制造类、食品药品管理类、食品类专业
5	医药英语（第 2 版）	崔成红 李正亚	药学类、药品制造类、食品药品管理类、食品类专业
6	公共关系实务	李朝霞 李占文	药学类、药品制造类、食品药品管理类、食品类专业
7	医药应用文写作（第 2 版）	廖楚珍 梁建青	药学类、药品制造类、食品药品管理类、食品类专业
8	大学生就业创业指导	贾 强 包有或	药学类、药品制造类、食品药品管理类、食品类专业
9	大学生心理健康	徐贤淑	药学类、药品制造类、食品药品管理类、食品类专业
10	人体解剖生理学*（第 3 版）	唐晓伟 唐省三	药学、中药学、医学检验技术以及其他食品药品类专业
11	无机化学（第 3 版）	蔡自由 叶国华	药学类、药品制造类、食品药品管理类、食品类专业
12	有机化学（第 3 版）	张雪昀 宋海南	药学类、药品制造类、食品药品管理类、食品类专业
13	分析化学*（第 3 版）	冉启文 黄月君	药学类、药品制造类、食品药品管理类、食品类专业
14	生物化学*（第 3 版）	毕见州 何文胜	药学类、药品制造类、食品药品管理类、食品类专业
15	药用微生物学基础（第 3 版）	陈明琪	药品制造类、药学类、食品药品管理类专业
16	病原生物与免疫学	甘晓玲 刘文辉	药学类、食品药品管理类专业
17	天然药物学	祖炬雄 李本俊	药学、药品经营与管理、药品服务与管理、药品生产技术专业
18	药学服务实务	陈地龙 张 庆	药学类及药品经营与管理、药品服务与管理专业
19	天然药物化学（第 3 版）	张雷红 杨 红	药学类及药品生产技术、药品质量与安全专业
20	药物化学*（第 3 版）	刘文娟 李群力	药学类、药品制造类专业
21	药理学*（第 3 版）	张 虹 秦红兵	药学类，食品药品管理类及药品服务与管理、药品质量与安全专业
22	临床药物治疗学	方士英 赵 文	药学类及食品药品类专业
23	药剂学	朱照静 张荷兰	药学、药品生产技术、药品质量与安全、药品经营与管理专业
24	仪器分析技术*（第 2 版）	毛金银 杜学勤	药品质量与管理、药品生产技术、食品检测技术专业
25	药物分析*（第 3 版）	欧阳卉 唐 倩	药学、药品质量与安全、药品生产技术专业
26	药品储存与养护技术（第 3 版）	秦泽平 张万隆	药学类与食品药品管理类专业
27	GMP 实务教程*（第 3 版）	何思煌 罗文华	药品制造类、生物技术类和食品药品管理类专业
28	GSP 实用教程（第 2 版）	丛淑芹 丁 静	药学类与食品药品类专业

序号	书 名	主 编	适用专业
29	药事管理与法规*（第3版）	沈 力 吴美香	药学类、药品制造类、食品药品管理类专业
30	实用药物学基础	邸利芝 邓庆华	药品生产技术专业
31	药物制剂技术*（第3版）	胡 英 王晓娟	药学类，药品制造类专业
32	药物检测技术	王文洁 张亚红	药品生产技术专业
33	药物制剂辅料与包装材料	关志宇	药学、药品生产技术专业
34	药物制剂设备（第2版）	杨宗发 董天梅	药学、中药学、药品生产技术专业
35	化工制图技术	朱金艳	药学、中药学、药品生产技术专业
36	实用发酵工程技术	臧学丽 胡莉娟	药品生产技术、药品生物技术、药学专业
37	生物制药工艺技术	陈梁军	药品生产技术专业
38	生物药物检测技术	杨元娟	药品生产技术、药品生物技术专业
39	医药市场营销实务*（第3版）	甘湘宁 周凤莲	药学类及药品经营与管理、药品服务与管理专业
40	实用医药商务礼仪（第3版）	张 丽 位汶军	药学类及药品经营与管理、药品服务与管理专业
41	药店经营与管理（第2版）	梁春贤 俞双燕	药学类及药品经营与管理、药品服务与管理专业
42	医药伦理学	周鸿艳 郝军燕	药学类、药品制造类、食品药品管理类、食品类专业
43	医药商品学*（第2版）	王雁群	药品经营与管理、药学专业
44	制药过程原理与设备*（第2版）	姜爱霞 吴建明	药品生产技术、制药设备应用技术、药品质量与安全、药学专业
45	中医学基础（第2版）	周少林 宋诚挚	中医药类专业
46	中药学（第3版）	陈信云 黄丽平	中药学专业
47	实用方剂与中成药	赵宝林 陆鸿奎	药学、中药学、药品经营与管理、药品质量与安全、药品生产技术专业
48	中药调剂技术*（第2版）	黄欣碧 傅 红	中药学、药品生产技术及药品服务与管理专业
49	中药药剂学（第2版）	易东阳 刘 葵	中药学、药品生产技术、中药生产与加工专业
50	中药制剂检测技术*（第2版）	卓 菊 宋金玉	药品制造类、药学类专业
51	中药鉴定技术*（第3版）	姚荣林 刘耀武	中药学专业
52	中药炮制技术（第3版）	陈秀瑷 吕桂凤	中药学、药品生产技术专业
53	中药药膳技术	梁 军 许慧艳	中药学、食品营养与卫生、康复治疗技术专业
54	化学基础与分析技术	林 珍 潘志斌	食品药品类专业用
55	食品化学	马丽杰	食品类、医学营养及健康类专业
56	公共营养学	周建军 詹 杰	食品与营养相关专业用
57	食品理化分析技术	胡雪琴	食品质量与安全、食品检测技术、食品营养与检测等专业用

* 为"十二五"职业教育国家规划教材。

全国高职高专院校药学类与食品药品类专业
"十三五"规划教材

建设指导委员会

曹庆旭（黔东南民族职业技术学院）

葛　虹（广东食品药品职业学院）

谭　工（重庆三峡医药高等专科学校）

潘树枫（辽宁医药职业学院）

委　　　员（以姓氏笔画为序）

王　宁（江苏医药职业学院）

王广珠（山东药品食品职业学院）

王仙芝（山西药科职业学院）

王海东（马应龙药业集团研究院）

韦　超（广西卫生职业技术学院）

向　敏（苏州卫生职业技术学院）

邬瑞斌（中国药科大学）

刘书华（黔东南民族职业技术学院）

许建新（曲靖医学高等专科学校）

孙　莹（长春医学高等专科学校）

李群力（金华职业技术学院）

杨　鑫（长春医学高等专科学校）

杨元娟（重庆医药高等专科学校）

杨先振（楚雄医药高等专科学校）

肖　兰（长沙卫生职业学院）

吴　勇（黔东南民族职业技术学院）

吴海侠（广东食品药品职业学院）

邹隆琼（重庆三峡云海药业股份有限公司）

沈　力（重庆三峡医药高等专科学校）

宋海南（安徽医学高等专科学校）

张　海（四川联成迅康医药股份有限公司）

张　建（天津生物工程职业技术学院）

张春强（长沙卫生职业学院）

张炳盛（山东中医药高等专科学校）

张健泓（广东食品药品职业学院）

范继业（河北化工医药职业技术学院）

明广奇（中国药科大学高等职业技术学院）

罗兴洪（先声药业集团政策事务部）

罗跃娥（天津医学高等专科学校）

郝晶晶（北京卫生职业学院）

贾　平（益阳医学高等专科学校）

徐宣富（江苏恒瑞医药股份有限公司）

黄丽平（安徽中医药高等专科学校）

黄家利（中国药科大学高等职业技术学院）

崔山风（浙江医药高等专科学校）

潘志斌（福建生物工程职业技术学院）

    发酵工程技术是生物技术的重要组成部分，是实现生物技术工业化的关键环节，绝大多数生物技术目标是通过发酵工程来实现的。生物技术又分为药品生物技术、食品生物技术、农业生物技术等，现存发酵工程教材食品和药品混用现象严重，不能突出药品发酵生产的特点；不能满足高职高专药品生产技术、药品生物技术、药学等专业对教材的要求。

    发酵工程技术是药品生产技术、药品生物技术的专业核心课程，以生物化学与分子生物学、微生物学、基因工程基础为先导，为生物分离与纯化技术、药剂学学习打基础，是连接生物技术上下游之间的纽带，本教材以典型的发酵工艺流程为主线，以工作任务为中心组织教材内容，凸显职业领域完成工作任务的知识系统性和工作整体性。包括完成工作任务应具备的基本知识、实施计划、服务对象以及评价体系的整个过程，体现"够用为度、注重实践"的原则，找到重点，分散难点，做到深入浅出，解决难度"适宜"的问题。项目后还精选发酵过程中重要操作环节作为实训项目，为学生的培养方向、未来就业的岗位量身编写，提高教材与工作体系、工作过程的关联度，重点突出高职教材的实践性、实用性。实践教学内容难易得当，各高职院校可根据实训条件灵活选用。

    本教材采用任务驱动、项目导向方式编写教学内容，引进丰富多样的案例。借鉴了生产、管理和服务第一线的新技术、新工艺、新要求、新规范。第一，教学内容的更新，突出教材内容的先进性；第二，适应劳动力市场的变化和社会需求的多样化，体现高职院校的就业导向；第三，充实实践性教学环节内容，解决高职实践教学中的难点。因此与企业发展保持动态跟进，适应新形势，使该教材形成完善的知识体系。保持教材具有一定的超前意识和前瞻性。同时，教材编写过程中突出高职教育工学结合的教育特点。

    本教材由长春医学高等专科学校臧学丽及杨凌职业技术学院胡莉娟主编，全书共九个项目，臧学丽编写项目一、项目三、项目四、项目五、项目六、项目七，胡莉娟编写绪论、项目五，吴素琴编写项目四，李宁编写项目六、项目九，彭坤编写项目九，高宇萍编写项目二，于丽编写项目一，成亮编写项目一、项目三，刘登编写项目八，张天竹编写项目七，商天奕编写项目二，吉林亚泰生物药业股份有限公司王晶给予审查并提出了许多宝贵意见。

    本教材虽然参考了大量近期文献，并结合了各自的教学经验，但鉴于发酵工程发展迅速及编者的水平有限，内容难免有疏漏之处，敬请批评指正。

编 者

2016 年 9 月

目录
CONTENTS

项目三

灭　菌

项目四

种子的扩
大培养

项目九

发酵工业应用实例

绪　　论

案例导入

案例： "发酵"作为名词表示一个过程，作为动词表示一种行动。微生物生理学严格定义的"发酵"有机物被生物体氧化降解成氧化产物并释放能量的过程统称为生物氧化。微生物生理学把生物氧化区分为呼吸和发酵，呼吸又可进一步区分为有氧呼吸和无氧呼吸。因此，发酵是生物氧化的一种方式。工业生产上笼统地把一切依靠微生物的生命活动而实现的工业生产均称为"发酵"，这样定义的发酵就是"工业发酵"。工业发酵要依靠微生物的生命活动，生命活动依靠生物氧化提供的代谢能来支撑，因此工业发酵应该覆盖微生物生理学中生物氧化的所有方式：有氧呼吸、无氧呼吸和发酵。

讨论： 发酵的概念是什么？

　　发酵技术是生物技术中最早发展和应用的食品加工技术之一。许多传统的发酵食品，如酒、豆豉等。随着分子生物学和细胞生物学的快速发展，现代发酵技术应运而生。传统发酵技术与 DNA 重组技术等现代生物技术相结合，已经广泛应用到制药行业中。

一、发酵和发酵工程的基本概念

　　发酵现象早已被人们所认识，但了解它的本质却是近 200 年来的事。英语中发酵一词 fermentation 是从拉丁语 fervere 派生而来的，原意为"翻腾"，它描述酵母作用于果汁或麦芽浸出液时的现象。现在发酵技术已发展成为一门工程学科和独立的工业，涵盖了食品发酵（如酸奶、干酪、面包、酱腌菜等）、酿造（如啤酒、白酒、黄酒、葡萄酒等饮料酒以及酱油、酱、醋等酿造调味品等）、近代的发酵工业（如乙醇、乳酸、丙酮、丁醇等）等。食品发酵类型众多，若不加以控制，就会导致食品腐败变质。控制食品发酵过程的主要因素有酸度、乙醇含量、菌种的使用、温度、通氧量和加盐量等。

课堂互动

　　　　试举出日常生活中使用发酵技术的实例。并详细描述生产细节。

　　发酵的定义由使用场合的不同而不同。通常所说的生化和生理意义的发酵，多是指生物体对于有机物的某种分解过程。发酵是人类较早接触的一种生物化学反应。或者更严格地说，发酵是以有机物作为电子受体的氧化还原产能反应。

　　工业上的发酵泛指大规模的培养微生物生产有用产品的过程，即包括微生物的厌氧发酵，如乙醇、乳酸等，也包括微生物好氧发酵，如抗生素、氨基酸、酶制剂等。产品有细胞代谢产物，也包括菌体细胞、酶等。

传统的发酵工程：利用微生物的生长和代谢活动来大量生产人们所需要的产品的过程理论和工程体系。该技术体系主要包括菌种选育和保藏、菌种扩大培养、代谢产物的合成与分离纯化制备等技术集成。如：酿造与食品业、抗生素、氨基酸等生产。

现代发酵工程：是将 DNA 重组和细胞融合技术、酶工程技术及代谢调控技术、过程工程优化与放大技术等新技术与传统发酵工程相融合，大大提高传统发酵技术水平，拓展传统发酵应用领域和产品范围的一种现代工业生物技术体系。如：基因工程药物、细胞工程药物、疫苗等。而各种生物技术分支之间存在着交叉渗透的现象（绪表-1）。

绪表-1   生物工程五大主要技术体系关系

生物工程	主要操作对象	工程目的	与其他工程的关系
基因工程	基因及动物细胞、植物细胞、微生物细胞	改造物种	通过细胞工程、发酵工程使目的基因得以表达
细胞工程	动物细胞、植物细胞、微生物细胞	改造物种	可以为发酵工程提供菌种，使基因工程得以实现
发酵工程	微生物	获得菌体及各种代谢产物	为酶工程提供酶的来源
酶工程	微生物	获得酶制剂或固定化酶	为其他生物工程提供酶制剂
蛋白质工程	蛋白质空间结构	合成具有特定功能的新蛋白质	是基因工程的延续

二、 发酵工程的特点

发酵工业是利用微生物所具有的生物加工与生物转化能力，将廉价的发酵原料转化为各种高附加值产品的产业。它与化工产业相比，有以下特点。

（1）以活的生命体（微生物）作为目标反应的实现者，反应过程中既涉及特异的化学反应的实现又涉及生命个体的代谢存活及生长发育，生物反应机理非常复杂，较难控制，反应液中杂质也多，不容易提取、分离。因此，微生物制药是一个极其复杂的生产过程，但目标反应过程是以生命体的自动调节方式进行，数十个反应过程能够在发酵设备中一次完成。

（2）反应通常在常温常压下进行，条件温和，能耗小，设备较简单。

（3）原材料来源丰富，价格低廉，过程中废物的危害性较小，但原料成分往往难以控制，给产品质量带来一定影响。生产原料通常以糖蜜、淀粉及碳水化合物为主，可以是农副产品、工业废水或可再生资源，微生物本身能选择地摄取所需物质。

（4）由于活的生命体参加反应，受微生物代谢特征的限制（不能耐高渗透压，高浓度底物或产物易导致酶活下降），反应液中底物浓度不应过高，产物浓度不应过高，导致生产能力下降，设备体积庞大。

（5）微生物参与发酵，能够高度选择地进行复杂化合物在特定部位进行氧化、还原、脱氢、脱氨及官能团引入或去除等反应，易产生复杂的高分子化合物。

（6）微生物发酵过程是微生物菌体非正常的、不经济的代谢过程，生产过程中应为其代谢活动提供良好的环境。因此，须防止杂菌污染，要进行严格冲洗、灭菌，空气需要过滤等。另外，微生物发酵生产周期长，生产稳定性差，技术复杂，不确定因素多，废物排放及治理要求高，难度大，因此应在实践中不断摸索创新。

（7）产品的质量标准不同，生产环境亦不同，对要求无菌的产品，其最后一道工序必须在洁净车间内完成，所有接触该药物的设备、容器必须灭菌，而操作者亦需进行检验及工作前的无菌处理等。

（8）现代微生物发酵的最大特点是高技术含量、智力密集、全封闭自动化、全过程质量控制、大规模反应器生产和新型分离技术综合利用等。

基于以上特点，发酵工业日益受到人们的重视。与传统的发酵工艺相比，现代发酵工业除了上述特点之外更有其优越性。如除了使用从自然界筛选的微生物外，还可以采用人工构建的"基因工程菌"或微生物发酵产生的酶制剂进行生物产品的工业化生产，而且发酵设备也为自动化、连续化设备所代替，使发酵水平在原来的基础上得到大幅提高，发酵类型不断创新。

三、　发酵工程典型工艺流程及产品类型

发酵工程是利用微生物机能将物料加工成所需产品的工业化过程，即工业微生物发酵过程。无论是从微生物体内还是从其代谢产物中获得产品，或是用遗传工程菌获得产品，都必须依赖于发酵工程技术。

1. 发酵工程的一般过程　发酵工程过程一般包括菌体生产及代谢产物或转化产物的发酵生产。其主要内容包括生产菌种的选育培养及扩大，培养基的制备，设备与培养基的灭菌，无菌空气的制备，发酵工艺控制，产物的分离、提取与精制，成品的检验与包装等。较常用的深层发酵生产过程（绪图-1）如下。

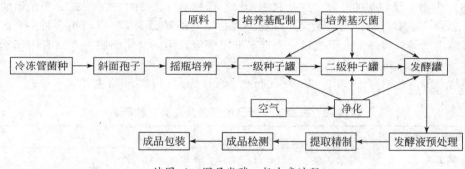

绪图-1　深层发酵一般生产过程

2. 发酵工业产品类型　发酵工业的应用范围很广，分类方法也多种多样，依据最终发酵产品的类型可以分为五大类。

（1）微生物菌体发酵　这是以获得具有某种用途的菌体为目的的发酵，菌体发酵可用来生产一些药用真菌，如香菇类、冬虫夏草类及与天麻共生的密环菌、茯苓菌、担子菌等，可通过发酵培养的手段来产生与天然产品具有等同疗效的药用产物。有的微生物菌体还可用作生物防治剂，如苏云金杆菌、蜡状芽孢杆菌和侧孢芽孢杆菌，其细胞中的伴孢晶体可杀死鳞翅目、双翅目害虫；丝状真菌的白僵菌、绿僵菌可防治松毛虫。这类发酵细胞的生长与产物的积累呈平行关系，生长速率最大的时期也是产物合成最高的阶段，生长稳定期细胞物质浓度最大，同时也是产量最高的收获时期。

（2）微生物酶发酵　通过微生物发酵手段来实现酶的生产，用于医药生产和医疗检测中。如青霉素酰化酶用来生产半合成青霉素所用的中间体6-氨基青霉素酸（6-aminopenicillanic acid，6-APA）；胆固醇氧化酶用于检查血清中胆固醇的含量；葡萄糖氧化酶用于检查血液中

葡萄糖的含量等。酶生产菌大多是细菌、酵母菌和霉菌等，酶的生产受到严格调节控制，为了提高酶的生产能力，就必须解除酶合成的控制机制，如培养基中加入诱导剂来诱导酶的产生，或者诱变和筛选产生菌的突变株，来解除菌体对酶合成的反馈阻遏等方法，以提高酶产量。

（3）微生物代谢产物发酵　利用微生物发酵，可以获得不同的代谢产物。在菌体对数生长期所产生的产物，是菌体生长繁殖所必需的，这些产物称为初级代谢产物，如氨基酸、核苷酸、蛋白质、核酸、糖类等。在菌体生长静止期，某些菌体能合成一些具有特定功能的产物，如抗生素、细菌毒素等，这些产物与菌体的生长繁殖无明显关系，称为次级代谢产物，这类产物是菌体在生长稳定期合成的具有特定功能的产物，也受许多调节机制的控制。由于抗生素不仅具有广泛的抗菌作用，而且还有抗毒素、抗癌、镇咳等生理活性，得到了大力发展，已成为发酵工业的主导产品。

（4）微生物转化发酵　微生物转化发酵是利用微生物细胞的一种或多种酶把一种化合物转变成结构相关的更有经济价值的产物。可进行的转化反应包括：脱氢反应、氧化反应、脱水反应、缩水反应、脱羟反应、氨化反应、脱氨反应和异构化反应，突出的微生物转化是甾类转化，甾类激素包括醋酸可的松等皮质激素和黄体酮等性激素。过去制造甾类激素是采用单纯化学法，工序复杂，收率很低，利用微生物转化后，合成步骤大为减少。如从胆酸化学合成可的松需37步，用微生物转化减少到11步；又如从胆固醇化学合成雌酚酮需经六步反应，用微生物法可减少至三步。因此，微生物转化法在许多复杂反应的应用上有更大优势，今后利用微生物转化法来实现复杂药物的合成会越来越多。

（5）生物工程细胞的发酵　这是利用生物工程技术所获得的细胞，如DNA重组的"工程菌"以及细胞融合所得的"杂交"细胞等进行培养的新型发酵，其产物多种多样。用基因工程菌生产的有胰岛素、干扰素、青霉素酰化酶等，用杂交瘤细胞生产的有用于治疗和诊断的各种单克隆抗体。

若将发酵工业的范围按照产品进行细分，大致可分为14类（绪表-2）。

绪表-2　发酵工业涉及的范围及主要发酵产品

发酵工业范围	主要发酵产品
食品发酵工业	酱油、醋、活性酵母、面包、酸奶、奶酪、酒等
有机酸发酵工业	醋酸、乳酸、柠檬酸、苹果酸、琥珀酸、丙酮酸等
氨基酸发酵工业	谷氨酸、赖氨酸、色氨酸、苏氨酸、精氨酸等
低聚糖与多糖发酵工业	低聚果糖、香菇多糖、云芝多糖、葡聚糖、黄原胶等
核苷酸发酵工业	肌苷酸、鸟苷酸、黄苷酸
药物发酵工业	抗生素：青霉素、头孢菌素、链霉素、制霉菌素、丝裂霉素等
	基因工程制药工业：促进红细胞生成素、集落刺激因子、表皮生长因子、人生长激素、干扰素、白介素、各种疫苗、单克隆抗体等
	药理活性物质发酵工业：免疫抑制剂、免疫激活剂、糖苷酶抑制剂、脂酶抑制剂、类固醇激素等
维生素发酵工业	维生素C、维生素B_2、维生素B_{12}等
酶制剂发酵工业	淀粉酶、蛋白酶、脂酶、青霉素酰化酶、葡萄糖氧化酶、海因酶等
发酵饲料工业	干酵母、单细胞蛋白、益生菌、青贮饲料、抗生素和维生素饲料添加剂等

发酵工业范围	主要发酵产品
生物肥料与农药工业	细菌肥料、赤霉素、除草菌素、苏云金杆菌、白僵菌、绿僵菌、杀稻瘟菌素、有效霉素、春日霉素等
有机溶剂发酵工业	甘油、乙醇、丙酮、丁醇溶剂等
微生物环境净化工业	利用微生物处理废水、污水等
生物能工业	沼气、纤维素等发酵生产乙醇、乙烯甲烷等能源物质
微生物冶金工业	利用微生物探矿、冶金、石油脱硫等

3. 生物反应器　生物反应器是微生物实现目标生物化学反应过程的关键场所。生物反应器性能的好坏将影响产品的质量及产量，生物反应器的性能常常受到传热、传质能力限制。因此，改进生物反应器的传递性能，同时力争反应器向大型及自动化方向发展是今后发展的主要方向。比较常见的生物反应器有机械搅拌式反应器、气升式反应器、鼓泡式反应器、固定床反应器、流化床反应器、膜生物反应器等。

四、 微生物发酵工程的发展史

发酵工程技术的历史可以根据发酵技术的重大进步大致分为自然发酵阶段、纯培养发酵阶段、深层通气发酵阶段和基因工程阶段四个阶段（绪表-3）。

1. 自然发酵阶段　几千年前，人们在长期的日常生产生活中发现一些粮食经过一段时间的储存后，经过自然界一些因素的作用，会产生一些像酸、辣等奇怪现象，这些奇怪的味道逐渐被人们所接受并喜欢，同时慢慢地积累经验，利用自然界的这种现象来生产人们喜欢的味道，从事酿酒、酱、醋等生产，改善人们的生活。但是，人们对这种现象的本质一无所知，直到19世纪仍然是一知半解。当时人们酿酒、酱、醋等产品完全凭经验，当周围的环境变化了，自然会导致产品口味的变化，甚至会浪费粮食，现在很容易解释这种现象，但是对于人类的祖先这是不可能的事情。

在19世纪以前的很长一段时间里，发酵一直处于天然发酵阶段，凭经验传授技术，靠自然，人为不可控，产品质量不稳定。

2. 微生物纯培养技术阶段　1676年荷兰人列文虎克制成了能放大170～300倍的显微镜并首先观察到了微生物，至此人们可以借助光学仪器来观察、认识微生物，并进行研究以利用微生物。19世纪60年代法国科学家巴斯德首先证实发酵是由微生物引起的，并首先建立了微生物纯培养技术，从而为发酵技术的发展提供了理论基础，将发酵技术纳入了科学的轨道。19世纪末至20世纪40年代，以微生物发酵生产的产品逐渐发展起来，有很多药品或与医药有关的产品，如乳酸、柠檬酸、甘油、葡萄糖酸、核黄素等相继生产，诞生了第一代微生物制药技术。但这些产物均属于初级代谢产物，代谢形成过程比较简单，产物化学结构和原料也简单，代谢类型大多属分解代谢兼发酵过程，这些发酵条件调控简单，大多表面培养，设备要求不高，规模不大。

3. 液体深层通气搅拌发酵技术阶段　20世纪40年代以后以抗生素为代表，这是一类由微生物次级代谢产生的生物合成药物，形成途径复杂、发酵周期长，产物结构较原料复杂和不稳定，绝大多数属于好氧性发酵，通气量要求大，氧供应要求高；许多次级代谢途径是由质粒所调控，原始菌合成单位很低，但临床药用量很大，这一矛盾促进了对微生物制药技术的进一步研究开发，使微生物制药技术步入新的阶段，如菌种筛选、培养、诱变及驯育、深层多级发酵、提炼等。

　　这段时期始于 1928 年英国费莱明发现了抗菌物质，1940 年英国牛津大学病理学教授 Florey 和生化专家 Chain 等提取并证明了青霉素的疗效。起初是沿用初级代谢产物的发酵条件，采用表面培养法生产青霉素，虽然设备要求不高，规模不大，但成本高、劳动力强、价格高。这是由于次级代谢产物形成途径复杂、周期长、产物结构复杂并且不稳定。随后研发了搅拌发酵沉没法，提高了供氧和通气量，同时在菌株选育、培养和深层发酵、提取技术和设备的研究方面取得了突破性进展，给抗生素生产带来了革命性的变化，开始了微生物工业时代。以后链霉素、金霉素、红霉素等抗生素出现，抗生素工业迅速发展，成为制药业的独立门类，抗生素生产经验很快应用于其他药品的发酵生产，如氨基酸、维生素、甾体激素等，黑根霉一步生物转化孕酮为羟基孕酮，实现了甾体类激素的工业化生产，醋酸杆菌转化山梨醇，使得维生素 C 能人工全合成。

　　4. 基因工程育种技术阶段　现代生物制药技术是以 20 世纪 70 年代重组 DNA 技术的建立，标志着生物核心技术——基因工程技术的开始，它向人们提供了一种全新的技术手段，使人们可以按照意愿在试管内切割 DNA，分离基因并重组后导入其他生物或微生物细胞，改良菌种的生理特性，借以产生新的代谢产物或提高产量，特别是生产异源蛋白质或作为药物或作为疫苗。基因工程菌在工业上的应用，开辟了微生物发酵新天地。另外，原生质体和原生质体融合技术、突变生物合成技术、利用微生物选择性催化合成重要手性药物技术等也为生物制药技术增添了新的活力。

绪表-3　发酵工程技术的历史阶段及其特点

发展阶段	技术特点及发酵产品
自然发酵 1990 年以前	利用自然发酵制曲酿酒，制醋，栽培食用菌，酿制酱油、酱品、泡菜、干酪、面包以及沤肥等 特点：凭生产经验，主要是食品，混菌发酵
纯培养发酵 1900—1940 年	利用微生物纯培养技术发酵生产面包酵母、甘油、乙醇、乳酸、丙酮、丁醇等厌氧发酵产品和柠檬酸、淀粉酶、蛋白酶等好氧发酵产品 特点：生产过程简单，对发酵设备要求不高，生产规模不大，发酵产品的结构比原料简单，属于初级代谢产物
深层通气发酵 1940 年以后	利用液体深层通气培养技术大规模发酵生产抗生素以及各种有机酸、酶制剂、维生素、激素等产品 特点：微生物发酵的代谢从分解代谢转变为合成代谢；真正无杂菌发酵的机械搅拌液体深层发酵罐诞生；微生物学、生物化学、生化工程三大学科形成了完整的体系
基因工程育种 1979 年以后	利用 DNA 重组技术构建的生物细胞发酵生产人们所希望的各种产品，如胰岛素、干扰素等基因工程产品 特点：按照人们的意愿改造物种发酵生产人们所希望的各种产品；生物反应器也不再是传统意义上的钢铁设备，昆虫躯体、动物细胞乳腺、植物细胞的根茎果实都可以看作是一种生物反应器；基因工程技术使发酵工业发生了革命性变化

　　5. 中国微生物制药业的发展过程　中国微生物制药业的发展，已有 50 多年的历史。自 1953 年青霉素在上海第三制药厂正式投产，1958 年中国最大的抗生素生产厂华北制药厂建成，随后全国各地陆续建成一批抗生素生产厂，使中国抗生素工业开始蓬勃发展，主要品种都能生产，产量已满足国内的需要，并部分出口。1957 年到 1964 年谷氨酸发酵研制成功

并投入生产，产量很大，基本已能满足国内需要。1960 年开始核酸类物质的发酵生产，肌苷等已可以批量生产。20 世纪 70 年代中国研究成功"二步法"生产维生素 C，在国际上处于领先地位。目前，甾体激素类药物也通过微生物转化法步入生产，各种疫苗（重组乙肝疫苗、痢疾疫苗等）、基因工程药物如干扰素（IFN）、重组人生长激素（rhGH）、促红细胞生成素（EPO）、白细胞介素-2（IL-2）等也已步入生产。

五、　发酵工程在医药方面的应用

1. 抗生素的微生物发酵合成　随着科学技术的发展，抗生素来源不再仅限于微生物，已扩大到动植物。它不仅可用于治疗细菌感染，而且可用于治疗肿瘤以及由原虫、病毒和立克次氏体所引起的疾病，有的抗生素还有刺激动植物生长的作用。自 1929 年英国人发现青霉菌分泌青霉素能抑制葡萄球菌生长以后，相继发现了链霉素、氯霉素、金霉素、土霉素、四环素、新霉素和红霉素等抗菌素。在近几十年内，抗生素的研究又有了飞速的发展，已找到的抗生素有数千种，其中具有临床效果并已利用发酵大量生产和广泛应用的多达百余种。

一个好的抗生素应具有较广的抗菌谱外，还应具有较好的选择性，不产生过敏和耐药性，有高度的稳定性，收率高，成本低，适于工业生产。目前生产和应用的抗生素还不能完全满足以上要求，寻找新的抗生素仍然是很重要的任务。现在以抗肿瘤、抗病毒、抗真菌、抗原虫、广谱和抗耐药菌的抗生素为主要研究方向，已成功地建立了用于治疗艾滋病，抗老年性痴呆症，消除肥胖症，控制糖尿病并发白内障，抑制前列腺肿大的抗生素的筛选模型，估计近年内可取得一系列成功。因此，现在利用发酵技术生产的"抗生素"可以把微生物代谢产生的对人类疾病的预防和治疗有用的物质都包括进去。

2. 维生素类药物的微生物发酵生产　维生素作为六大生命要素之一，为整个生命活动所必需，维生素 A 的前体 β-胡萝卜素及维生素 C 和维生素 E 均为抗氧化剂，能保护人体组织的过氧化损伤并提高机体免疫力，有抗癌、抗心血管疾病和白内障等功能。国内用真菌三孢布拉霉生产 β-胡萝卜素的产量达 2.0g/L，国外已达到 3～3.5g/L。粘红酵母、布拉克须霉、丛霉等真菌也具有生产 β-胡萝卜素的能力。除真菌外，如球形红杆菌、瑞士乳杆菌等某些细菌也具有发酵生产类胡萝卜素的能力。维生素 C 的微生物发酵法早已取得重要突破，利用"大小菌落"菌株混合培养生产维生素 C 的工艺已经成熟，进入产业化。

3. 细胞培养技术生产中药有效成分　中药的有效成分主要是细胞次生代谢产物，因此利用培养细胞代谢产物的研究是生物技术在中药生产中应用较早的一个方面。目前已经在400 多种植物中建立了组织和细胞培养物，从中分离出 600 多种代谢产物，其中 40 多种化合物在产量上超过或等于原植物，为利用细胞培养技术工业化生产医药奠定了基础。

人们通过筛选高产细胞系，改进培养条件和技术，设计适合植物培养细胞的发酵罐等手段，对丹参、红豆杉、三尖杉、洋地黄、人参、三七、西洋参、三分三、毛地黄、茜草、黄连和彩叶紫苏的多种植物细胞进行了大规模悬浮培养的试验，以生产烟碱、紫草宁、长春藤碱、丹参酮、紫杉醇、三尖杉酯碱、洋地黄碱、人参皂、三七、西洋参、三分三、毛地黄碱、茜草素、黄连素和紫苏素等药物。发酵罐规模已达到 10～75L，其中紫草宁、茜草素和人参皂已商业化。

4. 遗传转化器官的培养与药物生产　由农杆菌感染植物组织形成的"畸形芽"和"毛状根"是继细胞培养后又一重要培养系统。中药许多有效成分的形成与器官分化过程密切相关，而在培养细胞中有效成分不存在或含量极少。与细胞培养相比，毛状根培养有明显优点：生长速度快、分枝多、弱向地性；毛状根处于器官化水平，其生理生化、遗传特性稳定，具有稳定的次生代谢物合成能力，毛状根培养系统对根类中药材中有效成分的生产更为重要。目前已在长春花、青蒿、烟草、人参、丹参、紫草、黄芪、甘草、曼陀罗和颠茄等40多种植物中建立了毛状根培养系统，同时还建立了烟草、薄荷、澳洲茄、颠茄和马铃薯等植物的畸形芽培养系统，其生长速度有的可以超过毛状根。

上海中医药大学对黄芪毛状根的大规模培养技术和化学成分与药理活性进行了深入研究，在3、5、10L培养器中经21d培养，有效成分产量可达10g/L（干重），而且黄芪毛状根中皂苷、黄酮、多糖、氨基酸等含量近似于药用黄芪，其作用效价也与药用黄芪基本一致。他们对丹参毛状根进行培养证实，七种丹参酮不仅存在于毛状根中，而且约40%分泌到培养基中。

六、 微生物发酵工业的现状与未来

1. 发酵工业的发展现状　发酵工业发展至今经历了半个世纪，最早主要生产抗生素，随后是氨基酸、有机酸、甾体激素的生物转化、维生素、单细胞蛋白质和淀粉糖等工业化生产。随着现代生物技术的发展，发酵工程技术的应用已涉及国计民生的方方面面，包括农业生产、轻化工原料生产、医药卫生、食品、环境保护、资源和能源的开发等领域。当代，随着生物工程上游技术的进步以及化学工程、信息工程和生物信息学等学科技术的发展，发酵工程迎来了又一个崭新的发展时期。

发酵工程技术经过50多年的发展，目前已形成了一个完整的工业技术体系，整个发酵行业也出现了一些新的发展趋势。由于发酵工程应用面广，涉及行业多，因此应用发酵工程技术的企业较多。据报道，目前美国生物技术企业有1200多家，西欧有580多家，日本有300多家，其中，既有ADM公司、诺维信公司等专门以发酵工程技术大规模生产各种产品的公司，也有汉高公司等利用大规模发酵技术生产部分产品的公司等。进入21世纪，生命科学已成为新世纪最具有活力的领域之一，世界大公司正在把注意力向生命科学部分转移，发酵技术正在从食品、医药、农产品加工这些传统领域向化工、塑料、燃料和溶剂等工业领域发展，必将给化学工业带来巨大的变革。

2000—2011年，我国发酵行业产品产量从260万t增长到1300万t左右，年均增长率达22.4%，2011年主要产品出口额约34亿美元，同比增长36.6%，显示出强大的活力。味精、柠檬酸的产量均居世界第一，淀粉糖的产量居世界第二位。产品结构方面，以味精为代表的老一代发酵产品在行业中的比重逐步下降，其发展速度保持在年均增长12%，2011年占全部发酵产品产量的14.2%；而淀粉糖则异军突起，2000年到2011年，年均增长达33.6%，其在整个发酵产品中的比例也逐年增高。目前淀粉糖已不再简单地被看作食糖市场的一个有效补充，它的一些产品特性决定了其在改善人民生活质量、提高生活水平方面发挥出更加突出的作用。这使得它的消费领域不断扩大，消费数量迅速增长，从而为推动食品工业的发展和促进以生物科技带动农业产业化发展作出了重要贡献。

发酵行业是能源和资源消耗的主要行业之一，由于过去长期的高速发展，一些高消耗、高污染产品的产能扩张十分迅速，这样不仅消耗了大量能源，而且过多的产能导致市场竞争激烈，也制约了我国生物发酵行业的健康持续发展。我国味精、氨基酸、有机酸等生物发酵行业面临调整结构、优化升级、转变增长方式、节能减排的重任，科技创新对行业创新发展作用更加凸显，发酵新产品、新技术、新设备研发步伐加快。但是目前从国内的实际情况来看，无论是在新技术研发水平，还是在新设备的开发程度都远远落后于发达国家。大多数企业缺乏自主知识产权，没有核心竞争力，所谓的竞争只是停留在价格战上，但是自身缺乏可持续发展的动力，还会影响到整个发酵行业发展前景。

当前，许多国际先进水平的发酵生产技术、设备和产品纷纷进入中国市场，我国发酵工业面临严峻的挑战，与先进国家相比存在的主要差距或问题表现为：

（1）传统产品过快过大，如谷氨酸、柠檬酸抗生素等。

（2）发酵产业产值在国民生产总值中的比例较低（1%以下）。

（3）发酵产品档次低、品种少、不配套，如我国的氨基酸产品中，普通调味用的谷氨酸产量占世界第一位，而我国也可用发酵法和酶法生产的约10种氨基酸（如赖氨酸、天冬氨酸、异亮氨酸等），由于生产工艺不完善或生产成本过高等因素，未能形成正常的生产能力，导致我国氨基酸产品品种少和相互不配套，需要从国外大量进口。

（4）我国发酵产业存在着技术创新力不够，很多企业普遍存在着重产量、轻质量，重产值、轻品种，重上游、轻中下游，原料能源消耗大，劳动生产率低，生产规模小，因而导致技术指标低，生产成本高，经济效益差等问题。

2. 发酵工业的发展前景 随着生物技术的发展，发酵工程的应用领域也在不断扩大，而且发酵工程技术的巨大进步也逐渐成为动植物细胞大规模培养产业化的技术基础。发酵原料的更换也将使发酵工程发生重大变革。2000年以后，由于木质纤维原料的大量应用，发酵工程将大规模生产通用化学品及能源，这样，发酵工程变得对人更为重要。科技创新是行业发展的根本手段，是推动发酵行业发展的关键。随着我国经济的持续快速增长，今后关于发酵领域的研究进展必将对国民生活结构的改善和工业的发展形成巨大推动力，同时也为坚持创新的企业带来发展机遇。

（1）基因工程育种和代谢调控技术研究为发酵工业带来新的动力 随着基因工程技术的应用和微生物代谢机理的研究，人们能够根据自己的意愿将微生物以外的基因导入微生物细胞中，从而达到定向地改变生物性状与功能创新的物种，使发酵工程能够生产出自然界微生物所不能合成的产物。这就从过去繁琐的随机选育生产菌株朝着定向选育转变，对传统发酵工业进行改造，提高发酵单位。如基因工程及细胞杂交技术在微生物育种上的应用，将使发酵用菌种达到前所未有的水平。

（2）研制大型自动化发酵设备提高发酵工业效率 发酵设备主要是指发酵罐，也可称为生物反应器，现代生物技术的成功和发展，最重要的是取决于高效率、低耗能的生物反应过程，而它的高效率又取决于它的自动化，大大提高生产效率和产品质量，降低了成本，可更广泛地开拓发酵原料的来源和用途。生物反应器大型化为世界各发达国家所重视。发酵工厂不再是作坊式的，而是发展为规模庞大的现代化企业，使用了最大容量达到$500m^3$的发酵罐，常用的发酵罐容积可达到$200m^3$。

（3）生态型发酵工业的兴起开拓了发酵的新领域 随着近代发酵工业的发展，越来越多过去靠化学合成的产品，现在已全部或部分借助发酵方法完成。也就是说，发酵法正逐渐代替化学工业中的某些方面，如化妆品、添加剂、饲料的生产。有机化学合成方法与发酵生物合成方法关系更加密切，生物半合成或化学合成方法应用到许多产品的工业生产中。微生物酶催化生物合成和化学合成相结合，使发酵产物通过化学修饰及化学结构改造进一步生产更多精细化工产品，开拓一个全新的领域。

（4）再生资源的利用给人们带来了希望 随着工业的发展，人口增长和国民生活的改善，废弃物也日益增多，同时也造成了环境污染。因此，对各类废弃物的治理和转化，变害为益，实现无害化、资源化和产业化就具有重要意义。发酵技术的应用达到此目的是完全可能的，近年来，国外对纤维废料作为发酵工业的大宗原料引起重视。随着对纤维素水解的研究，取之不尽的纤维素资源将代替粮食，发酵生产各种产品和能源物质，这将具有重要的现实意义。目前，对纤维废料发酵生产乙醇已经取得重大进展。

拓展阅读

中药发酵及生物转化进展

中药发酵研究开始于21世纪80年代，但仅是对真菌类自身发酵的研究，如灵芝菌丝体、冬虫夏草菌丝体，槐耳发酵等，大都是单一发酵。虽有报道加入中药，但也仅是将中药当作菌丝体发酵的菌质，同时研究发现，含有中药的菌质对原发酵物的功效有影响，只是未见深入研究。目前，已有学者呼吁中药发酵制药可按新药审批办法规定开发新药。

同时也开展了另一项研究，即生物转化，我们认为它与中药发酵是密不可分的。21世纪90年代初，日本小桥恭一发现中草药成分如番泻叶苷，可借助肠道细菌转化为致泻有效成分而起到治疗作用。又有报道，在中药有效成分与细菌的生物转化过程，许多苷类、黄酮类、黄酮醇、黄烷醇类、香豆素类等均经过肠道菌进行了化学修饰。有研究指出，在中药成分生物转化的研究过程中，对代谢物提纯、确定结构模式固然需要，但更应当推出微生物发酵。中药成分的生物转化是中药创制新药研究的重要方面。正在修订中的我国新药申报指导原则，已决定将生物转化列入创新（一类）药的研究。

重点小结

本项目阐述了生化意义上发酵的概念，传统意义上发酵工程和现代发酵工程的基本概念；发酵工程的特点，与传统的发酵工艺相比，现代发酵工业有无与伦比的优越性；发酵工程典型工艺流程，依据最终发酵产品的类型可以分为五大类：微生物菌体发酵、微生物酶发酵、微生物代谢产物发酵、微生物转化发酵、生物工程细胞的发酵。发酵工业涉及的范围及主要发酵产品。微生物发酵工程的发展史，微生物发酵工业的现状与未来。

目标检测

一、名词解释

1. 发酵　2. 发酵工程

二、单选题

1. 发酵工业产品类型包括（　　）。
   A. 微生物菌体发酵　　　B. 氨基酸　　　C. 蛋白质　　　D. 核酸
2. 最早生产的抗生素是（　　）。
   A. 红霉素　　　B. 链霉素　　　C. 青霉素　　　D. 四环素

三、多选题

1. 微生物好氧发酵产品包括（　　）。
   A. 抗生素　　　B. 氨基酸　　　C. 酶制剂　　　D. 菌体细胞

2. 生物工程五大主要技术体系包括 ( )。

    A. 基因工程   B. 细胞工程   C. 发酵工程   D. 酶工程

    E. 蛋白质工程

3. 发酵工程过程主要内容一般包括 ( )。

    A. 生产菌种的选育培养及扩大   B. 培养基的制备

    C. 设备与培养基的灭菌   D. 无菌空气的制备

四、简答题

1. 微生物制药的一般过程是什么？微生物制药的发酵工业产品类型有哪些？

2. 发酵工程有何特点？

项目一

菌种选育与保藏

案例导入

案例： 青霉素作为应用广泛的抗生素大大增加了人类抵抗细菌感染的能力。1943 年，青霉菌产生青霉素只有约 20U/ml，产量很低。研究人员从发霉的甜瓜中找到了一株适合液体培养的产黄青霉（*Penicillium chrosogenum*）菌株，生产能力约为 100U/ml，随后经过 X 射线、紫外线诱变对菌种进行选育，结果大部分青霉菌死亡，少量生存下来。存活下来的青霉菌产生青霉素的量存在很大的差异，其中有的菌株产生的青霉素的生产能力达到 1000 ~ 1500U/ml。此外发现玉米浆和乳糖为主的培养基可以使青霉素的效价提高约 10 倍。

讨论： 1. 青霉素产量提高采用哪种菌种选育方法？
　　　　2. 此方法的原理是什么？

　　菌种选育、发酵工艺和分离提取工艺是微生物工业化发酵的三个技术领域。其中，菌种选育在微生物药物的发酵生产中起着非常重要的作用。工业发酵要求微生物能够产生高产量的特定代谢产物，而从自然界分离所得的菌种，更趋向于快速生长和繁殖，在自身代谢调节下，多以生物量积累各代谢产物，产量不高，往往不能满足工业发酵的需要。为了达到这种高度的代谢特异性，需要利用诱变或重组等手段进行遗传改造，打破菌种自身的代谢调节，按照人们设定的方向大量积累目的产物。菌种选育工作可以大幅度提高微生物发酵的产量，促进微生物发酵工业的迅速发展。通过菌种选育，抗生素、氨基酸、维生素、药用酶等产物的发酵产量得到了很大的提高。此外，菌种选育在提高产品质量、增加品种、改善工艺条件和生产菌的遗传学研究等方面也发挥了重大作用，菌种选育方法主要有自然选育、诱变育种、杂交育种、基因工程育种。

　　选育出优良菌种后，必须采取妥善的方法进行菌种保藏，使之达到不死、不衰、不污染，保持其优良性状的稳定，满足生产实际需要。

任务一　自然选育

　　不经过人工处理，利用菌种的自然突变而进行菌种筛选的过程叫自然选育或自然分离。现代发酵工业中要求所使用的微生物在工业发酵罐的特定条件下生长良好，产物生成量高且易于分离纯化等。基于工业发酵对生产菌种的要求，采取恰当的方法选育出发菌株，或对生产菌种进行自然选育，淘汰衰退的菌株，保存优良的菌株。

一、　工业发酵微生物及代谢产物

（一）微生物代谢产物

　　根据微生物代谢产物在细胞生命活动中所起的作用不同，可将其分为初级代谢产物和次级代谢产物。

　　1. 初级代谢产物　微生物在生长阶段，通过初级代谢过程，将环境中的营养物质转化成细胞的结构物质，并产生生理活性物质和能量用于参与所有生命过程。初级代谢产物是指微生物通过初级代谢活动所产生的、自身生长繁殖所必需的物质，如蛋白质、核酸、多糖、脂类等。

　　2. 次级代谢产物　微生物在一定生长时期（一般是稳定期），以初级代谢产物为前体，合成一些与微生物的生长繁殖无明显相关功能的代谢活动，称次级代谢。也就是说，次级代谢即使被阻断，也不会影响菌体生长繁殖，因此它们没有一般性的生理功能，也不是生物体生长繁殖的必需物质。次级代谢的产物称为次级代谢产物，大多是化学结构复杂的物质，如抗生素、激素、维生素、毒素、色素和生物碱等。其中有很多是非常重要的，并有工业价值的代谢产物。

　　3. 初级代谢产物和次级代谢产物的关系　初级代谢和次级代谢关系密切。初级代谢是次级代谢的基础，它可为次级代谢产物合成提供前体物和所需要的能量。初级代谢产物合成中的关键性中间体也是次级代谢产物合成中的重要中间体物质，比如糖降解过程中的乙酰辅酶 A 是合成四环素、红霉素的前体。而次级代谢则是初级代谢在特定条件下的继续与发展，有维持初级代谢平衡的作用，避免初级代谢过程中某些中间体或产物过量积累对机体产生的毒害。

　　初级代谢和次级代谢也有很多区别：①初级代谢在所有细胞中大致相同，但次级代谢却因生物不同而有明显的差异。例如青霉菌合成青霉素，芽孢杆菌合成杆菌肽，黑曲霉合成柠檬酸等。②即使是同种生物也会由于培养条件不同而产生不同的次级代谢产物。如荨麻青霉（*Penicillium urticae*）在含有 0.5×10^{-8} mol/L 的锌离子的查氏培养基中培养时合成的主要次级代谢产物是 6-氨基水杨酸，但在含锌离子提高到 0.5×10^{-6} mol/L 时不合成 6-氨基水杨酸，但可以合成大量的龙胆醇、甲基醌醇和棒曲霉素。③对环境条件变化的敏感性或遗传稳定性上明显不同。初级代谢产物对环境条件的变化敏感性小（即遗传稳定性大），而次级代谢产物对环境条件变化很敏感，其产物的合成往往因环境条件变化而停止。④相对来说，催化初级代谢产物合成的酶专一性强，催化次级代谢产物合成的某些酶专一性不强。因此在某种次级代谢产物合成的培养基中加入不同的前体物时，往往可以导致机体合成不同类型的次级代谢产物。我们可以通过选育合适的生产菌株以及调节培养条件等方式，达到提高目标次级代谢产物产量的目的。

（二）常用工业发酵微生物及其代谢产物

　　1. 细菌　细菌是一类个体微小、结构简单的原核微生物，大多采用二分裂方式繁殖。

常用于制药的细菌有大肠杆菌属、短杆菌属、棒状杆菌属、芽孢杆菌属和假单胞菌属等，在制药工业上可用于生产氨基酸、酶、维生素、核苷酸类及抗生素等药物。

细菌可合成一系列药用氨基酸，如 L-谷氨酸、L-赖氨酸、L-苯丙氨酸和 L-丙氨酸等，它们都是氨基酸输液的重要原料。工业上也常用棒状杆菌来发酵生产谷氨酸来制取谷氨酸钠。

细菌可作为某些酶的来源。用于酶制剂生产的芽孢杆菌属分解蛋白质和淀粉的能力强，并有良好的发酵适应性，是许多工业酶制剂的生产菌。如枯草杆菌发酵生产的中性蛋白酶和 α-淀粉酶，可以通过酶催化合成一系列新的药物及其中间体。近年来发现枯草芽孢杆菌分泌的高活性纤溶酶，具有明显的溶血栓和抗凝血作用，对血栓疾病的治疗和预防有良好的应用前景。

细菌也可用于抗生素的生产，如多黏芽孢杆菌产生的多黏菌素能抑制革兰阴性菌的生长。此外，常用丙酸杆菌属发酵生产维生素 B_{12}，用醋酸杆菌发酵生产醋酸，用乳酸杆菌发酵生产乳制品等。也有的细菌被制成益生菌微生物制剂，如乳酸链球菌、乳酸乳杆菌和双歧杆菌等，具有改善人体肠道功能和合成维生素的作用，得到了广泛的使用。

细菌结构相对简单，常用作基因工程载体的宿主菌，用于构建基因工程菌来生产外源物质。将目的基因克隆到细菌宿主细胞，可产生一系列基因工程蛋白质药物，如干扰素、白细胞介素、胰岛素、肿瘤坏死因子等。大肠杆菌作为外源基因表达的宿主，遗传背景清楚，技术操作简单，常作高效表达的首选。又因培养条件简单，大规模发酵经济，倍受发酵工业的青睐。可以利用大肠杆菌生产天冬氨酸、苯丙氨酸和赖氨酸等氨基酸以及天冬酰胺酶和谷氨酸脱羧酶等酶制剂。

2. 放线菌 放线菌是一类呈菌丝状生长，主要以孢子进行繁殖的原核微生物，由于菌落呈放射状而得名。常用的放线菌主要有链霉菌属、小单孢菌属和诺卡氏菌属。放线菌的最突出特性就是能产生大量的、种类繁多的抗生素，具有巨大的工业价值。根据统计，至今从自然界分离出来的 5500 多种抗生素中，有约 80% 是放线菌产生的，有红霉素、链霉素、庆大霉素、卡那霉素等。

放线菌的次级代谢产物中除了抗生素外，还有许多有生理活性的物质，包括酶抑制剂、免疫调节剂、受体拮抗剂等，近年来也用放线菌生产氨基酸、核苷酸、维生素和酶制剂。

3. 霉菌 霉菌又称丝状真菌，是一个形态学分类概念，凡能在营养基质上形成绒毛状、网状或絮状的真菌统称为霉菌。发酵工业上常用的霉菌有：根霉、曲霉、青霉、木霉和红曲霉等。

霉菌在制药工业中最重要的应用是能用来生产抗生素，如青霉素、头孢霉素、灰黄霉素等。其中青霉素和头孢霉素的抗菌活性高，长期以来一直是临床的首选药物。如用产黄青霉生产青霉素，产黄头孢霉发酵生产头孢霉素 N 和头孢霉素 C 等。

多数霉菌能产生一些重要的酶，其中的淀粉酶、蛋白酶、纤维素酶及果胶酶等酶制剂已经被广泛应用于工业生产上。红曲霉能分泌淀粉酶，也能产生红色素、乙醇，以及一些降血压和降血脂的药物，因此广泛用于食品工业和医药工业。

霉菌还广泛应用于各类有机酸和维生素的生产，重要的有机酸有柠檬酸、葡萄糖酸、延胡索酸等，维生素主要是维生素 B_2。

霉菌的分解能力强，常用于生物转化方面的研究和生产。霉菌对包括甾体化合物在内的一些有机物具有一定的降解作用，可利用根霉属和梨头霉属实现甾体类药物的合成。通过生物转化，可将化学合成中的一些关键步骤，通过微生物更高效地完成。

某些霉菌和一些大型真菌能分泌一些多糖类物质，称为真菌多糖，具有重要的生理活性，在增强免疫力、抗肿瘤、延缓衰老等方面有独特的药理作用。

4. 酵母菌 酵母菌是单细胞真核微生物，大多以出芽方式繁殖，主要分布于含糖质较多的偏酸性环境。工业上常用的酵母菌有啤酒酵母、假丝酵母、类酵母、毕赤酵母等。酵母菌在制作面包和酿造各种酒类工业中都发挥着重要的作用。由于酵母菌细胞内含有丰富的蛋白质、核酸、维生素和酶，并含有细胞色素 C、麦角固醇等药用生理活性物质，因此在医药发酵工业中占有重要地位。酵母菌内营养物质丰富，也常通过培养酵母菌制造单细胞蛋白以供食用或作饲料蛋白。

二、 工业发酵对生产菌种的一般要求

自然界中微生物种类众多，但并非所有微生物都有工业用途。工业发酵一般需要在大型发酵罐中进行，与在自然界中生长繁殖的条件有很大区别，工业发酵对生产菌种的一般要求主要有以下几个方面。

1. 菌株生长速度和产物生成速度快 菌种在工业放大设备中能够快速地生长繁殖并大量积累目的产物可以缩短发酵周期，提高生产效率，这是工业微生物的一个重要特征。

2. 能够利用廉价的原料，培养条件易于控制 菌种的培养条件易于满足，培养基原料廉价易得可以降低生产成本，糖浓度、温度、pH、溶氧及渗透压等培养条件易于控制，降低发酵生产难度。

3. 菌种抗杂菌和抗噬菌体能力较强 杂菌会消耗生产菌株的营养，影响目的产物的积累，并产生大量的无关代谢产物，影响后期的分离提取。噬菌体感染细菌后会使发酵作用减慢，菌种破解死亡，发酵周期明显延长，甚至停止积累发酵产物，整个发酵生产被破坏。所以，选取对噬菌体和杂菌有抗性的生产菌株对发酵工业有重要意义。

4. 菌种的遗传稳定性高、不易退化 生产菌种很多是经过人工诱变处理而筛选的突变株，是以大量生成某种代谢产物为目的筛选出来的，属于代谢调节失控的菌株，容易发生变异，失去原有的生产性能，影响发酵生产。因此，选取不容易变异退化、遗传性能稳定的菌种，以保证发酵生产和产品质量的稳定性。

5. 发酵产物易于提取 产物得率和产物在培养基中的浓度较高，易于提取。能从培养基中相对容易地去除微生物细胞，最适合的工业微生物是个体较大的细胞，能够很快地从培养基中沉淀下来，或容易被滤出，例如真菌比单细胞细菌更容易与目标产物分离。菌种在发酵过程中不产生或少产生与目标产品性质相近的副产物及其他产物，也可以大大降低分离纯化的难度。

6. 不是病原菌，不产生有害的生物活性物质或毒素 对于食品或医药发酵的微生物菌株，不应产生有害的生理活性物质或毒素。

三、 工业发酵生产菌种的来源

1. 从自然界中分离 自然界是工业发酵生产菌种的最初来源，通过挖掘，有很多在工业生产中起到了非常重要的作用。尤其是在一些极端的自然环境中存在的微生物，具有其他微生物无法比拟的特性。

2. 菌种保藏机构获取 根据资料直接向有科研单位、高等院校、工厂或菌种保藏部门索取或购买。已有许多菌种保藏中心，作为微生物培养的基地而服务，可作为现成的培养资源。

3. 对已有菌种进行改造 对野生菌株通过诱变或重组 DNA 技术等方式进行人工育种或对现有的生产菌种进行改良或纯化，筛选发生正突变的优良菌种。

四、 主要步骤

不经过人工处理，利用菌种的自然突变而进行菌种筛选的过程叫自然选育（图1-1）。这里主要介绍从自然界中选育菌种和在生产中分离菌种的主要方法和步骤。

生产菌种斜面

制备单孢子悬浮液

分离出单个菌落
↓ 移种
斜面种子

摇瓶初筛

高产菌株

砂土管菌种

斜面种子

摇瓶复筛

高产纯化株

生产试验　　　进一步选育或保藏

图1-1　自然选育流程图

（一）从自然界分离菌种

自然界中的微生物种类繁多，是具有新性能菌种的宝库。迄今为止，人们所知道的微生物约有10万种，而微生物的实际存在数要远远高于这个数。微生物在自然界大多是以混杂的形式群居于一起的。采用各种不同的筛选手段，挑选出性能良好、符合生产需要的纯种是工业育种的关键一步。首先要查阅资料，根据发酵工业的要求和所需菌种的生长培养特性设计合理的实验方案。

从自然界中选育菌种的步骤主要有采样、富集培养、纯种分离和生产性能测定四个方面。

1. 采样　土壤由于具备了微生物所需的营养、空气和水分，是微生物最集中的地方，往往作为采样的首选目标。各种微生物由于生理特性不同，在土壤中的分布也随着地理条件、养分、水分、土质、季节而有很大的变化。在分离菌株前要根据分离筛选的目的，到相应的环境和地区去采集样品。

土壤的养分、酸碱度和植被等因素影响微生物分布。细菌和放线菌一般在园田土和耕作过的沼泽土中比较多；酵母菌和霉菌在富含碳水化合物的土壤中，如一些野果生长区和果园内。取离地面5~15cm处的土壤，盛入清洁的牛皮纸袋或塑料袋中扎好。标记采样时间、地点、环境条件等。一般土壤中芽孢杆菌、放线菌和霉菌的孢子忍耐不良环境的能力较强，不太容易死亡。但是，由于采样后的环境条件与天然条件有着不同程度的差异，一般应尽快分离。

采样的对象也可以是植物、某些水域、腐败物品等。在一些极端环境（高温、高压、高盐等）下，可找到能适应苛刻条件的微生物类群，也可作为采集菌种的对象。由于极端环境中的微生物能产生许多独特的稳定蛋白，在生物技术产业上有很高的价值，它们产生的许多酶已经在市场上得到广泛的应用，如在聚合酶链式反应（polymerase chain reaction，PCR）技术中使用的 *Taq*DNA 聚合酶。

拓展阅读

*Taq*DNA 聚合酶

Taq 聚合酶是一种耐热的 DNA 聚合酶，由于发现于水生嗜热杆菌（*Thermus aquaticus*）内，故命名为 *Taq* 聚合酶（*Taq* polymerase），也称为 *Taq*DNA 聚合酶，简称 *Taq* 酶。*Taq* 酶常见于 PCR 技术，用于大量扩增 DNA 片段。

PCR 技术出现初期，DNA 聚合酶应用的是大肠杆菌 DNA 聚合酶的 Klenow 片段。由于该酶不能忍受反应循环中解链所需的高温（93~95℃），因此在反应过程中必须不断添加聚合酶以满足每次扩增的需要；另一方面，由于 Klenow 片段聚合反应温度偏低（37℃），容易引起引物与 DNA 模板的非专一性配对，或受某些 DNA 二级结构干扰，结果产生许多非均一性的产物区带。

Saiki 等在黄石公园从生活在温泉中的水生嗜热杆菌内提取到一种耐热的 DNA 聚合酶，可以耐受 90℃ 以上的高温而不失活，这在需要高温环境的 PCR 反应中有着重要意义，克服了每一循环中反复追加酶的缺点，使得 PCR 技术的扩增效率大大提高。也正是由于此酶的发现使得 PCR 技术得到了广泛应用。

2. 富集培养 如果采集到的样品中含目标菌株较多，可直接进行分离。如果样品中所含的目标菌株很少，就要设法增加该菌的数量，进行富集培养。富集培养，也称增殖培养，是指为了得到所需菌种，人为地通过控制养分或培养条件，使目标菌种在数量上占优势。可以通过给混合菌群提供一些有利于目的菌株生长或不利于其他菌株生长的条件来达到富集目标菌的目的，常用方法主要是控制营养成分、控制培养条件和抑制不需要的菌类。

控制分离培养基的营养成分对提高分离效果是有好处的。可以根据目的菌种的营养特性，在增殖培养基中加入唯一碳源或氮源作为底物。样品中能够分解利用该底物的菌株因营养充足而迅速繁殖，而其他不能利用该底物的微生物则生长受到抑制。例如筛选纤维素酶产生菌时，以纤维素作为唯一碳源进行增殖培养，使得不能分解纤维素的菌不能生长，从而达到富集产纤维素酶菌株的目的。

通过控制培养条件如 pH、温度、渗透压、溶解氧浓度等以达到有效分离的目的。细菌和放线菌一般要求中性或偏碱性的培养基（pH7.0 或稍高），酵母菌和霉菌一般要求偏酸性（pH4.0~6.0）。所以，结合一定的营养，将培养基调至一定的 pH，更有利于排除不需要的微生物类型。适当控制增殖培养的温度，也是提高分离效率的一条好途径。可根据芽孢对热的耐性而淘汰不产芽孢的细菌和其他微生物。一般不产芽孢的细菌和其他微生物的营养型细胞，在 60~70℃ 温度条件下 10min 被杀死，而芽孢则能抵抗 100℃ 或更高的温度。

　　添加一些专一性的抑制剂，可提高分离效率。例如在分离放线菌时，可先在土壤样品悬液中加入数滴10%的苯酚，以抑制霉菌和细菌的生长；在分离酵母菌和霉菌的培养基中，添加青霉素、四环素和链霉素等抗生素可以抑制细菌和放线菌的生长。

　　3. 纯种分离　　通过增殖培养，目标菌株得到大大增加，但是与各种菌混杂在一起的，所以有必要进行分离纯化，才能获得纯种。纯种分离方法常选用单菌落分离法，主要有稀释分离法和划线分离法。

　　划线法简单且较快，把菌种制备成单孢子或单细胞悬浮液，经过适当的稀释后，在琼脂平板上进行划线分离，最后经培养得到单菌落。

　　稀释法在培养基上分离的菌落单一均匀，该法是通过一系列梯度稀释，然后吸取一定量注入平板，或通过涂布，得到分散开的单个菌落，从而得到纯种。平板分离后挑选单个菌落进行生产能力测定，从中选出优良的菌株。

　　4. 生产性能的测定　　由于纯种分离后，得到的菌株数量非常大，如果对每一菌株都做全面的性能测定，工作量十分巨大，而且是不必要的。一般采用两步法，即初筛和复筛。

　　初筛以迅速筛出大量的达到初步要求的菌落为目的，以多量筛选为原则。从形态角度出发，根据菌落的外观形态及颜色变化反映的微生物重要表征筛选。如多糖产生菌在适当的培养基上生长，从具有黏液性的菌落外观上就可以初步识别。从产物角度出发，可以在培养时以产物的形成有目的地设计培养基，依据变色圈或透明圈的大小将90%的菌落淘汰。例如，在培养基中加入不溶性蛋白，产蛋白酶的菌株周围因蛋白被降解，会产生透明圈。抑菌圈筛选法常用于抗生素产生菌的分离筛选，可以初步通过抑菌圈的大小判断抗生素的抑菌效果。

　　复筛则是以产量和稳定性选得优秀菌株，以质为主。通常采用摇瓶培养法，一般一个菌株至少要重复3~5个瓶，培养后的发酵液必须用精确分析方法测定。直接从自然界分离得到的菌株为野生型菌株，一般需经过进一步的人工改造才能真正用于工业发酵生产，因此，复筛出来的菌株通常作为进一步育种工作的原始菌株或出发菌株。复筛过程中要结合各种培养条件进行筛选，在不同培养条件下进行试验，以便初步掌握野生型菌株适合的培养条件，为育种提供依据。

　　(二) 从生产中选育

　　自然选育得到的纯种能够稳定生产，提高平均生产水平，但不能使生产水平大幅度提高，这是因为菌种在自发突变过程中，突变的概率极低，变异过程亦十分缓慢，所以获得优良菌种的可能性极小。因此，发酵工业中使用的生产菌种，几乎都是经过人工育种而获得的突变株。这些菌种在生产使用的过程中由于自发突变的缘故，不可避免地会逐渐产生某种程度的衰退，导致菌种生长缓慢、繁殖能力下降和产物的产量下降等问题。所以，在生产过程中，除了对生产菌株采用有效的菌种保藏措施外，也有必要对这些使用过程中的生产菌株定期进行自然选育，以防止菌种的衰退，也可以从中选出能使产量提高的正突变株。

　　从生产过程中比从自然界中选育较为简单，把菌种制成单孢子悬浮液或单细胞悬浮液，经过适当的稀释后，在固体平板上进行分离，挑取单个菌落纯培养，然后进行生产能力测定，经过反复筛选，以确定生产能力更高的菌株代替原来的菌株。选育过程见图1-1。

任务二　诱变育种

从自然界筛选得来的菌株药物代谢合成能力低，而对于工业生产来说，如果不尽心改良，势必造成成本过高，因而没有工业生产价值；即使是已用于工业生产的菌株，要想使菌种产量不断提高，也必须不断地进行菌种的选育和改良。诱变育种具有速度快、收效大、方法简便等优点，是当前菌种选育的一种主要方法。

诱变育种是指通过人工方法处理微生物，使之发生突变，并运用合理的筛选程序和方法，把适合人类需要的优良菌株选育出来的过程。通过诱变育种，不仅能够改善菌种特性，提高有效产物的产量，改进产品质量，简化工艺条件，还可以开发新品种，产生新物质。

一、诱变剂

凡能提高突变频率的因素统称为诱变剂。诱变剂的种类很多，主要包括物理诱变剂、化学诱变剂和生物诱变剂。

（一）物理诱变剂

物理诱变剂对微生物的诱变作用主要是由高能辐射导致生物系统损伤，继而发生遗传变异的一系列复杂的连锁反应过程。

物理诱变剂有紫外线、快中子、X 射线、α 射线、β 射线、γ 射线、微波、超声波、电磁波、激光射线、宇宙线等各种射线，分为非电离辐射和电离辐射两种。

非电离辐射主要是紫外线，是目前使用最方便且十分有效的诱变剂。能够导致嘧啶二聚体形成，使 DNA 复制过程中的碱基无法正常配对，造成错义或缺失，从而诱发突变。

电离辐射中应用比较广泛的有快中子、X 射线、γ 射线，主要引起 DNA 上基因突变和染色体畸变。这几种射线都是电离性质的，有一定的穿透力，一般都由专业人员在专门的设备中使用，否则有一定危险性。

不同菌种由于遗传性状各异，对辐射的敏感性各不相同。有研究表明不同品系的大肠杆菌对 X 射线的敏感性差别很大；DNA 中腺嘌呤碱基 A 和胸腺嘧啶碱基 T 的比例越高，该菌对紫外线就越敏感，但对电离辐射则相反。

（二）化学诱变剂

化学诱变剂是一类能对 DNA 起作用、改变其结构、并引起遗传变异的化学物质。绝大多数化学诱变剂都具有毒性，其中 90% 以上是致癌物质或极毒药品，在进行诱变、操作后的处置以及诱变剂的保藏等方面的安全防护工作都是极其重要的。使用时要格外小心，不能直接用口吸，避免与皮肤直接接触，不仅要注意自身安全，还要防止污染环境，造成公害。

化学诱变剂品种较多，作用途径不一，性质各异，主要有：碱基类似物、烷化剂、脱氨基诱变剂、移码突变剂等。

1. 碱基类似物　碱基类似物是一类和天然的嘧啶嘌呤等四种碱基分子结构相似的物质，当一种碱基类似物取代核酸分子中碱基的位置，再通过 DNA 的复制，引起突变，因此也叫掺入诱变剂。如 5-溴尿嘧啶（5-bromouracil，5-BU）的诱变作用是在 DNA 复制过程中实现的，因此，处在静止或休眠状态的细胞是不适合的。细菌采用对数期的细胞，霉菌、放线菌采用孢子，但要进行前培养，使孢子处于萌发状态。碱基类似物是一种既能诱发正向突变，也能诱发回复突变的诱变剂。

胸腺嘧啶的结构类似物有 5-溴尿嘧啶、5-氟尿嘧啶（5-fluorouracil，5-FU）、5-溴脱氧尿嘧啶核苷（BrdU）、5-碘尿嘧啶（5-IU）等；腺嘌呤的结构类似物有 2-氨基嘌呤（2-AP）、6-巯基嘌呤（6-MP）等。

2. 烷化剂　烷化剂是诱发突变中一类相当有效的化学诱变剂，它们可直接与 DNA 反应，使碱基发生化学变化，导致出现错配或其他改变，甚至不复制的 DNA 也同样发生改变，比碱基类似物诱变效果强，诱发突变的频率也高。

烷化剂分为单功能烷化剂和双功能烷化剂或多功能烷化剂两大类。

单功能烷化剂：仅一个烷化基团，对生物毒性小，诱变效应大。这类化合物包括亚硝基化合物、磺酸酯类、硫酸酯类、重氮烷类、乙烯亚胺类。其中 N-甲基-N'-硝基-N-亚硝基胍（NTG 或 MNNG）和亚硝基甲基脲（NMU）因有突出的诱变效果，所以被誉为"超诱变剂"，如 NTG 可诱发营养缺陷型突变，不经淘汰便可直接得到 12%～80% 的营养缺陷型菌株。

双功能烷化剂或多功能烷化剂：具有两个或多个烷化基团，毒性大，致死率高，诱发效应较差。这类化合物包括硫芥类、氮芥类。

3. 脱氨基诱变剂　亚硝酸（HNO_2）是常用的脱氨基诱变剂，毒性小，不稳定，易挥发。亚硝酸能使嘌呤或嘧啶脱氨，改变核酸结构和性质，造成 DNA 复制紊乱。HNO_2 还能造成 DNA 双链间的交联而引起遗传效应。其钠盐容易在酸性缓冲液中分解产生 NO 和 NO_2，而遇到空气又变成 N_2 气体，故配制时须加塞密封，并且要现配现用。

4. 移码诱变剂　这是一些能和 DNA 分子相结合并造成其碱基对增多或缺失，从而诱发突变的化合物。主要包括吖啶类杂环染料（如吖啶黄和原黄素）以及一些烷化剂和吖啶类相结合的化合物，总称为 ICR 类化合物。它们应用于诱发噬菌体移码突变，已发现有较好的效果，而对细菌及其他微生物诱变效应尚不理想。

5. 其他诱变剂　羟化剂中的羟胺是有特异诱变效应的诱变剂，专一地诱发 G：C→A：T 的转换。对噬菌体、离体 DNA 专一性更强。金属盐类主要有氯化锂、硫酸锰等。其中氯化锂在诱变育种中多用于与其他诱变剂复合处理，如氯化锂与紫外光、电离辐射以及和乙撑亚胺、亚硝酸、硫酸二乙酯等化学诱变剂复合处理时，诱变效果显著。

（三）生物诱变剂

细菌或放线菌等微生物，多数有感染噬菌体的现象。在筛选抗噬菌体的突变株中，常出现一些抗生素产量伴随着有明显提高的抗性菌株。噬菌体可将自身的基因整合到宿主菌的基因组上，从而使宿主菌获得新的遗传性状，因而有人把噬菌体看作一种诱变剂。在选育放线菌抗噬菌体菌种（如链霉素、红霉素、万古霉素、四环素、卡那霉素、利福霉素、竹桃霉素等抗生素菌种）时，噬菌体显示出明显的诱变效应。

目前，紫外线仍是常用而且有效的诱变剂。电离辐射可诱发大的损伤，特别是可诱发染色体畸变或缺失，其优点是回复突变少，其缺点是损伤区域大，影响到邻近几个基因。烷化剂和亚硝酸类诱变剂虽已证实可诱发多种生物突变，但它们对于不同生物的遗传损伤极为多样化，因而不易掌握。碱基类似物和羟胺两类诱变剂在已知的诱变剂中专一性是最明显的，但实际应用中效果并不理想，因而应用不多。吖啶类及 ICR 系列的码移诱变剂应用于寻找阻断突变株较为有效。诱变育种实践中，为了提高诱变效果常采用两种以上的诱变剂复合处理，但其使用方法，即采用什么样的诱变剂的剂量以及先后顺序都很重要，否则会出现负结果。

二、一般步骤

诱变育种的整个流程包括诱变和筛选两个部分。采用诱变剂处理微生物细胞悬浮液，使微生物个体的 DNA 变异频率大幅度提高，再用合适的方法，选出极少数性能较优良的正变异株，以达到培育优良菌株的目的。操作流程如图 1-2 所示。

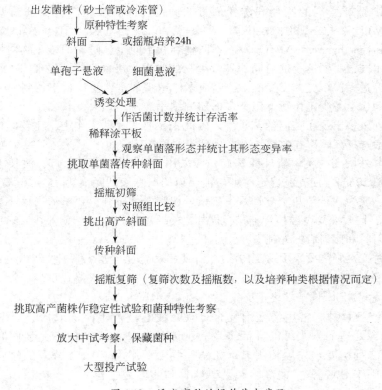

图 1-2　诱变育种的操作基本步骤

诱变能否成功的关键是出发菌株的选择，诱变剂的选择和使用，筛选方法的合理性。诱变育种是诱变和筛选过程的不断重复，直到获得高产菌株。

（一）出发菌株的选择

工业上用来进行诱变处理的菌株，称为出发菌株（parent strain）。出发菌株来源一般有三种：从自然界分离得到的野生型菌株；通过生产选育，即由自发突变经筛选获得的高产菌株，经过了生产的考验，效果最好；已经诱变过的菌株。作为出发菌株，首先必须是纯种（单倍体），要排除异核体或异质体的影响；其次对诱变剂敏感且变异幅度广，这样可以提高变异频率，而且高产突变株的出现率也大；第三选择具有优良性状的出发菌株，如产量高、产孢子早而多、生长速度快等有利于合成发酵产物的特性。

（二）制备菌悬液

单细胞混悬液制备时首先是要求具有合适的细胞生长状态，它对诱变处理会产生很大影响，如细菌在对数期诱变处理效果好；霉菌或放线菌的分生孢子一般都选择处于休眠状态的孢子，所以培养时间的长短对孢子影响不大，但稍加萌发后的孢子则可提高诱变效率。

其次是所处理的细胞必须是均匀而分散的单细胞悬液，使诱变剂与每个细胞均匀而充分的接触，避免细胞团中变异菌株与非变异菌株混杂，出现不纯的菌落，给后续的筛选工作造成困难。因此制备单细胞或单孢子状态并且均匀的菌悬液，通常可用无菌玻璃珠来打散成团的细胞，然后再用脱脂棉花或滤纸过滤。由于许多微生物细胞内含有几个核，所以即使使用单细胞悬液处理，还是容易出现不纯的菌落。一般用于诱变育种的细胞应尽量选用单核细胞，如霉菌或放线菌的孢子或细菌芽孢。

（三）诱变处理

该步骤关键是诱变剂的选择和诱变剂量的确定。目前常用的诱变剂主要有紫外线（ultraviolet，UV）、硫酸二乙酯、N-甲基-N'-硝基-N-亚硝基胍（NTG 或 MNNG）和亚硝基甲基脲（nitrosomethylurea，NMU）等。不同种类和不同生长阶段的微生物对同一种诱变剂的敏感程度不同，不同诱变剂对同一种微生物的作用效果也不同。要确定一个合适的剂量，常常需要经过多次试验，反复摸索。以前多使用高剂量，使致死率达到 99%，这样可以淘汰大部分菌株，减少工作量，但更多的研究结果表示，正突变较多出现在偏低的剂量中，而负突变则较多出现在偏高的剂量中。因此，在诱变育种工作中，比较倾向于采用较低的剂量，一般选择死亡率在 70%~80% 的剂量或者更低。

以常用的紫外诱变为例。紫外线诱变一般采用 15W 紫外线杀菌灯，波长为 260nm 左右，需提前预热 20min，使光波稳定。灯与被照射的菌悬液的距离为 15~30cm，照射时间依菌种而异，一般为几秒至几十分钟。由于紫外线穿透力不强，要求照射液不要太深，约 0.5~1.0cm 厚，同时要用电磁搅拌器进行搅拌，使照射均匀。由于紫外线照射后有光复活效应，所以照射时和照射后的处理应在红灯下进行。

采用化学诱变剂则需要采用一定的浓度、pH 和反应时间等条件来控制诱变的程度，不同的菌种和诱变剂条件往往不同。反应完毕，通常以稀释的方式终止反应，亚硝酸诱变时也可以通过调节 pH 到碱性条件终止反应。

近年来，诱变育种中常用诱变剂复合处理，使它们产生协同效应，以取得更好的诱变效果。复合处理的方式可以灵活多变，可以是两种甚至多种诱变剂同时使用，也可以是两种或多种诱变剂先后使用。例如紫外线主要作用于 DNA 分子的嘧啶碱基，而亚硝酸主要作用于 DNA 分子的嘌呤碱基。紫外和亚硝酸复合使用，突变谱宽，诱变效果较好。

（四）变异菌株的筛选

筛选分初筛和复筛。初筛以迅速筛出大量的达到初步要求的分离菌落为目的，以量为主。主要使用的是上述讲过的平皿快速检测法，比如透明圈、抑菌圈等方法；复筛则是精选，以质为主，也就是以精确度为主。主要以产物量多少来衡量，主要采用摇瓶或发酵罐发酵。

育种工作中常用到营养缺陷型菌株，营养缺陷型菌株是指经诱变处理后，由于突变而丧失了合成某种酶的能力，因而只能在加有该酶合成产物的培养基中才能生长的菌株。

在生产实践中，营养缺陷型可以用来切断代谢途径，以积累中间代谢产物；也可以阻断某一分支代谢途径，从而积累具有共同前体的另一分支代谢产物；营养缺陷型还能解除代谢的反馈调节机制，以积累合成代谢中某一末端产物或者中间产物；也可将营养缺陷型菌株作为生产菌株杂交、重组育种的遗传标记。营养缺陷型菌株广泛应用于抗生素、核苷酸及氨基酸等产品的生产。例如莽草酸是芳香族氨基酸与氯霉素共同的中间代谢产物，若诱变得到营养缺陷型细菌合成不了芳香族氨基酸，则莽草酸就会生成大量氯霉素。

基本培养基（minimal medium，MM）：仅能满足微生物野生型菌株生长需要的培养基。不同的微生物其基本培养基也不相同。

完全培养基（complete medium，CM）：凡可满足一切营养缺陷型菌株营养需要的天然或半组合培养基。完全培养基营养丰富、全面，一般可在基本培养基中加入富含氨基酸、维生素和碱基之类的天然物质配制而成。

补充培养基（supplemental medium，SM）：在基本培养基中有针对性地补加某一种或几种营养成分，以满足相应的营养缺陷型菌株生长需要（其他营养缺陷型仍不能生长）的培养基。

利用营养缺陷型菌株不能在基本培养基上生长，只能在完全培养基或补充培养基上生长的特点，用一个培养皿即可检出的，有夹层培养法和限量补充培养法；在不同培养皿上分别进行对照和检出的，有逐个检出法和影印平板法。可根据实验要求和实验室具体条件加以选用，现分别介绍如下：

夹层培养法：先在培养皿底部倒一薄层不含菌的基本培养基，待凝，添加一层混有经诱变剂处理菌液的基本培养基，其上再浇一薄层不含菌的基本培养基，经培养后，对首次出现的菌落用记号笔一一标在皿底。然后再加一层完全培养基，培养后新出现的小菌落多数都是营养缺陷型突变株。

限量补充培养法：诱变处理后的细胞接种在含有微量（<0.01%）蛋白胨的基本培养基平板上，野生型细胞就迅速长成较大的菌落，而营养缺陷型则缓慢生长成小菌落。若需获得某一特定营养缺陷型，可再在基本培养基中加入微量的相应物质。

逐个检出法：把经诱变处理的细胞群涂布在完全培养基的琼脂平板上，待长成单个菌落后，用接种针或灭过菌的牙签把这些单个菌落逐个整齐地分别接种到基本培养基平板和另一完全培养基平板上，使两个平板上的菌落位置严格对应。经培养后，如果在完全培养基平板的某一部位上长出菌落，而在基本培养基的相应位置上却不长，说明此乃营养缺陷型。

影印平板法：将诱变剂处理后的细胞群涂布在一完全培养基平板上，经培养长出许多菌落。用特殊工具——"印章"把此平板上的全部菌落转印到另一基本培养基平板上。经培养后，比较前后两个平板上长出的菌落。如果发现在前一培养基平板上的某一部位长有菌落，而在后一平板上的相应部位却呈空白，说明这就是一个营养缺陷型突变株。

任务三　杂交育种

杂交育种是指将两个不同基因型的菌株通过接合或原生质体融合使遗传物质重新组合，再从中分离和筛选出具有新性状的菌株。杂交育种是选用已知性状的供体菌和受体菌作为亲本，把不同菌株的优良性状集中于重组体中，在方向性方面比诱变育种前进了一大步。主要包括常规的杂交育种和原生质体融合两种方法。常规的杂交育种不需要脱壁酶处理，就能使细胞接合而发生遗传物质的重新组合。近年来，原生质体融合较为多见，原生质体融合指通过人为的方法，使遗传性状不同的两个细胞的原生质体进行融合，借以获得兼有双亲遗传性状的稳定重组子的过程。采用原生质体融合技术，获得不少有价值的工业菌株，如 1984 年松吉撒等用球拟酵母（*Torulupsis*）和毕氏酵母（*Pichia*）的原生质体融合，使长链二元酸产量由每升 4.0g 增至 34.8g，提高 8 倍以上；利用原生质体融合使维生素 B_{12} 产量提高 54～675 倍。原生质体无细胞壁，易于接受外来遗传物质，不仅能将不同种的微生物融合在一起，而且能使亲缘关系更远的微生物融合在一起，从而打破了不能充分利用遗传重组的局面。原生质体融合育种的一般步骤见图 1-3。

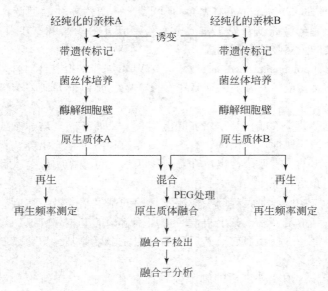

图 1-3　原生质体融合育种的一般步骤

一、原生质体的制备

原生质体是植物或微生物细胞去掉壁以后的内含物。原生质体的制备主要是在高渗压溶液中加入细胞壁分解酶，将细胞壁剥离，结果剩下由原生质膜包住的类似球状的原生质体，它保持原细胞的一切活性。

制备原生质体首先需要选择供融合的两个亲株。要求亲株的性能稳定并带有遗传标记，一般以营养缺陷型和抗药性等遗传性状为标记，以利于融合子的选择。为了使菌体细胞易于原生质体化，一般选择对数期后期的菌体进行酶处理，这个时期细胞正在生长、代谢旺盛，细胞壁对酶解作用最为敏感，原生质体形成率高，再生率也高。

获得有活力、去壁较为完全的原生质体对于随后的原生质体融合和原生质体再生是非常重要的，原生质体制备中的主要影响因素有以下几方面。

1. 菌体的预处理　在使用脱壁酶处理前，先用化合物对菌体进行预处理，有利于原生质体制备。例如用乙二胺四乙酸（elhylene diamine tetraacetic acid，EDTA）、甘氨酸、青霉素等处理细菌，可使菌体的细胞壁对脱壁酶的敏感性增加。EDTA 能与金属离子形成络合物，避免金属离子对酶的抑制作用而提高酶的脱壁效果。甘氨酸可以代替丙氨酸参与细胞壁肽聚糖的合成，其结果干扰了细胞壁肽聚糖的相互交联，便于原生质体化。细菌通常加入亚抑制量的青霉素，以抑制细胞壁粘肽组分的合成，有利于酶对细胞壁的水解作用。

2. 脱壁酶　细菌和放线菌细胞壁的主要成分是肽聚糖，可以用溶菌酶来水解细胞壁。

真菌细胞壁组成较复杂，常用蜗牛酶、纤维素酶、β-葡聚糖酶等来水解细胞壁。酶浓度过低，不利于原生质体的形成，酶浓度增加，原生质体的形成率亦增大，酶浓度过高，则导致原生质体再生率降低。所以，有必要兼顾原生质体形成率和再生率选择最适的酶浓度，一般选择原生质体形成率和再生率之积达到最大时的酶浓度作为最适酶浓度。

3. 渗透压稳定剂 原生质体对溶液和培养基的渗透压很敏感，在低渗透压溶液中，原生质体将会破裂而死亡，必须在高渗透压或等渗环境中才能维持其生存。渗透压稳定剂的种类有无机盐和有机物，无机盐包括 NaCl、KCl、$MgSO_4$、$CaCl_2$ 等。有机物包括蔗糖、甘露糖、山梨醇等。不同微生物采用的渗透压稳定剂也不同，对于细菌和放线菌，一般采用蔗糖、丁二酸钠等为渗透压稳定剂；对于酵母菌主要采用山梨醇和甘露醇，对于霉菌采用 KCl 和 NaCl 等，稳定剂使用浓度一般为 0.3~0.8mol/L。一定浓度的钙、镁等二价阳离子可增加原生质膜的稳定性，所以是高渗培养基中不可缺少的成分。

4. 反应温度 温度会影响酶的活性，温度升高，酶活性增加，温度过高，酶失活而影响原生质体的形成，一般温度在 20~40℃。

5. 酶解时间 原生质体的形成与酶解时间密切相关，酶解时间过短，原生质体形成不完全，会影响原生质体间的融合；酶解时间过长，原生质体的质膜也易受到损伤，从而影响原生质体的再生，也不利于原生质体的融合。

由于各种微生物细胞壁的组成不同，破壁所用的酶的种类、浓度、破壁处理温度、时间、pH 均有不同，须采用不同的原生质体制备方法。

二、原生质体的融合

由于在自然条件下，原生质体发生融合的频率非常低，因此在实际育种过程中要采用一定方法进行人为诱导融合。两株出发菌株制备好的原生质体可以通过化学因子或电场诱导的方法进行融合。

化学因子诱导是把两个亲株的原生质体混合在一起，加入融合剂聚乙二醇（polyethylene glycol，PEG）和 Ca^{2+}、Mg^{2+} 等阳离子诱导原生质体融合。PEG 具有强烈的脱水作用，扰乱了分散在原生质表面的蛋白质和脂质排列，提高了脂质胶粒的流动性，从而促进原生质体融合。Ca^{2+} 可促进脂分子的扰动，增加融合频率。电融合过程是原生质体在电场电击下，原生质体膜会被击穿，从而导致融合的发生。

三、原生质体的再生

融合后的原生质体具有生物活性，但不具有细胞壁，无法表现优良的生产性状，不能在普通培养基上生长，必须设法让它长出细胞壁，所以将重新形成细胞壁的过程称为再生。再生培养基必须具有与原生质体内相同的渗透压，常用含有 Ca^{2+}、Mg^{2+} 或增加渗透压稳定剂的完全培养基。把融合的原生质体涂布于添加渗透稳定剂的高渗琼脂培养基上，或者把原生质体悬液混合在培养基中，进行琼脂夹层培养，使其再生细胞壁。增加高渗培养基的渗透压或添加蔗糖可增加再生率，恢复正常细胞形态后，才能在普通培养基上正常生长。再生率因菌种本身的特性，原生质体制备条件，再生培养基成分及再生条件等不同而由百分之零点几提高至百分之几十。

四、融合子的检出

融合子的检出通常由两种方法：直接检出法和间接检出法。

直接检出法是将融合液涂布于无双亲株生长所必要的营养物或存在抑制双亲株生长的抑制物再生平皿上，直接检出原营养型或具有双亲抑制物抗性的融合子。此外可以利用荧光染色，将两个亲株用不同的荧光色素染色并融合后，在落射荧光装置的立体显微镜下观察融合子；如在一个个体上观察到双亲的两种荧光色素，即为融合子。

间接检出法是将融合液涂布于营养丰富而又不加任何抑制物的再生完全培养基平皿上，使亲株和融合子都再生出菌落，然后用影印法复制到一系列选择培养基平皿上检出融合子。

通过上述方法产生的融合子如果产生了杂合双倍体或单倍重组子，其遗传性状比较稳定，但也可能产生的融合子是一种短暂的融合，会再次分离成亲本类型。所以要再进行多次筛选，找到稳定的融合子。

任务四　基因工程育种

一、概述

基因工程育种指利用 DNA 重组技术将外源基因导入到微生物细胞，使后者获得前者的某些优良性状或者作为表达场所来生产目的产物。

这项在微生物遗传学和分子生物学基础理论上发展起来的新兴技术，不仅是生命科学研究发展的里程碑，也使现代生物技术产业发生了革命性的变化。1982 年第一个基因工程产品——人胰岛素在美国问世。人的胰岛素基因被送到大肠埃希菌的细胞里，与大肠埃希菌的遗传物质相结合，并在大肠埃希菌的细胞里指挥着大肠埃希菌生产出了人的胰岛素，使生产成本大大降低。

目前，此项技术已成功应用于头孢菌素类、氨基酸类以及酶制剂的产量提升上，而且改善了发酵业的传统技术。有许多在疾病诊断、预防和治疗中有重要价值的内源生理活性物质作为药物已应用了多年，例如治疗侏儒症的人生长激素，还有激素、细胞因子、神经多肽、调节蛋白、酶类、凝血因子以及某些疫苗等，由于此类药物或是材料来源困难或造价过于昂贵等原因，而无法大量生产并在临床上广泛付诸应用。利用微生物生长繁殖迅速，人工培养方便等特点，将重组基因导入微生物细胞来生产这些生理活性物质，从根本上解决了上述问题。因此，基因工程育种从真正意义上打破了传统意义上的育种方法，其前景十分广阔。

二、一般步骤

（一）目的基因的获取

目的基因即准备在受体细胞中表达的外源基因，在进行基因工程操作时，首先必须获得一定数量的目的基因用于重组。获得目的基因途径主要有以下几种。

1. 从表达目的基因的供体细胞 DNA 中分离得到　首先大量培养含有目的基因的供体细胞，成熟后采用一定的化学或生物方法，从供体细胞中提取所需的 DNA 片段，鉴定后将所需片段保存待用。

2. 通过人工合成　化学合成法准确性高，合成速度快，但合成的 DNA 链不宜太长，通常小于 60bp，而且合成成本高。现主要采用聚合酶链式反应（PCR）进行 DNA 的体外扩增。其原理是在体外模拟细胞内 DNA 的复制过程，以含有目的基因的 DNA 为模板，首先使其热变性双链打开，然后以每一条链为模板，在 *Taq* DNA 聚合酶的催化下，由特定引物开始，根据碱基互补配对原则，合成与模板 DNA 互补的新链，形成两个与原来相同的 DNA 分子。新合成的 DNA 分子又可作为下一轮循环模板。经过多次循环，使目的基因得到大量的扩增。

3. 构建基因组文库，筛选目的基因　分离真核生物中某种 DNA 成分，通常是分离供体细胞中的染色体 DNA，酶切后，将这些染色体 DNA 片段与某种载体相接，而后转入大肠杆菌中，建立包含有真核细胞染色体 DNA 片段的克隆株，这种克隆株群体称基因组文库。用相应的基因探针的分子杂交即可从基因组文库中筛选出带有目的基因的克隆，进而可得到需分离的目的基因。

（二）外源基因与载体的体外连接

基因工程载体是能将分离或合成的基因导入细胞的 DNA 分子，通常用质粒或噬菌体的核酸。适应基因工程操作的载体应能进入宿主细胞中并大量复制，这一能力有助于带有目的基因的重组载体在受体细胞内表达较多的基因产物；载体 DNA 应有个限制性核酸内切酶的切割位点，有助于载体 DNA 和供体 DNA 的拼接；载体还应具有容易被识别筛选的标志，当其进入宿主细胞、或携带着外来的核酸序列进入宿主细胞都能容易被辨认和分离出来。

用同样的限制性内切酶处理的供体 DNA 与载体 DNA，产生具有互补碱基的黏性末端。两者在较低温度下混合"退火"，黏性末端上碱基互补的片段因氢键的作用而彼此连接，重新形成双链。再经连接酶的作用，将目的基因和载体共价结合成一个完整的、有复制能力的环状重组 DNA 分子。

（三）将重组载体引入受体细胞

以转化或转染的方式，将重组载体转入受体细胞。受体细胞一般选择具有如下特性的微生物细胞：便于培养发酵生产，非致病菌，遗传学上有较多的研究，便于基因工程操作。受体细胞常选用大肠埃希菌、酵母菌等。

将重组载体导入受体细胞的方法有物理方法如电穿孔法，化学方法如钙盐转化法、DEAE-葡聚糖法及脂质体转化法等，其中以钙盐转化法应用最为普遍。将对数生长期的宿主细胞在低温低渗的 Ca^{2+} 溶液中处理，改变细胞壁及细胞膜的结构，形成易于吸收重组 DNA 分子的感受态细胞。感受态细胞从周围吸收外源性重组 DNA 发生转化。

（四）重组子的筛选鉴定

重组质粒转化细胞后，在全部受体细胞中仅占极少数中的一部分，须通过鉴定以区分重组体与非重组体。重组载体进入受体细胞后还需要根据载体的遗传标记选择出具有重组载体的受体细胞，最常见的标记有抗生素抗性、营养缺陷型或显色。再通过大量筛选和对培养条件控制选出能大量表达目的基因产物、遗传上稳定的"工程菌"。

任务五　生产菌种的保藏

一、菌种保藏的原理

菌种保藏方法的目的是经长期保藏后菌种存活健在，保证高产突变株不改变表型和基因型，特别是不改变初级代谢产物和次级代谢产物生产的高产能力。根据微生物的生理生化特性，人为地创造条件，使微生物处于代谢不活泼，生长繁殖受到抑制的休眠状态，以减少菌种的变异。无论采用何种保藏方法，首先应该挑选典型菌种的优良纯种来进行保藏，最好保藏它们的休眠体，如孢子或芽孢等。其次，应根据微生物生理生化特点，人为地创造环境条件，通过降低培养基营养成分、低温、干燥、缺氧和加保护剂等方法，达到防止突变、保持纯种的目的。

二、常用的保藏方法

各种微生物由于遗传特性不同，因此适合采用的保藏方法也不一样。一种良好的有效保藏方法，首先应能保持原菌种的优良性状长期不变，同时还须考虑方法的通用性、操作的简便性和设备的普及性。下面介绍几种常用的菌种保藏方法。

（一）斜面低温保藏法

此法将菌种接种在适宜的斜面培养基上，待菌种生长完全后，置于4℃左右的冰箱中保藏，每隔一定时间再转接至新的斜面培养基上，生长后继续保藏，如此连续不断。放线菌、霉菌和有芽孢的细菌一般可保存6个月左右，无芽孢的细菌可保存1个月左右，酵母菌可保存3个月左右。

此法由于采用低温保藏，大大减缓了微生物的代谢繁殖速度，降低突变频率；同时也减少了培养基的水分蒸发，使其不至于干裂。该法的优点是简便易行，容易推广，存活率高，故科研和生产上对经常使用的菌种大多采用这种保藏方法。广泛适用于细菌、放线菌、酵母菌和霉菌等大多数微生物菌种的短期保藏及不宜用冷冻干燥保藏的菌种。其缺点是菌株仍有一定程度的代谢活动能力，保藏期短，传代次数多，菌种较容易发生变异和被污染。

（二）石蜡油封藏法

此法是在无菌条件下，将灭过菌并已蒸发掉水分的液体石蜡倒入培养成熟的菌种斜面（或半固体穿刺培养物）上，石蜡油层高出斜面顶端1cm，使培养物与空气隔绝，加胶塞并用固体石蜡封口后，垂直放在室温或4℃冰箱内保藏。由于液体石蜡阻隔了空气，使菌体处于缺氧状态下，而且又防止了水分挥发，使培养物不会干裂，因而能使保藏期达1~2年。

这种方法操作简单，它适于保藏霉菌、酵母菌、放线菌、好氧性细菌等，但对很多厌氧性细菌的保藏效果较差，尤其不适用于某些能分解烃类的菌种。

（三）砂土管保藏法

砂土管法兼具低温、干燥、隔氧和无营养物等诸条件，故保藏期较长、效果较好，且微生物移接方便，经济简便。它比石蜡油封藏法的保藏期长，约2~10年。这是一种常用的长期保藏菌种的方法，适用于产孢子的放线菌、霉菌及形成芽孢的细菌，对于一些对干燥敏感的细菌如奈氏球菌、弧菌和假单胞杆菌及酵母菌则不适用。

其制作方法是，先将砂与土分别洗净、烘干、过筛（一般砂用60目筛，土用120目筛），按砂与土的比例为（1~2）:1混匀，分装于小试管中，砂土的高度约1cm，以121℃蒸汽灭菌1~1.5h，间歇灭菌3次。50℃烘干后经检查无误后备用。也有只用砂或土作载体进行保藏的。需要保藏的菌株制成菌悬液或孢子悬液滴入砂土管中，放线菌和霉菌也可直接刮下孢子与载体混匀，置于干燥器中抽真空并封口，在4℃冰箱内保藏。

（四）甘油悬液保藏法

此法是将菌种悬浮在甘油蒸馏水中，置于低温下保藏，本法较简便，但需置备低温冰箱。保藏温度若采用-20℃，保藏期约为0.5~1年，而采用-70℃，保藏期可达10年。

将保藏菌种对数期的培养液直接与经121℃蒸汽灭菌20min的甘油混合，并使甘油的终体积分数在10%~15%，再分装于小离心管中，置低温冰箱中保藏。基因工程菌常采用本法保藏。

（五）真空冷冻干燥保藏法

真空冷冻干燥保藏法通常是用保护剂制备保藏菌种的细胞悬液或孢子悬液于安瓿管中，再在低温下快速将含菌样冻结，并减压抽真空，使水升华将样品脱水干燥，形成完全干燥的固体菌块。并在真空条件下立即融封，造成无氧真空环境，最后置于低温下，使微生物处于休眠状态，而得以长期保藏。常用的保护剂有脱脂牛奶、血清、淀粉、葡聚糖等高分子物质。

由于此法同时具备低温、干燥、缺氧的菌种保藏条件，因此保藏期长，一般达5~15年，存活率高，变异率低，是目前被广泛采用的一种较理想的保藏方法。除不产孢子的丝状真菌不宜用此法外，其他大多数微生物如病毒、细菌、放线菌、酵母菌、丝状真菌等均可采用这种保藏方法。但该法操作比较繁琐，技术要求较高，且需要冻干机等设备。

（六）液氮超低温保藏法

液氮超低温保藏法是以甘油、二甲基亚砜等作为保护剂，在液氮超低温（-196℃）下保藏的方法。把菌悬液或带菌丝的琼脂块经控制致冷速度，以每分钟下降1℃/min 的速度从0℃直降到-35℃，然后保藏在-150～-196℃液氮冷箱中。

此法操作简便、高效、保藏期一般可达到15年以上，是目前被公认的最有效的菌种长期保藏技术之一。除了少数对低温损伤敏感的微生物外，该法适用于各种微生物菌种的保藏。此法可使用各种培养形式的微生物进行保藏，无论是孢子或菌体、液体培养物或固体培养物均可采用该保藏法。其缺点是需购置超低温液氮设备，且液氮消耗较多，操作费用较高。

要使用菌种时，从液氮罐中取出安瓿瓶，并迅速放到35～40℃温水中，使之冰冻溶化，以无菌操作打开安瓿瓶，移接到保藏前使用的同一种培养基斜面上进行培养。从液氮罐中取出安瓿瓶时速度要快，一般不超过1min，以防其他安瓿瓶升温而影响保藏质量。并且取样时一定要戴专用手套以防止意外爆炸和冻伤。

在上述的菌种保藏方法中，以斜面低温保藏法和石蜡油封藏法最为简便，以冷冻真空干燥保藏法和液氮超低温保藏法保藏效果最好。应用时，可根据实际需要选用。

三、 菌种保藏注意事项

菌种保藏对于基础研究和实际生产具有特别重要的意义。在基础研究中，菌种保藏可以保证研究结果获得良好的重复性。对于实际应用的生产菌种，可靠的保藏措施可以保证优良菌种长期高产稳产。

菌种保藏要获得较好的效果，需注意以下三个方面。

1. 菌种在保藏前所处的状态　绝大多数微生物的菌种均应保藏其休眠体，如孢子或芽孢。保藏用的孢子或芽孢等宜采用新鲜斜面上生长丰满的培养物。菌种斜面的培养时间和培养温度影响其保藏质量。培养时间过短，保存时容易死亡；培养时间长，生产性能衰退。一般以稍低于最适生长温度下培养至孢子成熟的菌种进行保存，效果较好。

2. 菌种保藏所用的基质　斜面低温保藏所用的培养基，碳源比例应少些，营养成分贫乏些较好，否则易产生酸，或使代谢活动增强，影响保藏时间。砂土管保藏需将砂和土充分洗净，以防其中含有过多的有机物影响菌的代谢或经灭菌后产生一些有毒的物质。冷冻干燥所用的保护剂，有不少经过加热就会分解或变性的物质，如还原糖和脱脂乳。过度加热往往形成有毒物质，灭菌时应特别注意。

3. 操作过程对细胞结构的损害　冷冻干燥时，冻结速度缓慢易导致细胞内形成较大的冰晶，对细胞结构造成机械损伤。真空干燥程度也将影响细胞结构，加入保护剂就是为了尽量减轻冷冻干燥所引起的对细胞结构的破坏。细胞结构的损伤不仅使菌种保藏的死亡率增加，而且容易导致菌种变异，造成菌种性能衰退。

四、 菌种保藏机构介绍

菌种视为生物工业不可缺少的重要资源，世界各国都对菌种极为重视，设置了各种专业性保护机构，主要保藏机构有：

（1）美国标准菌种收藏所（American Type Culture Collection，ATCC），美国马里兰州罗克维尔市。

（2）冷泉港研究室（Cold Spring Harbor Laboratory，CSH），美国纽约州冷泉港。

（3）日本东京大学应用微生物研究所（Institute of Applied Microbiology，IAM），日本东京。

（4）发酵研究所（Institute for Fermentation，IFO），日本大阪。

（5）国立标准菌种收藏所（National Collection of Type Culture，NCTC），英国伦敦。

（6）荷兰真菌中心收藏所（Centraalbureau voor Schimmelcultures，CBS），荷兰巴尔恩市。

（7）德国微生物菌种保藏中心（Deutsche Sammlung von Mikroorganismen und Zellkulturen，DSMZ），德国布伦瑞克。

在国内，为了推动菌种保藏事业的发展，1979年7月在国家科学技术委员会和中国科学院主持下，召开了第一次全国菌种保藏工作会议，在会上成立了中国微生物菌种保藏管理委员会（China Microbe Preservation Management Committee，CCCMS）委托中国科学院负责担负全国菌种保藏管理业务，菌种保藏管理中心有：

（1）中国普通微生物菌种保藏管理中心（China General Microbiological Culture Collection Center，CGMCC）中国科学院微生物研究所，北京：真菌，细菌；中国科学院武汉病毒研究所，武汉：病毒。

（2）中国工业微生物菌种保藏管理中心（China Center of Industrial Culture Collection，CICC）。

（3）中国农业微生物菌种保藏管理中心（Agricultural Culture Collection of China，ACCC）。

（4）中国林业微生物菌种保藏管理中心（China Forestry Culture Collection Center，CFCC）。

（5）中国药学微生物菌种保藏管理中心（China Pharmaceutical Culture Collection，CPCC）。

（6）中国医学细菌保藏管理中心（National Center for Medical Culture Collections，CMCC）。

（7）中国兽医微生物菌种保藏管理中心（China Veterinary Culture Collection Center，CVCC）。

岗位对接

本项目是药学类、药品制造类、药品质量与安全类等制药相关专业学生必须掌握的内容，为成为合格的生物技术制药及药品检测人员打下坚实基础。

本项目对应的岗位是发酵工程制药工、生化药品制造工、基因工程药品生产工和药品检验工等药品生产、质量相关岗位的职业工种。从事菌种选育等生物发酵技术、工艺、产品的研发与应用，生产流程管理，生产技术指导的工程技术人员。使用基因拼接技术、脱氧核糖核酸重组技术及设备，生产药品的人员。

岗位要求能够采用微生物方法，培养、制备生产菌种，鉴定、保藏生产菌种，复壮、选育生产菌株，进行发酵生产过程中的培养物无菌检测。

重点小结

自然选育　主要由自然界中选育和从生产过程中选育。从自然界中选育菌种的步骤有采样、富集培养、纯种分离和生产性能测定四个方面。

诱变育种　诱变剂分为物理诱变剂、化学诱变剂和生物诱变剂。诱变育种通过诱变和筛选两个部分不断重复进而获得高产菌株。

杂交育种　主要包括常规的杂交育种和原生质体融合两种方法。近年来，原生质体融合较为多见。原生质体融合技术包括原生质体的制备、原生质体融合、原生质体再生及融合子的检出。

基因工程育种的一般步骤是目的基因的获取、外源基因与载体的体外连接、将重组载体引入受体细胞、重组子的筛选鉴定。

生产菌种的保藏通过降低培养基营养成分、低温、干燥、缺氧和加保护剂等方式对菌种进行保藏，常用的保藏方法有斜面低温保藏法、石蜡油封藏法、砂土管保藏法、甘油悬液保藏法、冷冻真空干燥保藏法等。

本项目让同学们了解发酵工业上常见的微生物及其发酵产物，熟悉工业发酵对微生物一般要求，掌握菌种选育中自然选育、诱变育种、原生质体融合技术、基因工程育种等育种方法及其及操作要点；学会操作菌种诱变及分离筛选的基本技能，同时要让学生熟悉菌种的保藏方法，能够通过实际条件选取合适的菌种保藏方法。

目标检测

一、名词解释
1. 富集培养　2. 诱变育种　3. 基因工程育种

二、单选题
1. 不经过人工处理，利用菌种的自然突变而进行菌种筛选的过程叫（　　　）。
   A. 诱变育种　　　　B. 自然选育　　　C. 基因工程育种　　D. 杂交育种
2. 下列代谢产物中，属于次级代谢产物的是（　　　）。
   A. 糖　　　　　　　B. 蛋白质　　　　C. 抗生素　　　　　D. 脂类
3. 冷冻真空干燥法的保藏时间是（　　　）。
   A. 1～6 个月　　　　B. 6～12 个月　　　C. 1～2 年　　　　D. >5～10 年
4. 被誉为"超诱变剂"的是（　　　）。
   A. 紫外线　　　　　　　　　　　　B. γ 射线
   C. 5-溴尿嘧啶　　　　　　　　　　D. N-甲基-N'-硝基-N-亚硝基胍（NTG）
5. 下列保藏方法中，保存时间最长的是（　　　）。
   A. 斜面低温保藏法　　　　　　　　B. 液体石蜡保藏法
   C. 液氮超低温保藏法　　　　　　　D. 甘油悬液保藏法

三、多选题
1. 微生物菌种选育方法有（　　　）。
   A. 诱变育种　　　　B. 自然选育　　　C. 三倍体育种　　　D. 杂交育种
   E. 单倍体育种
2. 原生质体融合的一般步骤主要有（　　　）。
   A. 原生质体制备　　B. 原生质体融合　C. 原生质体再生　　D. 融合子检出
   E. 外源基因与载体的体外连接
3. 菌种保藏方法有（　　　）。
   A. 斜面低温保藏法　B. 液体石蜡保藏法　C. 砂土管保藏法　D. 甘油悬液保藏法
   E. 液氮超低温保藏法
4. 菌种保藏的原理（　　　）
   A. 减少营养成分　　B. 低温　　　　　C. 干燥　　　　　　D. 缺氧
   E. 加保护剂
5. 下列属于化学诱变剂的是（　　　）。
   A. 碱基类似物　　　B. 烷化剂　　　　C. 紫外线　　　　　D. 脱氨基诱变剂
   E. 移码突变剂等

四、简答题

1. 试述从自然界中分离枯草芽孢杆菌的流程。
2. 工业发酵对生产菌种的一般要求是什么？

实训一　菌种的自然选育

一、　实验目的

1. 掌握从自然环境中自然选育微生物菌株的方法。
2. 熟悉无菌操作技术。

二、　实验原理

微生物发酵菌种主要分离自土壤、水体、动植物残体等，在生产过程中，不经过人工诱变处理，利用菌种的自发突变而进行菌种筛选的过程称为自然选育，自然选育包括从自然界分离获得菌株和根据菌种的自发突变进行筛选获得目标菌株。但是自然界中的微生物种类繁多，都是混居在一起的，而现代发酵工业是以纯种培养为基础的，因此要获得发酵菌株，必须根据菌种的特性、形态、嗜好的差异，运用自然选育的方法，把它们从混杂的微生物群体中分离出来。从自然界中分离新菌种主要包括以下几个步骤：采样、增殖培养、培养分离和筛选、生产性能的测定等。

土壤是微生物的汇集地，从土壤中可以分离到所需的任何微生物，一般情况下，菜园土和耕作土的有机质含量较丰富，适合细菌和放线菌生长；果园树根土层中，酵母菌含量较多；动植物残体及霉腐土层中，霉菌较多；豆科植物的植被下，根瘤菌较多；首先根据要分离的微生物选择采土地点，用取样铲除去表层浮土 5cm 左右，取 5～25cm 的土样，装入事先准备好的无菌塑料袋内扎好，记录采样时间、地点、土壤质地、植被名称以及环境条件，由于采样后的环境条件与天然条件有差异，微生物要逐渐死亡，数量逐渐减少，种类也会发生变化，因此，应尽快分离。

常用的纯种分离的方法有三种：划线分离法、稀释分离法和组织分离法，本实验采用最基本的分离方法稀释分离法，将样品放于无菌水中，通过振荡，使微生物悬浮于液体中，然后静止一段时间，由于样品沉降较快，而微生物细胞体积小，沉降慢，会较长时间悬浮于液体中，通过对微生物细胞悬浮液的进一步稀释和选择性培养，就可以分离出需要的目的菌株。

本实验以土壤中的微生物的分离为例，介绍发酵菌种的自然选育方法。

三、　实验器材及材料

1. **材料**　土壤和植物残体上富含微生物的样品。
2. **培养基**　细菌培养基、高氏一号培养基、马铃薯培养基。
3. **仪器**　恒温干热灭菌箱、高压蒸汽灭菌器、超净工作台、天平、量筒、电炉、漏斗、漏斗架、玻璃棒、锥形瓶、玻璃珠、试管、培养皿、移液管、滴管、防水纸等。

四、　实验内容

（一）培养基的制备

培养基：①细菌分离用的琼脂培养基；②放线菌分离用的高氏一号培养基；③真菌分离用马铃薯培养基。

制备流程：通过称量、溶解、调节 pH 等步骤，配制上述培养基，并配制 45ml 无菌水一瓶，4.5ml 无菌水若干支，0.1MPa 灭菌 30min 后备用；包扎好培养皿、移液管和涂布棒，灭菌，烘干备用。

（二）倒平板

将灭菌后的培养基冷却至 50~60℃，以无菌操作法倒至经灭菌并烘干的培养皿中，每皿约 20ml。为了防止非目的菌株生长，可在真菌培养基中加入链霉素使之达到 30mg/L，以抑制细菌的生长。在细菌和放线菌培养基中加入制霉菌素使之达到 100mg/L，以抑制真菌生长，冷却凝固待用。倒平板的方法：右手持盛培养基的试管或锥形瓶置火焰旁边，用左手将试管塞或瓶塞轻轻地拨出，试管或瓶口保持对着火焰；然后左手拿培养皿并将皿盖在火焰附近打开一缝，迅速倒入培养基约 15ml，加盖后轻轻摇动培养皿，使培养基均匀分布在培养皿底部，然后平置于桌面上，待凝后即为平板。

（三）微生物分离

1. 制备活性污泥混合液稀释液 称取土样 10g，放入盛 90ml 无菌水并带有玻璃珠的三角烧瓶中，振摇约 20min，使土样与水充分混合，将细胞分散。用一支 1ml 无菌吸管从中吸取 1ml 土壤悬液，加入盛有 9ml 无菌水的大试管中充分混匀，然后用无菌吸管从此试管中吸取 1ml 加入另一盛有 9ml 无菌水的试管中，混合均匀，以此类推制成 10^{-1}、10^{-2}、10^{-3}、10^{-4}、10^{-5}、10^{-6} 不同稀释度的活性污泥混合液溶液。

2. 涂布 将上述每种培养基的三个平板底面分别用记号笔写上 10^{-4}、10^{-5} 和 10^{-6} 三种稀释度，然后用无菌吸管分别由 10^{-4}、10^{-5} 和 10^{-6}，从三管活性污泥混合液稀释液中各吸取 0.1 或 0.2ml，小心地滴在对应平板培养基表面中央位置用无菌玻璃涂棒，右手拿无菌涂棒平放在平板培养基表面上，将菌悬液先沿同心圆方向轻轻地向外扩展，使之分布均匀。室温下静置 5~10min，使菌液浸入培养基。

3. 培养 将培养皿倒置培养于恒温培养箱中，细菌 37℃ 培养 1~2d，真菌 30℃ 培养 3~5d，放线菌 30℃ 培养 5~7d 后观察，若杂菌干扰不严重，可适当延长平板的培养时间，一边挑选生长速度较慢的菌株。根据菌落形态特征，挑取有代表性的单菌落，在相应的培养基平板上划线，直至得到纯培养。纯化后的菌株应及时转接到斜面培养基上保存，对分离获得的纯培养进行特定发酵能力的测定。

知识链接

划线分离法

划线分离法是指把混杂在一起的微生物或同一微生物群体中的不同细胞，用接种环在平板培养基表面，通过分区划线稀释而得到较多独立分布的单个细胞，经培养后生长繁殖成单菌落。通常把这种单菌落当作待分离微生物的纯种。有时这种单菌落并非都由单个细胞繁殖而来的，故必须反复分离多次才可得到纯种。其原理是将微生物样品在固体培养基表面多次作"由点到线"稀释而达到分离目的。划线的形式有多种，可将一个平板分成四个不同面积的小区进行划线，第一区（A 区）面积最小，作为待分离菌的菌源区，第二和第三区（B、C 区）是逐级稀释的过渡区，第四区（D 区）则是关键区，使该区出现大量的单菌落以供挑选纯种用。为了得到较多的典型单菌落，平板上四区面积的分配应是 D>C>B>A。

【重点提示】

1. 采集的样品贮藏时间不宜过长，尽可能在短时间里完成分离任务，如果贮藏时间过长，菌群将发生明显的变化，一些"娇气"的微生物容易死亡，而使数量减少。

2. 样品的采集要有针对性。

3. 制备土壤稀释液时要混合均匀。

4. 菌液涂布时应注意涂布器的温度，避免温度过高而将待分离的菌种烫死。

实训二　紫外线诱变育种抗药性菌株的筛选

一、实验目的

1. 掌握紫外线诱变育种的基本技术。
2. 掌握抗药性突变株的筛选方法。

二、实验原理

诱变育种是用不同的诱变剂（mutagen）处理微生物的细胞群体，以诱发各种遗传突变，然后采用简便、快速和高效的筛选方法，从中选出所需要的突变株。采用这种方法，微生物菌种突变的频率比自发突变有大幅度的提高，但所诱发的遗传性状的改变是随机的，因而需要进行大量的筛选。当前，发酵工业中使用的高产菌株，几乎都是通过诱变育种而大大提高了生产性能的菌株。因此，至今仍是菌种改良的主要方法之一。

经诱变剂处理后的微生物群体中，虽然突变株的数目大大增加，但所占的比例仍是群体中的极少数。为了快速、准确地得到所需的突变株，必须设计一个合理的筛选方法，以杀死大量未发生突变的野生型，而保留极少数的突变型。微生物经诱变处理后引起的基因突变，往往需经过一段时间的培养后才出现表型的改变，这一现象称为表型延迟。所以，通常将诱变处理后的菌液先移到新鲜的培养基中培养一段时间，使改变了的性状趋于稳定，同时通过培养还可以使突变体数目增多，便于检出。

梯度培养皿方法是筛选抗药性突变株的一种有效的简便方法。其操作要点是：先加入不含药物的培养基，立即把培养基斜放，待培养基凝固后形成一个斜面，再将培养皿平放，倒入含一定浓度药物的培养基，这样就形成一个药物浓度由浓到稀的梯度培养基，然后再将大量的菌液涂布于平板表面。经培养后，在高浓度药物处出现的菌落就是抗性突变型菌株。

三、实验器材及材料

1. **菌种**　大肠埃希菌。
2. **培养基**　牛肉膏蛋白胨琼脂培养基，2×牛肉膏蛋白胨培养基，生理盐水。
3. **器皿**　培养皿、涂布棒、移液管、滴管、离心机。

四、实验内容

（一）制备菌液

从已活化的斜面菌种上挑一环大肠埃希菌于装有 5ml 牛肉膏蛋白胨培养基液无菌离心管中，置于 37℃ 条件下培养 16h 左右，3500r/min 离心 10min，弃上清，再用生理盐水洗涤两次，弃上清，重新悬浮于 5ml 生理盐水中。将两只离心管的菌液一并倒入装有玻璃珠的锥形瓶中，充分振荡以分散细胞，然后吸取 3ml 菌液于装有磁力搅拌棒的培养皿中。

（二）紫外线照射

1. 预热紫外灯 紫外灯功率15W，照射距离30cm。照射前先开灯预热30min。

2. 照射 将培养皿放在磁力搅拌器上，先照射1min后，再打开皿盖，并计时，照射达2min后，盖上皿盖，关闭紫外灯。

（三）增殖培养

照射完毕后，用无菌滴管将菌液吸到含有3ml的2×牛肉膏蛋白胨培养液的离心管中，混匀后用黑纸包裹严密，置37℃培养过夜。

（四）制备梯度培养皿

取10ml牛肉膏蛋白胨琼脂培养基于直径9cm的培养皿中，立即将培养皿斜放，使高处的培养基正好位于皿边与皿底的交接处。待凝固后，将培养皿平放，再加入含有链霉素（100μg/ml）的牛肉膏蛋白胨琼脂培养基10ml。凝固后，便得到链霉素浓度从100μg/ml到0μg/ml逐渐递减的梯度培养皿。然后在皿底作一个"↑"符号标记，以示药物浓度由低到高的方向。

（五）涂布菌液

将增殖后的菌液3500r/min离心10min，弃上清，再加入少量生理盐水制成浓的菌液后将全部菌液涂布于梯度培养皿上，并将它倒置于37℃恒温箱中培养24h，然后将出现于高浓度区域内的单菌落分别接种于斜面上，经培养后再作抗药性测定。

五、 实验结果

将紫外线诱变育种抗药性测定结果记录于表1-1。

表1-1 紫外线诱变育种抗药性测定结果

菌株号	含药平板（μg/ml）				对照平板
	10	20	30	40	
1					
2					
3					
4					
5					
6					
7					
8					
出发菌株					

结论：你选到抗药菌株（ ）株，最高抗药性达（ ）μg/ml。

【重点提示】

1. 紫外线对人体，尤其对人的眼睛和皮肤有伤害，长时间与紫外线接触会造成灼伤，且操作尽量控制在防护罩内。

2. 紫外灯功率15W，照射距离30cm，先照射1min后，再打开皿盖，并计时，照射达2min后盖上皿盖关闭紫外灯。

3. 增殖培养要在暗室中培养，防止光复活作用。

4. 制备梯度平板，要做药物浓度由低到高的方向标记。

实训三　芽孢杆菌的原生质体融合

一、 实验目的

1. 了解原生质体融合技术的原理。
2. 掌握芽孢杆菌原生质体制备及融合技术。

二、 实验原理

原生质体融合是 20 世纪 70 年代发展起来的基因重组技术。用水解酶除去遗传物质转移的最大障碍——细胞壁，制成由原生质膜包被的裸细胞，然后用物理、化学或生物学方法，诱导遗传特性不同的两亲本原生质体融合，经染色体交换、重组而达到杂交的目的，经筛选获得集双亲优良性状于一体的稳定融合子。近年来，该技术已成为生物界颇受瞩目的研究领域，是细胞生物学中迅速发展的方向之一。Fodor 和 Schaeffer 于 1976 年分别报道了巨大芽孢杆菌和枯草芽孢杆菌种内原生质体融合，微生物原生质体融合现象得到证实，并建立了相应的实验体系。从此，原生质体融合育种广泛应用于霉菌、酵母菌、放线菌和细菌，并从株内、株间发展到种内、种间，打破种属间亲缘关系，实现跨界融合。

原生质体融合具有杂交频率较高、受结合型或致育型的限制性小、遗传物质传递完整等特点，细菌原生质体融合的一般程序包括遗传标记、原生质体制备和再生、原生质体融合、融合体再生与检出。

枯草芽孢杆菌是革兰阳性菌，革兰阳性菌细胞壁组成是肽聚糖、磷壁酸和一些多糖蛋白质。肽聚糖的骨架由 N-乙酰葡萄糖胺和 N-乙酰胞壁酸通过 β-1,4 糖苷键交替连接而成。溶菌酶和青霉素对细菌细胞壁都有一定的降解作用，溶菌酶是作用于细菌细胞壁肽聚糖主链的 β-1,4 糖苷键上；而青霉素的作用机制是竞争性地与转肽酶结合，阻碍了侧链的交联，作用在代谢时发生，因此必须在细菌生长分裂时期才有效。

枯草芽孢杆菌是一种常见的有益菌，它可以净化水质，分解许多种有机质，通过融合育种可以将枯草芽孢杆菌 1、2 两个亲本的优良性状集中体现在融合细胞中，具有重要的遗传学意义。通过筛选成功融合并能稳定遗传的工程菌投入生产，将产生巨大的经济效益和社会效益。

三、 实验器材及材料

1. **菌种**　芽孢杆菌 A 和芽孢杆菌 B。
2. **培养基**　完全培养基、基本培养基、高渗再生培养基。
3. **器皿**　培养皿、锥形瓶、水浴锅、离心机。

四、 实验内容

（一） 原生质体的制备

1. **培养枯草芽孢杆菌**　取亲本菌株枯草芽孢杆菌 1、2 新鲜斜面，分别接一环到装有液体完全培养基（CM）的试管中，36℃振荡培养 14h，各取 1ml 菌液转接入装有 20ml 液体完全培养基的 250ml 锥形瓶中，36℃振荡培养 3h，使细胞生长进入对数前期，各加入 25U/ml 青霉素，使其终浓度为 0.3U/ml，继续振荡培养 2h。

2. **收集细胞**　各取菌液 10ml，4000r/min 离心 10min，弃上清液，将菌体悬浮于磷酸盐缓冲液中，离心。如此洗涤两次，将菌体悬浮 10ml 原生质体稳定液（SMM）中，每毫升约含 $10^8 \sim 10^9$ 个活菌为宜。

3. 总菌数测定　各取菌液 0.5ml，用生理盐水稀释，取 10^{-5}、10^{-6}、10^{-7}各 1ml（每稀释度作两个平板）、倾注完全培养基，36℃培养 24h 后计数。此为未经酶处理的总菌数。

4. 脱壁　两株亲本菌株各取 5ml 菌悬液，加入 5ml 溶菌酶溶液，溶菌酶质量浓度为 100μg/ml，混匀后于 36℃水浴保温处理 30min，定时取样，镜检观察原生质体形成情况，当 95% 以上细胞变成球状原生质体时，用 4000r/min 离心 10min，弃上清液，用高渗缓冲液洗涤除酶，然后将原生质体悬浮于 5ml 高渗缓冲液中。

5. 剩余菌数测定　取 0.5ml 上述原生质体悬液，用无菌水稀释，使原生质体裂解死亡，取 10^{-2}、10^{-3}、10^{-4}稀释液各 0.1ml，涂布于完全培养基平板上，36℃培养 24～48h，生长出的菌落应是未被酶裂解的剩余细胞。计算酶处理后剩余细胞数，并分别计算二亲株的原生质体形成率。原生质体形成率% =（未经酶处理的总菌数－酶处理后剩余细胞数）/未经酶处理的总菌数×100%。

（二）枯草芽孢杆菌原生质体再生

上述原生质体悬浮液适当稀释后，取 0.1ml 接种于 DM3 再生培养基上，迅速加入 0.8% 琼脂的相同成分培养基 4ml，轻轻摇匀，双层平板 30℃培养 3～4d，计算再生菌落数，为原生质体和少量未酶解细胞数之和，并可计算制备率和再生率。

（三）枯草芽孢杆菌原生质体融合

原生质体融合方法是取等量的两种不同菌株的原生质体悬浮液，加入新制备或在 HM 中保存的原生质体溶液混匀，4000r/min 离心 10min，沉淀物转入新鲜的 HM 原生质体保存溶液中，加入 40% PEG4000，40℃静置 1～3min。然后加入 10 倍左右的 HM 液，离心弃上清，用再生培养基适当稀释，分别接种在完全再生培养基和选择性基本培养基上培养、再生。基本培养基上生长的菌落可初步判定为融合子。同时另取单一亲本及不加 PEG 的双亲本原生质体混合液分别作为对照，以计算融合率。

五、　实验结果

计算融合率。

【重点提示】

1. 融合实验中，双亲原生质体的量要基本一致。

2. 不同菌种对破壁酶的敏感性不同，故要通过预实验找到菌株培养的最佳时期、所用破壁酶的种类和用量。

3. 原生质体对渗透压十分敏感，因此所用培养、洗涤原生质体的培养基和试剂都要含有渗透压稳定剂。

知识链接

融合子的选择

原生质体融合获得融合子，会产生两种情况，一种是真正的融合，即产生杂合二倍体，或单倍重组体；另一种是暂时的融合，形成异核体，它们都能在基本培养基上生长出来，但前者一般较稳定，而后者则一般不稳定的，会分离成亲本类型，有的甚至可以异核状态移接几代，所以要获得真正的融合子，在融合原生质体再生后，应进行数代的自然分离、选择。

项目二
培养基的制备

案例导入

案例：酸奶制作

准备：鲜牛奶、白砂糖、菌种。

制作流程如下。

（1）将盆、勺子等用具放在锅中，将水煮开，消毒 10min。

（2）鲜奶倒入锅中煮开 5min 左右。

（3）加糖（5%~10%）并搅拌使其溶化，冷却至不烫手为宜。

（4）在温牛奶中加入菌种（3%），搅拌均匀，盖上盖子。

（5）置 37℃温箱中进行发酵，4~6h 后，牛奶呈凝固状。

（6）取已发酵好的酸奶放入 4℃冰箱中过夜。

讨论：1. 牛奶是不是培养基，属于哪类培养基？

　　　2. 这种培养基能提供必需的营养成分吗？

　　培养基是指人工配制而成的适合微生物生长繁殖和积累代谢产物所需要的营养基质。无论是研究微生物还是利用微生物，都必须配制适宜微生物生长的培养基，它是微生物研究和微生物发酵生产的基础。

　　不同微生物，培养基不同；同一种微生物，培养目的不同，对培养基的要求也不同。因此，培养基种类很多。根据培养基中凝固剂的有无及含量的多少，可将培养基分为液体培养基、固体培养基和半固体培养基；根据培养基成分来源分为天然培养基、合成培养基和半合成培养基；根据培养基的用途分为基础培养基、加富培养基、选择培养基、鉴别培养基和生产用培养基。

任务一　液体培养基

液体培养基，是将各种营养物质溶于定量的水中，配制成均匀的营养液，是微生物或动植物细胞的液状培养基。它具有可进行通气培养、振荡培养的优点。在静止的条件下，在菌体或培养细胞的周围，形成透过养分的壁障，养分的摄入受到阻碍。由于在通气或在振荡的条件下，可消除这种阻碍以及增加供氧量，所以有利于细胞生长，提高生产量。液体培养基通常用于大规模工业化生产和实验室内微生物的基础理论和应用方面的研究。

一、培养基的成分

不同种类的培养基一般都含有微生物生长所需的碳源、氮源、磷源、无机盐、生长因子和水分等营养素，且各成分比例应合适。

（一）碳源

碳源是培养基的主要营养成分之一。用于构成菌体细胞和代谢产物的碳素来源，并为微生物的生长繁殖和代谢活动提供能源。常用的碳源有糖类、脂肪、有机酸、醇类和碳氢化合物等。在特殊情况下（如碳源贫乏时），蛋白质、氨基酸等也可以被微生物用作碳源。不同微生物所含的碳源分解酶并不完全一样，因此它们对各种碳源的利用能力不完全相同。

1. 糖类　单糖（如葡萄糖、果糖、木糖）、双糖（如蔗糖、乳糖、麦芽糖）和多糖（如淀粉、糊精）等糖类物质可以作为微生物发酵生产中常用的碳源。

葡萄糖是最常用也是最易利用的碳源。几乎所有的微生物都能利用葡萄糖。但是，在发酵过程中，如果葡萄糖浓度过高会加快菌体的代谢，以致培养基中的溶解氧不能满足菌体进行有氧呼吸的需要，葡萄糖分解代谢就会进入不完全氧化途径。一些酸性中间代谢产物如丙酮酸、乳酸、乙酸等累积在菌体或培养基中，导致 pH 降低，影响某些酶的活性，从而抑制微生物的生长和产物的合成。另外，葡萄糖的中间分解产物虽然不会导致 pH 下降，但能阻遏某些产物的生物合成酶，发生葡萄糖效应。其他单糖在生产中应用很少。

蔗糖、乳糖、麦芽糖也是工业发酵中较常用的碳源。蔗糖既有纯制产品，也有含较多杂质的粗品，例如生产中常使用的糖蜜。糖蜜是蔗糖生产时的结晶母液，除了含有丰富的蔗糖外，还含有氮素化合物、无机盐和维生素等成分，是发酵生产中价廉物美的原料。乳糖作为发酵生产的碳源，成本相对较高，而乳清是乳制品企业利用牛奶提取酪蛋白以制造干酪或干酪素后留下的溶液。干乳清含 65%~75% 的乳糖，其他成分还有乳清蛋白、无机盐等，因此可以利用乳清替代乳糖作为碳源。结晶麦芽糖价格很高，生产上多用麦芽糖浆。麦芽糖浆是以淀粉为原料、以生物酶为催化剂，经液化、糖化、精制、浓缩等工序生产而成的。高麦芽糖糖浆的麦芽糖含量超过 50%。

常用的淀粉有玉米淀粉、大麦淀粉、小麦淀粉、甘薯淀粉和马铃薯淀粉等多种，它们一般经菌体产生的胞外酶水解成单糖后再被吸收利用。淀粉不仅来源丰富、价格低廉，而且能克服葡萄糖代谢过快的弊病，因此在发酵生产中被普遍使用。淀粉难溶于水，但在高温（120~130℃）灭菌的过程中一般可完全膨胀成胶状物。应该注意的是：当培养基中淀粉的含量大于 3% 时，最好先用淀粉酶糊化，然后再和其他营养成分混合、灭菌，这样可以避免淀粉的结块。有些微生物还可以直接利用玉米粉、大麦粉、小麦粉、甘薯粉和马铃薯粉作为碳源。

根据微生物利用碳源速度的快慢，可将碳源分为速效碳源和迟效碳源。葡萄糖和蔗糖等被微生物利用的速度较快，它们是速效碳源，而乳糖、淀粉等被利用的速度相对较为缓慢，它们是迟效碳源。在微生物发酵生产中应考虑速效碳源和迟效碳源对目的产物合成的影响。例如，在青霉素的发酵生产中，葡萄糖阻遏青霉素的合成，而乳糖被利用较为缓慢、对青霉素的生物合成几乎无阻遏作用，因此即使浓度较高，仍能延长发酵周期，提高产量。

2. 油脂 许多微生物能利用油脂作为碳源。在微生物发酵生产中，常用的油脂大多为植物油，如花生油、玉米油、豆油、菜油、棉籽油和米糠油等，猪油、牛油、羊油和鱼油等动物油也有一定的应用。动物油的主要成分是不饱和脂肪酸和饱和脂肪酸。在溶解氧的参与下，脂肪酸完全氢化成 CO_2 和 H_2O，并释放能量。因此，当以脂肪为碳源时，要供给微生物更多的氧，否则脂肪酸及其代谢中间产物有机酸的积累会引起发酵液 pH 的下降，影响微生物酶的活性。此外，脂肪酸也可以被氧化成短链形式，直接参与微生物目的产物的合成。

除了作为碳源，脂肪酸还具有消泡作用，从而增加发酵罐的装料系数，改善发酵过程中的溶氧状况。

3. 有机酸和醇类 有些微生物对有机酸（如乙酸、琥珀酸、乳酸等）和醇类（如乙醇、甘油、山梨醇等）有很强的利用能力，因此有机酸和醇类也可以作为菌体生长和代谢的碳源。例如，乙醇在青霉素发酵中用作碳源，甘油常用作抗生素和甾类药物生物转化发酵时的碳源。有时人们把有机酸和醇类作为补充碳源。应注意的是：有机酸或有机酸盐的利用常会引起发酵液 pH 的变化，从而影响微生物酶的活性。

4. 碳氢化合物 碳氢化合物主要是一些石油产品，是某些微生物（如霉菌、酵母菌）喜欢利用的一类碳源。正烷烃是从石油裂解中得到的十四碳至十八碳的直链烷烃混合物，在某些抗生素的发酵中有所应用，并取得了较好的效果。当以碳氢化合物作为碳源时，在培养基中添加脂肪酸往往有利于菌体的生长和代谢产物的合成。

（二）氮源

氮源是培养基的主要营养成分之一，主要用于构成菌体细胞物质和代谢产物的氮素来源。常用的氮源可分成有机氮源和无机氮源两大类。

1. 有机氮源 常用的有机氮源有花生饼粉、黄豆饼粉、棉籽饼粉、玉米浆、玉米蛋白粉、蛋白胨、酵母粉、鱼粉、蚕蛹粉、尿素、废菌丝体和酒糟等。它们在微生物分泌的蛋白酶作用下，水解成氨基酸被菌体吸收利用，或进一步分解，最终用于合成菌体的细胞物质和含氮的目的产物。

有机氮源除了含有丰富的蛋白质、多肽和游离氨基酸外，往往还含有少量糖类、脂肪、无机盐、维生素及某些生长因子，因而微生物在有机氮源丰富的培养基上常表现出生长旺盛、菌丝浓度增长迅速等特点。

某些氨基酸不仅能作为氮源，还可以作为某些药物的前体物质，因此在培养基中直接加入这些氨基酸可以提高代谢产物的产量。例如，在培养基中加入缬氨酸可以提高红霉素的发酵单位，因此在此发酵过程中缬氨酸既是菌体的氮源，又是红霉素生物合成的前体。同样，缬氨酸和半胱氨酸既可以作为青霉素和头孢菌素产生菌的营养物质，又可以作为青霉素和头孢菌素的主要前体。但是，由于氨基酸成本高，一般不直接使用，而是通过有机氮源的分解来获得氨基酸。

黄豆饼粉是发酵工业中最常用的一种有机氮源。由于黄豆的产地和加工方法不同，营养物质种类、水分和含油量也随之不同，对菌体的生长和代谢有很大影响。

玉米浆是玉米淀粉生产中的副产品，为黄褐色的浓稠不透明的絮状悬浮物，是一种很容易被微生物利用的氮源。玉米浆有干玉米浆和液态玉米浆两种，它们除了含有丰富的氨基酸，还含有还原糖、有机酸、磷、微量元素和生长因子。由于玉米浆含有较多的有机酸，其 pH 偏低，一般在 4.0 左右。玉米的来源和加工条件不同，玉米浆的质量常有较大的波动，对菌体生长和代谢有很大的影响。

蛋白胨是由动物组织或植物蛋白质经酶或酸水解而获得的由胨、肽、氨基酸组成的水溶性混合物，经真空干燥或喷雾干燥后制得的产品。原材料和加工工艺的不同，蛋白胨中营养成分的组成和含量差异较大。酵母粉一般是啤酒酵母或面包酵母的菌体粉碎物，而酵母膏也称酵母膏粉、酵母浸膏或酵母浸出粉，是以酵母为原料，经酶解、脱色脱臭、分离和低温浓缩（喷雾干燥）而制成的。酵母粉和酵母膏都含有蛋白质、多肽、氨基酸、核苷酸、维生素和微量元素等营养成分，但质量有很大的差异。鱼粉是一种优质的蛋白质原料，约含 60% 左右的粗蛋白，还含有游离氨基酸、脂肪、氯化钠和微量元素等成分。

尿素也是一种常用的有机氮源，但成分单一，在青霉素的生产中常被使用。

这些有机氮源在微生物发酵生产中，不仅具有营养作用，提供菌体生长繁殖所需的氮素，有利于微生物合成菌体，而且提供次级代谢产物的氮素来源，影响微生物次级代谢产物的产量和组分。更为重要的是：它们还含有目的产物合成所得的诱导物、前体等物质。例如，玉米浆中含有的磷酸肌醇对红霉素、链霉素、青霉素和土霉素等的生产有促进作用；植物蛋白胨能够提高麦白霉素 A_1 组分的产量；酵母膏含有利福霉素生物合成的诱导物。因此，有机氮源是影响发酵水平的重要因素之一。

2. 无机氮源　常用的无机氮源有铵盐（如氯化铵、硫酸铵、硝酸铵、磷酸铵）、硝酸盐（如硝酸钠、硝酸钾）和氨水等。

无机氮源被微生物利用后常会引起 pH 的变化，如用 $(NH_4)_2SO_4$ 或 $NaNO_3$ 作为氮源时，其反应式如下：

$$(NH_4)_2SO_4 \longrightarrow 2NH_3 + H_2SO_4$$

$$NaNO_3 + 4H_2 \longrightarrow NH_3 + 2H_2O + NaOH$$

反应中所产生的 NH_3 被菌体作为氮源利用后，培养液中就留下了酸性或碱性物质。因此，这种经过微生物代谢作用后，能形成酸性物质的营养成分称为生理酸性物质，如硫酸铵。经微生物代谢后能产生碱性物质的营养成分称为生理碱性物质，如硝酸钠。正确使用生理酸性物质和生理碱性物质，对稳定和调节发酵过程的 pH 有积极作用。微生物对铵盐和硝酸盐的利用速度也有不同。铵盐中的铵氮可以直接被菌体利用，而硝酸盐中的硝基氮必须先被还原成氨以后才能被利用，因此铵盐比硝酸盐能更快被微生物利用。

氨水是一种容易被利用的氮源，在发酵过程还可作为 pH 调节剂。在许多微生物发酵生产中都有通氨工艺。例如在青霉素、链霉素、四环类抗生素的发酵生产中采用通氨工艺后，发酵单位均有不同程度的提高。在红霉素的发酵生产中通氨工艺不仅可以提高红霉素的产量，而且可以增加有效组分的比例。在采用通氨工艺时应注意两个问题：一是氨水碱性较强，因此在使用时要防止局部过碱，应少量多次加入，并加强搅拌；二是氨水中含有多种嗜碱性微生物，因此在使用前应用石棉等过滤介质进行过滤除菌，防止因通氨而引起的染菌。

根据被微生物利用速度的不同，氮源可分为速效氮源和迟效氮源。无机氮源或以蛋白质降解产物形式存在的有机氮可以直接被菌体吸收利用，这些氮源被称为速效氮源。花生饼粉、酵母膏等有机氮源中所含的氮存在于蛋白质中，必须在微生物分泌的蛋白酶作用下，水解成氨基酸和多肽以后，才能被菌体直接利用，它们则被称为迟效氮源。速效氮源通常有利于菌体的生长，但在微生物药物的发酵生产中也会出现类似于葡萄糖效应的现象，即由于速效氮源被微生物快速吸收利用而使其中间代谢物阻遏了次级代谢产物的合成，使次级代谢产物的产量大幅度下降。迟效氮源一般有利于代谢产物的形成，例如土霉素产生菌利用玉米浆比利用黄豆饼粉和花生饼粉的速度快，这是因为玉米浆中的氮源物质主要是以较易吸收的蛋白质降解产物形式存在。这些降解产物，特别是氨基酸，可直接被菌体吸收利用，而黄豆饼粉和花生饼粉中的氮主要以大分子蛋白质的形式存在。需进一步降解成小分子的肽和氨基酸后才能被微生物吸收利用，因而对其利用的速度较慢。因此，玉米浆为速效氮源有利于菌体生长，而黄豆饼粉和花生饼粉为迟效氮源，有利于代谢产物的形成。在抗生素发酵过程中，往往将两者按一定比例配成混合氮源，以控制菌体生长与目的代谢产物的形成，达到提高抗生素产量的目的。

（三）磷源和硫源

尽管在培养基的天然原料中含有一定量的磷元素和硫元素，但磷源和硫源往往以磷酸盐和硫酸盐的形式（如磷酸二氢钾、磷酸氢二钠、硫酸镁）加入培养基中。

磷源在微生物生长和代谢调节中，具有重要的生理功能。首先，磷是核酸、磷脂、辅酶或辅基等物质的组成成分，也是能量传递物质——三磷酸腺苷的组成成分。其次，磷酸盐在代谢调节方面起着重要的作用。磷酸盐能促进糖代谢的进行，因此它有利于微生物的生长繁殖。磷酸盐对次级代谢产物的合成具有调节作用，如在链霉素、土霉素和新生霉素等抗生素的生物合成中，低浓度的磷酸盐能促进产物的合成，但高浓度的磷酸盐则抑制产物的合成。磷酸盐还能调节代谢流向，如在金霉素发酵过程中，金色链霉菌能通过糖酵解途径和单磷酸己糖途径利用糖类，而且金霉素的生物合成与单磷酸己糖途径密切相关。当磷酸盐浓度较高时，有利于糖酵解途径的进行，导致初级代谢旺盛、菌丝大量生成和丙酮酸积累，使单磷酸己糖途径受到抑制，从而降低了金霉素的合成。此外，磷酸盐还是重要的缓冲剂之一，可以缓冲发酵过程中 pH 的变化。

硫是蛋白质中含硫氨基酸和某些维生素的组成成分，半胱氨酸、甲硫氨酸、辅酶 A、生物素、硫胺素和硫辛酸等都含有硫，活性物质谷胱甘肽中也含有硫。硫还是某些抗生素如青霉素、头孢菌素的组成元素。

（四）无机离子

微生物在生长繁殖和代谢产物的合成过程中，还需要某些无机离子，如镁、钙、钠、钾、铁、铜、锌、锰、钼和钴等。各种不同的产生菌以及同一种产生菌在不同的生长阶段对这些物质的需求浓度是不相同的。一般它们在低浓度时对微生物生长和目的产物的合成有促进作用，在高浓度时常表现出明显的抑制作用。镁、钙、钠、钾等元素所需浓度相对较大，一般在 $10^{-3} \sim 10^{-4} \, mol/L$ 范围内，属大量元素，在配制培养基时需以无机盐的形式加入。铁、铜、锌、锰、钼和钴等所需浓度在 $10^{-6} \sim 10^{-8} \, mol/L$ 范围内，属微量元素。由于天然原料和天然水中微量元素都以杂质等状态存在，因此，在配制复合培养基时一般不需单独加入，配制合成培养基或某个特定培养基时才需要加入。不同的微生物对于一种元素的需求有很大的差别，例如铁的需要量在有的产生菌中属大量元素。而在有的产生菌中需要量很少，只是微量元素。

无机离子在菌体生长繁殖和代谢活动中的生理功能是多方面的。镁是代谢途径中许多重要酶（如己糖磷酸化酶、柠檬酸脱氢酶、烯醇化酶、羧化酶等）的激活剂。镁离子不但影响基质的氧化，还影响蛋白质的合成。对一些氨基糖苷类抗生素（如卡那霉素、链霉素、新霉素）的产生菌，镁离子能提高菌体对自身所产生抗生素的耐受能力，促使与菌体结合的抗生素向培养液中释放。镁常以硫酸镁的形式加入培养基中，但在碱性溶液中会生成氢氧化镁沉淀，因此配制培养基时要注意 pH 的影响。

铁是细胞色素、细胞色素氧化酶和过氧化氢酶的组成部分，是菌体生命活动必需的元素之一。当工业上采用铁制的发酵罐时，发酵罐内的溶液即使不加任何含铁化合物，其铁离子浓度也已达 $30\mu g/ml$。另外，一些天然原料中也含有铁，所以发酵培养基一般不再加入含铁化合物。有些发酵产物对铁离子很敏感，如青霉素发酵生产中，Fe^{2+} 含量要求在 $20\mu g/ml$ 以下，当 Fe^{2+} 含量达 $60\mu g/ml$ 时，青霉素产量下降 30%。在四环素和麦迪霉素的发酵中也存在着高含量 Fe^{2+} 对抗生素生物合成的抑制作用。因此，这些产品的发酵应使用不锈钢发酵罐，若需用铁罐进行发酵，应用稀硫酸铵或稀硫酸溶液对罐进行预处理，然后才能正式投入生产。

钠、钾虽不参与细胞的组成，但仍是微生物发酵培养基的必要成分。钠离子与维持细胞渗透压有关，故在培养基中常加入少量钠盐，但用量不能过高，否则会影响微生物的生长。钾离子也与细胞渗透压和细胞膜的通透性有关，并且还是许多酶（如磷酸丙酮酸转磷酸酶、果糖激酶）的激活剂，能促进糖代谢。

钙不参与细胞的组成，但却是微生物发酵培养基的必要成分。钙离子是某些蛋白酶的激活剂、参与细胞膜通透性的调节，并且是细菌形成芽孢和某些真菌形成孢子所必需的。常用的碳酸钙不溶于水，几乎是中性，但它能与微生物代谢过程中产生的酸起反应，形成中性盐和二氧化碳，后者从培养基中逸出，因此碳酸钙对培养液 pH 的变化有一定的缓冲作用。在配制培养基时应注意三点：一是钙盐过多会形成磷酸钙沉淀而降低培养基中可溶性磷的含量，因此当培养基中磷和钙浓度较高时，应将两者分别消毒或逐步补加；二是先将除 $CaCO_3$ 以外的培养基用碱调到 pH 接近中性，再将 $CaCO_3$ 加入到培养基中，这样可防止 $CaCO_3$ 在酸性培养基中被分解而失去其在发酵过程中的缓冲能力；三是要严格控制碳酸钙中 CaO 等杂质的含量。

锌、钴、锰、铜等微量元素是酶的辅基或激活剂。如锌离子是碱性磷酸酶、脱氢酶、肽酶的组成成分；钴离子是肽酶的组成成分；锰离子是超氧化物歧化酶、氨肽酶的组成成分；铜离子是氧化酶、酪氨酸酶的组成成分。

此外，对于某些特殊的菌株和产物，有些微量元素具有独特的作用，能促进次级代谢产物的生物合成。例如微量的锌离子能促进青霉素、链霉素的合成；微量的锰离子能促进芽孢杆菌合成杆菌肽；钴离子是维生素 B_{12} 的组成元素，在发酵中加入一定量的钴离子能使维生素 B_{12} 的产量提高数倍；微量的钴离子还能增加庆大霉素和链霉素的产量。

（五）生长因子

生长因子是微生物生长代谢必不可少，但不能用简单的碳源或氮源生物合成的一类特殊的营养物质。根据化学结构及代谢功能，生长因子主要有三类：维生素、氨基酸、碱基及其衍生物。此外还有脂肪酸、卟啉、甾醇等。

维生素：维生素是被发现的第一类生长因子。大多数维生素是辅酶的组成成分，例如硫胺素（维生素 B_1）是脱羧酶、转醛酶、转酮酶的辅基，核黄素（维生素 B_2）是核黄素-5-磷酸（FMN）和核黄素-5′-腺苷二磷酸（FAD）的组成成分。烟酸（维生素 B_5）是辅酶 I 和辅酶 II 的组成成分。微生物对维生素的需求量较低，一般是 $1\sim50\mu g/L$，有时甚至更低。

氨基酸：L-氨基酸是蛋白质的主要组成成分，有的 D-氨基酸是细菌细胞壁和生理活性物质的组成成分。作为生长因子的氨基酸其添加量一般为 $20\sim50\mu g/L$。添加时，可以直接提供氨基酸，也可以提供含有所需氨基酸的小肽。

碱基：碱基包括嘌呤和嘧啶，其主要功能是用于合成核酸和一些辅酶及辅基。有些产生菌可利用核苷、游离碱基作为生长因子，有些产生菌只能利用游离碱基。核苷酸一般不能作为生长因子，但有些产生菌既不能合成碱基，又不能利用外源碱基，需要外源提供核苷或核苷酸，而且需要量很大。

不同的产生菌所需的生长因子各不相同。有的需要多种生长因子，有的仅需要一种，还有的不需要生长因子。同一种产生菌所得的生长因子也会随生长阶段和培养条件的不同而有所变化。生长因子的需要量一般很少。天然原料如酵母膏、玉米浆、麦芽浸出液、肝浸液或其他新鲜的动植物浸液都含有丰富的生长因子，因此配制复合培养基时，不需单独添加生长因子。

（六）前体

在微生物代谢产物的生物合成过程中，有些化合物能直接被微生物利用构成产物分子结构的一部分，而化合物本身的结构没有大的变化，这些物质称为前体。前体最早是从青霉素发酵生产中发现的。在青霉素发酵时，人们发现添加玉米浆后，青霉素单位可从 $20\mu g/ml$ 增加到 $100\mu g/ml$。研究表明，发酵单位增加的主要原因是玉米浆中含有苯乙酰胺，它能被优先结合到青霉素分子中，从而提高了青霉素 G 的产量。

前体必须通过产生菌的生物合成过程，才能掺入到产物的分子结构中。在一定条件下，前体可以起到控制菌体代谢产物的合成方向和增加产量的作用。

根据前体的来源，可将前体分为外源性前体和内源性前体。外源性前体是指产生菌不能合成或合成量极少，必须由外源添加到培养基中供给其合成代谢产物，如青霉素 G 的前体——苯乙酸、青霉素 V 的前体——苯氧乙酸。内源性前体是指产生菌在细胞内能自身合成的、用来合成代谢产物的物质，如头孢菌素 C 生物合成中的 α-氨基己二酸、半胱氨酸和缬氨酸是内源性前体。外源性前体是发酵培养基的组成成分之一。需要注意的是：有些外源性前体物质，如苯乙酸、丙酸等浓度过高会对菌体产生毒性。此外，有些产生菌能氧化分解前体，因此在生产中为了减少毒性和提高前体的利用率，补加前体宜采用少量多次的间歇补加方式或连续流加的方式。

（七）诱导物

诱导物一般是指一些特殊的小分子物质，在微生物发酵过程中添加这些小分子物质后，能够诱导代谢产物的生物合成，从而显著提高发酵产物的产量。

根据诱导物的来源，可将诱导物分为内源性诱导物和外源性诱导物。内源性诱导物又称为内源性诱导因子或自身调节因子，是在微生物的代谢过程中产生的调节因子，如链霉素的产生菌灰色链球菌的发酵液中有一种被称为 A 因子的物质能够使不产链霉素的突变株恢复产生链霉素，其他还有 I 因子、L 因子等。外源性诱导物又称为外源性诱导因子，是添加在培养基中的外源性物质，如存在于酵母膏中的 B 因子，添加 B 因子可使利福霉素产生菌的生产能力成倍增长。

（八）促进剂和抑制剂

在发酵培养基中加入某些微量的化学物质，可促进目的代谢产物的合成，这些物质被称为促进剂。例如在四环素的发酵培养基中加入促进剂硫氰化苄或 2-硫基苯并噻唑可控制三羧酸循环中某些酶的活力，增强戊糖循环，促进四环素的合成。表 2-1 列出了一些微生物药物生物合成的促进剂。

表 2-1　促进剂及其抗生素

促进剂	抗生素
β-吲哚乙酸、α-萘乙酸、硫氰酸苄酯	金霉素
硫氢化苄、2-硫基苯并噻唑	四环素

促进剂	抗生素
甲硫氨酸、亮氨酸	头孢菌素
巴比妥	链霉素
巴比妥	利福霉素
巴比妥	加利红菌素
环糊精	兰卡霉素
色氨酸	麦角甾醇类
丙氨酸、异亮氨酸	阿弗米丁
苯丙氨酸	圆弧菌素

表 2-1 在发酵过程中加入某些化学物质会抑制某些代谢途径的进行，同时会使另一代谢途径活跃，从而获得人们所需的某种代谢产物，或使正常代谢的中间产物积累起来。这种物质被称为抑制剂。如在四环素发酵时，加入溴化物可以抑制金霉素的生物合成，而使四环素的合成加强。在利福霉素 B 发酵时，加入二乙基巴比妥盐可抑制其他利福霉素的生成。

（九） 水分

水是微生物机体必不可少的组成成分。它既是构成菌体细胞的主要成分，又是一切营养物质传递的介质。培养基中的水在产生菌生长和代谢过程中不仅提供了必需的生理环境，而且具有重要的生理功能。主要体现在以下几个方面。

（1）水是最优良的溶剂，产生菌没有特殊的摄食及排泄器官，营养物质、氧气和代谢产物等必须溶解于水后才能进出细胞内外。

（2）通过扩散进入细胞的水可以直接参加一些代谢反应，并在细胞内维持蛋白质、核酸等生物大分子稳定的天然构象，同时又是细胞内几乎所有代谢反应的介质。

（3）水的比热较高，是一种热的良导体，能有效地吸收代谢过程中所放出的热量，并及时将热量迅速散发出细胞外，从而使细胞内温度不会发生明显的波动。

（4）水从液态变为气态所得的汽化热较高，有利于发酵过程中热量的散发。

由于水是配制培养基的介质，因此，当培养基配制完成后培养基中的水已足够微生物需要。

二、 液体培养基的配制方法

1. 称量 一般可用 1/100 天平称量配制培养基所需的各种药品。先按培养基配方计算各成分的用量，然后进行准确称量。

2. 溶化 将称好的药品置于烧杯中，先加入少量水（根据实验需要可用自来水或蒸馏水），用玻棒搅动，加热溶解。

3. 定容 待全部药品溶解后，倒入容量瓶中，加水至所需体积。如某种药品用量太少时，可预先配成较浓溶液，然后按比例吸取一定体积溶液，加入至培养基中。

4. 调 pH 一般用 pH 试纸测定培养基的 pH。用剪刀剪出一小段 pH 试纸，然后用镊子夹取此段 pH 试纸，在培养基中蘸一下，观看其 pH 范围，如培养基偏酸或偏碱时，可用 1mol/L NaOH 或 1mol/L HCl 溶液进行调节。调节 pH 时，应逐滴加入 NaOH 或 HCl 溶液，防止局部过酸或过碱，破坏培养基中成分。边加边搅拌，并不时用 pH 试纸测试，直至达到所需 pH 为止。

5. 过滤 用滤纸或多层纱布过滤培养基。一般无特殊要求时，此步可省去。

培养基由于配制的原料不同，使用要求不同，而贮存保管方面也稍有不同。一般培养基在受热、吸潮后，易被细菌污染或分解变质，因此一般培养基必须防潮、避光、阴凉处保存。对一些需严格灭菌的培养基（如组织培养基），较长时间的贮存，必须放在 3 ~ 6℃的冰箱内。

拓展阅读

麦芽汁培养基的配制

麦芽汁培养基和马铃薯葡萄糖培养基被广泛用于培养酵母菌和霉菌。

1. 培养基成分 新鲜麦芽汁：一般为 10~15°Bé。

2. 配制方法

（1）用水将大麦或小麦洗净，用水浸泡 6~12h，置于 15℃阴凉处发芽，上盖纱布，每日早、中、晚淋水一次，待麦芽伸长至麦粒的两倍时，让其停止发芽，晒干或烘干，研磨成麦芽粉，贮存备用。

（2）取一份麦芽粉加四份水，在 65℃水浴锅中保温 3~4h，使其自行糖化，直至糖化完全（检查方法是取 0.5ml 的糖化液，加 2 滴碘液，如无蓝色出现，即表示糖化完全）。

（3）糖化液用 4~6 层纱布过滤，滤液如仍混浊，可用鸡蛋清澄清（用一个鸡蛋清，加水 20ml，调匀至生泡沫，倒入糖化液中，搅拌煮沸，再过滤）。

（4）用波美比重计检测糖化液中糖浓度，将滤液用水稀释到 10~15°Bé，调 pH 至 6.4。 如当地有啤酒厂，可用未经发酵，未加酒花的新鲜麦芽汁，加水稀释到 10~15°Bé 后使用。

（5）如配固体麦芽汁培养基时，加入 2% 琼脂，加热融化，补充失水。

（6）分装、加塞、包扎。

（7）高压蒸汽灭菌 100Pa 灭菌 20min。

任务二　固体培养基

固体培养基是指在液体培养基中加入一定的凝固剂，使其成为固体状态的培养基。在一般培养温度下呈固体状态的培养基都称固体培养基。

一、分类

固体培养基可以分为两类：一类是用天然的固体状物质制成的，如用马铃薯块、麸皮、米糠、豆饼粉、花生饼粉制成的培养基，酒精厂、酿造厂等常用这种培养基；另一类是在液体中添加凝固剂而制成的，如实验室中常用的琼脂固体斜面和固体平板培养基。这种培养基广泛用于微生物的分离、鉴定、保藏、计数及菌落特征的观察等。

固体培养基的凝固剂一般不是微生物的营养成分，只起固化作用。理想的凝固剂应具备以下条件。

（1）不被所培养的微生物分解利用。

（2）在微生物生长的温度范围内保持固体状态。在培养嗜热细菌时，由于高温容易引起培养基液化，通常在培养基中适当增加凝固剂来解决这一问题。

（3）凝固剂凝固点温度不能太低，否则将不利于微生物的生长。

（4）凝固剂对所培养的微生物无毒害作用。

（5）凝固剂在灭菌过程中不会被破坏。

（6）透明度好，黏着力强。

（7）配制方便且价格低廉。

常用的凝固剂有琼脂、明胶和硅胶。表2-2列出琼脂和明胶的一些主要特征。

表2-2　琼脂与明胶的比较

比较内容	琼脂	明胶
常用浓度	1.5%～2%	5%～12%
熔点（℃）	96	25
凝固点（℃）	40	20
pH	微酸	酸性
灰分（%）	16	14～15
氧化钙（%）	1.15	0
氧化镁（%）	0.77	0
氮（%）	0.4	18.3
微生物利用能力	绝大多数微生物不能利用	不少微生物利用

琼脂的熔点为96℃，凝固点为40℃，因此，在一般的培养条件下都呈固体状态，而且透明度强。正是这些优良特性，使琼脂取代了早期使用的明胶而成为常用的凝固剂。

二、固体培养基的配制方法

配制固体培养基时，应将已配好的液体培养基加热煮沸，再将称好的琼脂（1.5%～2%）加入，并用玻棒不断搅拌，以免糊底烧焦。继续加热至琼脂全部融化，最后补足因蒸发而失去的水分。

三、影响培养基质量的因素

在工业发酵中，常出现菌种生长和代谢异常、生产水平大幅度波动等现象。产生这些现象的原因有很多，如产生菌的不稳定、种子质量波动、发酵工艺条件控制不严格等，而培养基质量是一个重要的影响因素。影响培养基质量变化的因素也较多，主要有原材料质量、水质、培养基的灭菌和温度等。

（一）原材料质量

工业发酵中使用的培养基绝大多数是由一些农副产品组成，所用的原材料成分复杂，由于品种、产地、加工方法和贮藏条件的不同而造成其内在质量有较大的差异，因而常常引起发酵水平的波动。

有机氮源是影响培养基质量的主要因素之一。有机氮源大部分是农副产品，所含的营养成分也受品种、产地、加工方法和贮藏条件的影响。例如在链霉素的发酵生产中，培养基使用东北大豆加工成的黄豆饼粉比用华北或江南大豆的黄豆饼粉发酵单位要高而且稳定，这是因为东北大豆胱氨酸和甲硫氨酸的含量比华北和江南大豆的高。黄豆饼粉有冷榨（压榨温度<70℃）和热榨（压榨温度>100℃）两种方法，这两种不同加工方法得到的黄豆饼粉中其主要成分有很大的不同（表2-3）。在土霉素、红霉素发酵中使用热榨黄豆饼粉的效果好，而在链霉素发酵时采用冷榨黄豆饼粉的效果好。热榨黄豆饼粉贮藏时易霉变，因此最好用新鲜的黄豆饼粉，否则会引起发酵单位的波动。玉米浆对很多品种的发酵水平有显著影响，由于玉米的品种和产地不同以及加工工艺的不同，使制得的玉米浆中营养成分不同，特别是磷的含量有很大的变化，对微生物发酵的影响很大。

表 2-3　冷榨黄豆饼粉和热榨黄豆饼粉的主要成分含量

加工方法	水分（%）	粗蛋白（%）	粗脂肪（%）	糖类（%）	灰分（%）
冷榨	12.12	46.65	6.12	26.64	5.44
热榨	3.38	47.94	3.74	22.84	6.31

因此，在选择培养基的氮源时，应重视有机氮源的品种和质量。在原材料的质量控制方面，要检测各种有机氮源中蛋白质、磷、脂肪和水分的含量，注意酸价变化。同时，重视它们的贮藏温度和时间，以免霉变和虫蛀。

碳源对培养基质量的影响虽不如有机氮源那样明显，但也会因原材料的品种、产地、加工方法不同，而影响其成分及杂质的含量，最终影响发酵水平。例如不同产地的乳糖，由于其含氮物不同，可引起灰黄霉素发酵水平的波动。甘蔗糖蜜和甜菜糖蜜在糖、无机盐和维生素的含量上有所不同；不同产地的甘蔗用碳酸法和亚硫酸法两种工艺制备的糖蜜，其成分也是有所不同的（表2-4）；废糖蜜和工业用葡萄糖中总糖、还原糖、含氮物、氯离子、无机磷、重金属、水分等含量差异更大，这些都会严重影响发酵水平。

表 2-4　甘蔗糖蜜的主要成分含量

产地	加工方法	相对密度	蔗糖（%）	转化糖（%）	全糖（%）	灰分（%）	蛋白质（%）
广东	亚硫酸法		33.0	18.1	52.0	13.2	
广东	碳酸法	1.49	27.0	20.0	47.0	12.0	0.90
四川	碳酸法	1.40	35.8	19.0	54.8	11.0	0.54

工业发酵常用的豆油、玉米油、米糠油等油脂中的酸度、水分和杂质含量差异较大，对培养基质量有一定的影响。不同生产厂家的生产工艺不同，油脂的质量有很大的差异。即使是同一个生产厂家。由于原料品种和生产批次的不同，质量也有一定的差异。此外，这些油的贮藏温度过高或时间过长，容易引起酸败和过氧化物含量的增加，对微生物产生毒性。

此外，培养基中用量较少的无机盐和前体，也要按一定的质量标准进行控制，否则，有的培养基成分如碳酸钙，由于杂质含量的变化会影响培养基的质量。

由于各种原材料的质量都影响培养基的质量，因此有的发酵工厂会直接采购原料，然后自行加工或委托代加工，以严格控制所用原材料的质量。在更换原材料时，先进行小试，甚至中试，不随意使用不符合质量标准和生产工艺要求的原材料。

（二）水质

水是培养基的主要组成成分。发酵工业所用的水有深井水、地表水、自来水和蒸馏水等。深井水的水质可因地质情况、水源深度、采水季节及环境的不同而不同；地表水的水质受环境污染的影响更大，同时受到季节的影响；不同地方的自来水质量也有所不同。水中的无机离子和其他杂质影响着微生物的生长和产物的合成。在微生物药物的发酵生产中，有时会遇到一个高单位的生产菌种在异地不能发挥其生产能力。其原因纵然很多，但时常会归结到是由于水质的不同而导致的结果。因此，对于微生物发酵来说，稳定且符合质量要求的水源是至关重要的。

在发酵生产中应对水质定期进行检验。水源质量的主要考察参数包括 pH、溶解氧、可溶性固体、污染程度以及矿物质组成和含量。有的国家为了避免水质变化对抗生素发酵生产的影响，提出配制抗生素工业培养基的水质要求：浑浊度<2.0、色级<25、pH6.8～7.2、总硬度 100～230mg/L、铁离子 0.1～0.4mg/L、蒸馏残渣<150mg/L。

（三）灭菌

大多数培养基均采用高压蒸汽灭菌法，一般在 121℃条件下灭菌 20～30min。如果灭菌的操作控制不当，会降低培养基中的有效营养成分，产生有害物质，影响培养基的质量，给发酵带来不利的影响。其原因是：

（1）不耐热的营养成分可能产生降解而遭到破坏。灭菌温度越高或灭菌时间越长，营养成分被破坏越多。

（2）某些营养成分之间可能发生化学反应。灭菌温度越高或灭菌时间越长，化学反应越强，导致可利用的营养成分减少越多。

（3）产生对微生物生长或产物合成有害的有毒物质。

某些维生素在高温会失活，因此避免灭菌时间过长、灭菌温度过高是保证培养基质量的重要一环。此外，糖类物质高温灭菌时会形成氨基糖、焦糖；葡萄糖在高温下易与氨基酸和其他含氨基的物质反应，形成 5-羟甲基糠醛和棕色的类黑精，从而导致营养成分的减少，并生成毒性产物对微生物的生长发育不利，甚至影响正常的发酵过程。因此含糖培养基在 121℃灭菌不宜超过 15～30min，如果条件允许，葡萄糖最好和其他成分分开灭菌，避免化学反应。磷酸盐、碳酸盐与钙盐、镁盐、铁盐、铵盐之间在高温也会发生化学反应，生成难溶性的复合物而产生沉淀，使可利用的离子浓度大大降低，因此如能分开灭菌也可提高培养基的质量。

（四）培养基黏度

培养基中一些不溶性的固体成分，如淀粉、黄豆饼粉、花生饼粉等使培养基的黏度增加，直接影响氧的传递和微生物对溶解氧的利用，对灭菌控制和产品的分离提取也带来不利影响。因此，在微生物的发酵生产中可使用"稀配方"，并通过中间补料方式补足营养成分，或将基础培养基适当液化（如用蛋白酶、淀粉酶对培养基进行初步酶解），或采取补加无菌水的方法，来降低培养基的黏度，以保证培养基质量，提高发酵水平。

拓展阅读

按用途不同培养基的分类

1. 基础培养基　基础培养基是含有一般微生物生长繁殖所需的基本营养物质的培养基。牛肉膏蛋白胨培养基是最常用的基础培养基。

2. 加富培养基　加富培养基也称营养培养基，即在基础培养基中加入某些特殊营养物质制成的一类营养丰富的培养基，这些特殊营养物质包括血液、血清、酵母浸膏、动植物组织液等。

3. 鉴别培养基　在培养基中加入某种特殊化学物质，某种微生物在培养基中生长后能产生某种代谢产物，而这种代谢产物可以与培养基中的特殊化学物质发生特定的化学反应，产生明显的特征性变化，根据这种特征性变化，可将该种微生物与其他微生物区分开来。

4. 选择培养基　选择培养基是用来将某种或某类微生物从混杂的微生物群体中分离出来的培养基。根据不同种类微生物的特殊营养需求或对某种化学物质的敏感性不同，在培养基中加入相应的特殊营养物质或化学物质，抑制不需要的微生物的生长，有利于所需微生物的生长。

任务三　半固体培养基

半固体培养基是指在培养液中加入少量的凝固剂（如 0.2%~0.7% 的琼脂）而制成的培养基。这种培养基常用于观察细菌的运动、厌氧菌的分离和菌种鉴定等。

半固体琼脂培养基主要有蛋白胨、牛肉膏粉、氯化钠、琼脂等成分配制而成，蛋白胨和牛肉膏粉提供氮源、维生素、矿物质；氯化钠维持均衡的渗透压，较少量的琼脂作为培养基的凝固剂。

一、半固体培养基配制一般过程

半固体培养基配制过程与固体培养基配制过程类似，主要不同于琼脂用量上。应将已配好的液体培养基加热煮沸，再将称好的琼脂（0.2%~0.7%）加入，并用玻棒不断搅拌，以免糊底烧焦。继续加热至琼脂全部融化，最后补足因蒸发而失去水分。

二、培养基的常规配制程序

由于微生物种类及代谢类型的多样性，因而用于培养微生物培养基的种类也很多，它们的配方及配制方法虽各有差异。但一般培养基的配制程序却大致相同，例如器皿的准备，培养基的配制与分装，棉塞的制作，培养基的灭菌，斜面与平板的制作以及培养基的无菌检查等基本环节大致相向。

（一）实验材料

1. 药品　待配各种培养的组成成分，琼脂，1mol/L NaOH 溶液，1mol/L HCl 溶液。

2. 仪器　天平或台秤，高压蒸汽灭菌锅。

3. 玻璃器皿　移液管、试管、烧杯、量筒、锥形瓶、培养皿、玻璃漏斗等。

4. 其他物品　药匙、称量纸、pH 试纸、记号笔、棉花、纱布、线绳、塑料试管盖、牛皮纸、报纸等。

（二）实验内容

1. 玻璃器皿的洗涤和包装

（1）玻璃器皿的洗涤　玻璃器皿在使用前必须洗刷干净。将锥形瓶、试管、培养皿等浸入含有洗涤剂的水中，用毛刷刷洗，然后用自来水及蒸馏水冲净。移液管先用含有洗涤剂的水浸泡。再用自来水及蒸馏水冲洗，洗刷干净的玻璃器皿置于烘箱中烘干后备用。

（2）灭菌前玻璃器皿的包装　①培养皿的包装：培养皿由一盖一底组成一套。可用报纸将几套培养皿包成一包，或者将几套培养皿直接置于特制的铁皮圆筒内，加盖灭菌。包装后的培养皿须经灭菌之后才能使用。②移液管的包装：在移液管的上端塞入一小段棉花（勿用脱脂棉）。它的作用是避免外界及口中杂菌吹入管内，并防止菌液等吸入口中。塞入此小段棉花应距管口约 0.5cm 左右。棉花自身长度约 1 ~ 1.5cm。塞棉花时，可用一外圈拉直的曲别针，将少许棉花塞入管口内。棉花要塞得松紧适宜，吹时以能通气而又不使棉花滑下为准。

先将报纸裁成宽约 5cm 左右的长纸条，然后将已塞好棉花的移液管尖端放在长条报纸的一端，约成 45°角，折叠纸条包住尖端，用左手握住移液管身，右手将移液管压紧，在桌面上向前搓转，以螺旋式包扎起来。上端剩余纸条，折叠打结，准备灭菌（图 2-1）。

2. 液体及固体培养基的配制过程　①液体培养基配制：见液体培养基任务；②固体培养基的配制：见固体培养基任务；③半固体培养基：见半固体培养基任务。

3. 培养基的分装　根据不同需要，可将已配好培养基分装入试管或锥形瓶内，分装时注意不要使培养基沾污管口或瓶口，造成污染。如操作不小心，培养基沾污管口或瓶口时，可用镊子夹一小块脱脂棉，擦去管口或瓶口的培养基，并将脱脂棉弃去。

（1）试管的分装　取一个玻璃漏斗，装在铁架上，漏斗下连一根橡皮管，橡皮管下端再与另一玻璃管相接，橡皮管的中部加一弹簧夹。分装时，用左手拿住空试管中部，并将漏斗下的玻璃管嘴插入试管内，以右手拇指及食指开放弹簧夹，中指及无名指夹住玻璃管嘴，使培养基直接流入试管内（图 2-2）。

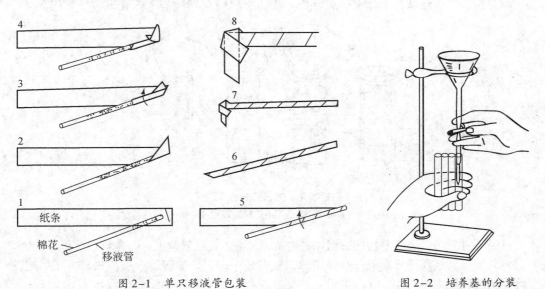

图 2-1　单只移液管包装　　　　　　图 2-2　培养基的分装

装入试管培养基的量视试管大小及需要而定，若所用试管大小为 15mm×150mm 时，液体培养基可分装至试管高度 1/4 左右为宜；如分装固体或半固体培养基时，在琼脂完全融化后，应趁热分装于试管中。用于制作斜面的固体培养基的分装量为管高1/5（约3~4ml）；半固体培养基分装量为管高的1/3为宜。

（2）锥形瓶的分装　用于振荡培养微生物用时，可在250ml锥形瓶中加入50ml的液体培养基，若用于制作平板培养基用时，可在250ml锥形瓶中加入150ml培养基，然后再加入3g琼脂粉（按2%计算），灭菌时瓶中琼脂粉同时被融化。

4. 棉塞的制作及试管、锥形瓶的包扎　为了培养好气性微生物，需提供优良通气条件，同时为防止杂菌污染，则必须对通入试管或锥形瓶内空气预先进行过滤除菌。通常方法是在试管及锥形瓶瓶口加上棉花塞等。

（1）试管棉塞的制作　制棉塞时，应选用大小、厚薄适中的普通棉花一块，铺展于左手拇指和食指扣成的圆孔上，用右手食指将棉花从中央压入团孔中制成棉塞，然后直接压入试管或锥形瓶口。也可借用玻璃棒塞入，也可用折叠卷塞法制作棉塞（图2-3）。

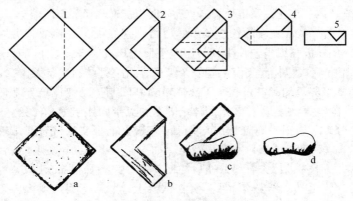

图2-3　棉塞制作过程

制作的棉塞应紧贴管壁，不留缝隙，以防外界微生物沿缝隙侵入。棉塞不宜过紧或过松，塞好后以手提棉塞，试管不下落为准。棉塞的2/3在试管内，1/3在试管外（图2-4）。

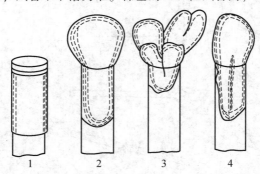

图2-4　试管帽和棉塞
1—试管帽；2—正确的棉塞；3—不正确的棉塞；4—不正确的棉塞

目前也有采用金属或塑料试管帽代替棉塞。直接盖在试管口上。灭菌待用。

将装好培养基塞好棉塞或盖好管帽的试管捆成一捆，外面包上一层牛皮纸。用铅笔注明培养基名称及配制日期，灭菌待用。

（2）锥形瓶棉塞制作　通常在棉塞外包上一层纱布，再塞在瓶口上。有时为了进行液体振荡培养加大通气量，则可用八层纱布代替棉塞包在瓶口上。目前也有采用无菌培养容器封口膜直接盖在瓶口，既保证良好通气，过滤除菌，又操作简便，故极受欢迎。

在装好培养基并塞好棉塞、包上八层纱布或盖好培养容器封口膜的锥形瓶口上，再包上一层牛皮纸并用线绳捆好，灭菌待用。

5. 培养基的灭菌　培养基经分装包扎之后，应立即进行高压蒸汽灭菌，100Pa 灭菌 20min（灭菌条件根据培养基不同有所差异，含糖培养基 105℃，30min）。如因特殊情况不能及时灭菌，则应暂存于冰箱中。

6. 斜面和平板的制作

（1）斜面的制作　将已灭菌装有琼脂培养基的试管，趁热置于木棒上，使成适当斜度，凝固后即成斜面（图 2-5）。斜面长度不超过试管长度 1/2 为宜。如制作半固体或固体深层培养基时，灭菌后则应垂直放置至冷凝。

（2）平板的制作　将装在锥形瓶或试管中已灭菌的琼脂培养基融化后，待冷至 50℃ 左右倾入无菌培养皿中。温度过高时，皿盖上的冷凝水太多，温度低于 50℃，培养基易于凝固而无法制作平板。

平板的制作应采用无菌操作，左手拿培养皿，右手拿锥形瓶的底部或试管，左手同时用小指和手掌将棉塞打开，灼烧瓶口，用左手大拇指将培养皿盖打开一缝，至瓶口正好伸入，倾入 10~12ml 的培养基，迅速盖好皿盖，置于桌上，轻轻旋转平皿、使培养基均匀分布于整个平皿中、冷凝后即成平板（图 2-6）。

　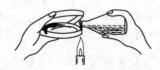

图 2-5　斜面的放置　　　　图 2-6　将培养基倒入培养皿内

7. 培养基的无菌检查　灭菌后的培养基，一般需进行无菌检查。最好从中取出 1~2 管（瓶），置于 37℃ 恒温箱中培养 1~2d，确定无菌后方可使用。

8. 无菌水的制备　在每个 250ml 的锥形瓶内装 99ml 的蒸馏水并塞上棉塞。在每支试管内装 4.5ml 蒸馏水。塞上棉塞或盖上塑料试管盖。再在棉塞上包上一张牛皮纸。高压蒸汽灭菌，100Pa 灭菌 20min。

拓展阅读

按成分不同培养基分类

1. 天然培养基　这类培养基主要以化学成分还不清楚或化学成分不恒定的天然有机物组成，牛肉膏蛋白胨培养基和麦芽汁培养基就属于此类。

常用的天然有机营养物质包括牛肉浸膏、蛋白胨、酵母浸膏、豆芽汁、玉米粉、土壤浸液、麸皮、牛奶、血清、稻草浸汁、羽毛浸汁、胡萝卜汁、椰子汁等。

2. 合成培养基　合成培养基是由化学成分完全了解的物质配制而成的培养基，也称化学限定培养基，高氏一号培养基和查氏培养基就属于此种类型。此类培养基成分精确，量易控制，重复性强，但微生物生长速度较慢，成本较高。

3. 半合成培养基　半合成培养基是由部分天然有机物和部分化学试剂配制的培养基，营养物质全面，微生物生长良好。如马铃薯葡萄糖培养基。

任务四 种子培养基

种子培养基是专用于微生物孢子萌发、大量生长繁殖、产生足够菌体的培养基，一般指的是种子罐的培养基和摇瓶种子的培养基，其作用是为了获得数量充足和质量上乘的健壮菌体。

一、 配制种子培养基时的注意事项

（1）营养成分要比较丰富和完全，含容易被利用的碳源、氮源、无机盐和维生素等。氮源和维生素的含量要高些，氮源一般既含有机氮源又含无机氮源，因为天然有机氮源中的氨基酸能刺激孢子萌发，无机氮源有利于菌丝体的生长。

（2）培养基的组成能维持 pH 在一定范围内，以保证菌体生长时的酶活力。

（3）营养物质的总浓度以略稀薄为宜，以保持一定的溶解氧水平，有利于大量菌体的生长繁殖。

（4）最后一级种子培养基的营养成分要尽可能接近发酵培养基的成分，使种子进入发酵培养基后能迅速适应，快速生长。

根据培养基不同，菌种不同，接种量也不同。一般在没有相应指导书说明的情况下，采用分组分量试探法。也就是按照梯度装不同量的种子，最后看哪组结果是预期中想要的，以后再按照这个量培养即可。

二、 培养基的设计和筛选

培养基设计贯穿于发酵工艺研究的各个阶段。无论是在微生物发酵的实验室研究阶段、中试放大阶段还是在发酵生产阶段，都要对发酵培养基的组成进行设计。从理论上讲，微生物的营养需求和细胞生长及产物合成之间存在着化学平衡，即：

$$碳源 + 氮源 + 其他营养需求 \longrightarrow 细胞 + 产物 + CO_2 + H_2O + 热量$$

根据以上方程式，可以推算满足菌体细胞生长繁殖和合成代谢产物的元素需求量。设计发酵培养基的组成，就是使其营养成分满足生成一定数量菌体细胞的需求；满足生产一定量代谢产物的需求以及满足维持菌体生命活动提供能量的需求。但是，由于不同产生菌生理特性的差异、代谢产物合成途径（特别是次级代谢产物合成途径）的复杂性、天然原材料营养成分和杂质的不稳定性、灭菌对营养成分的破坏等原因，目前还不能完全从生化反应来推断和计算出适合某一菌种的培养基配方。

设计一个合适的培养基需要大量而细致的工作。一般来说，需要根据生物化学、细胞生物学、微生物学等学科的基本理论，在参照前人所使用的较适合某一类菌种的经验配方的基础上，选用价格低廉的培养基原料，最大程度满足菌体生长繁殖和合成代谢产物的需要。设计培养基主要包括下列几个步骤。

（一）研定培养基的基本组成

首先根据微生物的特性和培养目的，考虑碳源和氮源的种类，注意速效碳（氮）源和迟效碳（氮）源的相互配合。要避免某些培养基成分对代谢产物合成可能存在的阻遏或抑制作用。其次，要注意生理酸性物质和生理碱性物质，以及 pH 缓冲剂的加入和搭配。此外，一些菌种不能合成自身生长所需的生长因子，对这些菌种，要选用含有生长因子的复合培养基或在培养基中添加生长因子。还要考虑菌种在代谢产物合成中对特殊成分如前体、促进剂等的需要。最后，要考虑原材料对泡沫形成的影响、原材料来源的稳定性和长期供应情况，以及原材料彼此间不能发生化学反应。

（二）确定培养基成分的基本配比和浓度

1. 碳源和氮源的浓度和比例　对于孢子培养基来说，营养不能太丰富（特别是有机氮源），否则不利产孢子；对于发酵培养基来说既要利于菌体的生长，又能充分发挥菌种合成代谢产物的能力。碳源与氮源的比例是一个影响发酵水平的重要因素。因为碳源既作为碳架参与菌体和产物合成，又作为生命活动的能源，所以一般情况下，碳源用量要比氮源用量高。应该指出的是：碳氮比也随碳源和氮源的种类以及通气搅拌等条件而异，因此很难确定一个统一的比值。一般来讲，碳氮比偏小，菌体生长旺盛，但易造成菌体提前衰老自溶，影响产物的积累；碳氮比过大，菌体繁殖数量少，不利于产物的积累。碳氮比合适，但碳源和氮源浓度偏高，会导致菌体的大量繁殖，发酵液黏度增大，影响溶解氧，会影响菌体的繁殖，同样不利于产物的积累。在四环素发酵中，当发酵培养基的碳氮比维持在25:1时，四环素产量较高。除此以外，对于一些快速利用的碳源和氮源，要避免浓度过高导致的分解产物阻遏作用。如葡萄糖浓度过高会加快菌体的呼吸，使培养基中的溶解氧不能满足菌体生长的需要，葡萄糖分解代谢进入不完全氧化途径，一些酸性中间代谢产物会累积在菌体或培养基中，使 pH 降低，影响某些酶的活性，从而抑制微生物的生长和产物的合成。

2. 生理酸性物质和生理碱性物质的比例　生理酸性物质和生理碱性物质的用量也要适当，否则会引起发酵过程中发酵液的 pH 大幅度波动，影响菌体生长和产物的合成。因此，要根据菌种在现有工艺和设备条件下，其生长和合成产物时 pH 的变化情况以及最适 pH 的控制范围等，综合考虑生理酸碱物质及其用量，从而保证在整个发酵过程中 pH 都能维持在最佳状态。

3. 无机盐浓度　孢子培养基中无机盐浓度会影响孢子数量和孢子颜色。发酵培养基中高浓度磷酸盐抑制次级代谢产物的生物合成。

4. 其他培养基成分的浓度　对于培养基中每一个成分，都应考虑其浓度对菌体生长和产物合成的影响。

（三）培养基的筛选

设计后的培养基要通过实验进行筛选验证。大量的培养基筛选，一般采用摇瓶发酵的方法，这种方法筛选效率高，可在短时间内从大量的不同组成的培养基中筛选到较好的培养基组成。但摇瓶的发酵条件与罐上的发酵条件还有较大的不同，故由摇瓶筛选出的培养基，还要通过实验发酵罐的验证，并经过逐级放大实验和培养基成分的调整才能成为生产用的培养基。

培养基筛选可以采用单因素试验法。单因素试验是逐个改变发酵培养基中某一营养成分的种类或浓度，分析比较产生菌的菌体生长情况、碳氮代谢规律、pH 变化、产物合成速率等数据，从中确定应采用的原材料品种和浓度。单因素试验法工作量大，筛选效率低，需要时间长，故一般在考察少量因素时使用。

培养基筛选还可采用正交试验和均匀设计等数学方法。采用正交试验和均匀设计等方法可以大大加速实验进程。例如考察某个发酵培养基中 4 个组分、3 个浓度的试验，如采用单因素试验法，需做 $4 \times 4 \times 4 = 64$ 次试验，如每次试验需要 7d，需要相当长的时间才能获得试验结果。而采用正交试验表 $L_9(3^4)$，只需 9 次试验就选出最佳的发酵培养基配方。正交试验方法的优点不仅表现在试验的设计上，更表现在对试验结果的处理上。它能分析推断优化培养基的组分和浓度，还可以考察各因素之间的交互作用。

均匀试验设计法具有试验点均匀分散特点，其试验组数与因素的水平数相同，试验结果的分析可以通过计算机对试验数据进行多元回归系统处理，求得回归方程式，通过此方程式来定量预测最优的条件和最优的结果。

在筛选培养基中，最后应综合考虑各因素的影响以及成本因素，得到一个比较适合该菌种的培养基配方。培养基中原材料质量的稳定性是获得连续、高产的关键。在工业化的发酵生产中，所有的培养基成分要建立和执行严格的质量标准。特别是对农副产品（如花生饼粉、鱼粉、蛋白胨等）来源的有机氮源，应特别注意原料的来源、加工方法和有效成分的含量。若原料来源发生变化，应先进行试验，正式投入生产后一般不得随意更换原料。

任务五　发酵培养基

发酵培养基是用于微生物积累大量代谢产物的培养基。发酵培养基不是微生物最适生长培养基，它适于菌种生长、繁殖和合成产物之用，它除了要使种子转接后能迅速生长达到一定的菌丝浓度，更要使菌体迅速合成所需的目的产物。发酵培养基有营养总量较高、碳源比例较大等特点，还有产物所需的特定元素、前体物质、促进剂和抑制剂等。在大工业发酵生产中发酵培养基必须适合于发酵性能控制和微生物发酵条件控制。

发酵培养基的营养要求是：

（1）营养成分要适当丰富和完全，既有利于菌丝的生长繁殖又不导致菌体过量繁殖，而抑制了目的产物的合成。

（2）培养基 pH 稳定地维持在目的产物合成的最适 pH 范围。

（3）根据目的产物生物合成的特点，添加特定的元素、前体、诱导物和促进剂等对产物合成有利的物质。

（4）控制原料的质量，避免原料波动对生产造成的影响。

岗位对接

本项目是药学类和药品制造类等各类制药相关专业学生必须掌握的内容，为成为合格的合成药物制造、生物技术制药、药物制剂及其他的药品生产人员打下坚实基础。

本项目对应岗位的工种包括化学合成制药工、生化药品制造工、发酵工程制药工、疫苗制品工、药物制剂工的职业工种。

本项目对应岗位需掌握微生物、培养基、灭菌及无菌操作的基本知识；本岗位标准操作规程。超净台、灭菌锅、电热恒温干燥箱、发酵罐及常用工具基础知识。能看懂本岗位的操作流程；根据具体要求进行培养基的制备及菌种的培养；能按照标准操作规程进行操作并正确填写记录。能进行超净台、灭菌锅、电热恒温干燥箱、发酵罐等设备操作；正确使用常用工具。

重点小结

培养基是指人工配制而成的适合微生物生长繁殖和积累代谢产物所需要的营养基质。

培养基的成分：不同种类的培养基一般都含有微生物生长所需的碳源、氮源、磷源、无机盐、生长因子和水分等营养素，且各成分比例应合适。

目标检测

一、名词解释

1. 培养基 2. 固体培养基 3. 促进剂与抑制剂 4. 天然培养基 5. 前体

二、单选题

1. 下列哪个属于固体培养基本的是（   ）。
   A. 营养琼脂   B. 乳糖胆盐
   C. 四硫磺酸钠煌绿增菌液   D. 缓冲蛋白胨水
2. 液体培养基中不含有的成分是（   ）。
   A. 碳   B. 氮   C. 水   D. 明胶
3. 半固体培养基用于（   ）。
   A. 大规模生产   B. 活菌计数   C. 菌种保藏   D. 分类鉴定
4. 下列属于有机氮源的是（   ）。
   A. 氯化铵   B. 硫酸铵   C. 黄豆饼粉   D. 硝酸铵
5. 半固体培养基中琼脂的添加量范围是（   ）。
   A. 0.1%~0.2%   B. 0.2%~0.6%   C. 0.3%~0.5%   D. 0.2%~0.7%

三、多选题

1. 培养基的成分有（   ）。
   A. 碳源   B. 氮源   C. 水分   D. 微生物
   E. 菌体
2. 培养基按是否含有凝固剂及含量多少可分为（   ）。
   A. 固体培养基   B. 液体培养基   C. 合成培养基   D. 鉴别培养基
   E. 种子培养基
3. 培养基中的碳源包括（   ）。
   A. 糖类   B. 脂肪   C. 有机酸   D. 醇类和碳氢化合物
   E. 生长因子
4. 根据物理状态，培养基可以分为（   ）。
   A. 选择培养基   B. 半固体培养基 C. 固体培养基   D. 液体培养基
   E. 合成培养基
5. 生长因子主要有哪三类（   ）。
   A. 维生素   B. 脂肪酸   C. 氨基酸   D. 碱基及其衍生物
   E. 碳水化合物

四、简答题

1. 凝固剂应具备的条件有哪些？
2. 固体培养基的主要用途？
3. 影响培养基质量的因素有哪些？
4. 配制培养基的一般程序？
5. 培养基中水分的作用？

实训一　牛肉膏蛋白胨培养基的制备

一、实验目的

1. 了解配制培养基的一般原理。
2. 掌握配制培养基的基本步骤和分装方法。
3. 掌握高压蒸汽灭菌的原理与操作基本程序。

二、实验原理

牛肉膏蛋白胨培养基是一种应用最广泛和最普通的细菌基础培养基，有时又称为普通培养基，由于这种培养基中含有一般细菌生长繁殖所需要的最基本的营养物质，所以可供微生物生长繁殖之用。在配方中不加琼脂时称之为肉汤培养基，加入琼脂配制的固体培养基一般用于细菌的分离、培养和测数等。基础培养基含有牛肉膏、蛋白胨和 NaCl。

牛肉膏是采用新鲜牛肉经过剔除脂肪、消化、过滤、浓缩而得到的一种棕黄色至棕褐色的膏状物，其中含有肌酸、肌酸酐、多肽类、氨基酸类、核苷酸类、有机酸类、矿物质类及维生素类的水溶性物质。牛肉膏为微生物提供碳源、能源、磷酸盐和维生素。

蛋白胨是由蛋白质经酶、酸、碱水解而获得的一种朊、胨、肽、氨基酸组成的水溶性混合物。它是微生物培养基最主要的基础成分，在培养基中的主要作用是为微生物生长提供氮源和维生素。NaCl 提供无机盐。

琼脂，因微生物一般难以利用，因此被选为培养基应用最广泛的凝固剂。琼脂是从石花菜等海藻中提取的胶体物质，主要成分是半乳糖胶，为一种多糖类化合物。根据配制培养基的性状，选择是否添加琼脂。加琼脂制成的培养基在 98 ~ 100℃ 条件下融化，于 45℃以下凝固，通常不被微生物分解利用。但多次反复融化，其凝固性降低。实际应用时，一般在沸水浴中或下面垫以石棉网煮沸溶化，以免琼脂烧焦。固体培养基中琼脂的含量根据琼脂的质量和气温的不同而有所不同。由于这种培养基多用于培养细菌，因此，要用稀酸或稀碱将其 pH 调至中性或微碱性，以利于细菌的生长繁殖。

人工配制培养基中通常含有微生物生存必需的六大营养成分，它们分别为：碳源、氮源、能源、无机盐、生长因子和水。除此之外，培养基要保证微生物生长适宜的 pH。细菌、放线菌等生长最适 pH 在中性到微碱性之间，霉菌、酵母菌等生长最适 pH 为偏酸性，因此在配制相应培养基时应充分考量培养微生物所需最适 pH。不同种类的微生物所需营养成分不尽相同，所以培养基种类很多。同时，即使是同一种微生物，由于实验目的的不同，所采用的培养基的成分也不完全相同。根据培养基的使用目的、营养物来源以及物理状态，可以分成许多不同类型。

培养基配好后还必须立即灭菌，使用前应保证为无菌状态。应根据营养物的耐热性而选用高压蒸汽灭菌法、过滤除菌法或其他灭菌法。

高压蒸汽灭菌是将待灭菌的物品放在一个密封的加压灭菌锅内，通过加热，使灭菌隔套间的水沸腾而产生蒸汽，待水蒸气急剧地将冷空气从排气中驱除尽，然后关闭排气阀，继续加热。此时由于蒸汽不能溢出，而增加了灭菌器内的压力，从而使沸点增高，得到高于100℃的温度，导致菌体蛋白凝固变性而达到灭菌的目的。

三、实验器材及材料

1. 试剂　牛肉膏、蛋白胨、NaCl、琼脂、1mol/L NaOH、1mol/L HCl。

2. 器皿 台秤、烧杯、锥形瓶、量筒、漏斗、试管、透气试管塞、玻璃棒等。

3. 其他 高压灭菌锅、pH 试纸（pH5.4～9.0）、牛角匙、牛皮纸、棉花、纱绳、记号笔等。

四、 实验内容

（一）称量

取一干净烧杯，先称取 0.5g 牛肉膏和 1g 蛋白胨（牛肉膏常用玻棒挑取），放在小烧杯或表面皿中称量，用热水（计量体积）溶化后倒入烧杯（也可放称量纸上，称量后直接放入水中。这时如稍微加热，牛肉膏便会与称量纸分离，然后立即取出纸片）。蛋白胨易吸潮，称取时动作要快。将称好的 0.5g NaCl 加入水中，然后补足 100ml 水，在烧杯上做好水位记号。

另外，称药品时严防药品混杂，一把牛角匙用于一种药品，或称取一种药品后，洗净，擦干，再称取另一药品。

（二）加热溶化

将烧杯放在石棉网上，用文火加热并不断搅拌，以防液体溢出（或在磁力搅拌器上加热溶解）。加入 1.6g 琼脂后，一边搅拌一边加热，直至琼脂完全溶化后才能停止搅拌，并补足水分至 100ml（水需预热）。

在琼脂溶化过程中，应控制火力，以免培养基因沸腾而溢出容器。同时，需不断搅拌，以防琼脂糊底烧焦。配制培养基时，不可用铜或铁锅加热溶化，以免离子进入培养基中，影响细菌生长。

（三）调节 pH

初配好的牛肉膏蛋白胨培养液是偏酸性的，因此要用 pH 试纸（或 pH 电位计、氢离子浓度比色计）测试培养基的 pH。如不符合需要，可用 1mol/L HCl 或 1mol/L NaOH 调 pH 至 7.0～7.4。若过酸，则用滴管向培养基中逐滴加入 NaOH 边加边搅拌，并随时用 pH 试纸测其 pH，直至 pH 达到所要求范围。反之，用 1mol/L HCl 进行调节。

对于有些要求 pH 较精确的微生物，其 pH 的调节可用酸度计进行（使用方法、可参考有关说明书）。pH 不要调过头，以避免回调而影响培养基内各离子的浓度。配制 pH 低的琼脂培养基时，若预先调好 pH 并在高压蒸汽下灭菌，则琼脂因水解不能凝固。因此，应将培养基的成分和琼脂分开灭菌后再混合，或在中性 pH 条件下灭菌，再调整 pH。

（四）过滤

以四层纱布趁热过滤。

（五）分装培养基

如果要制作斜面培养基，须将培养基分装于试管中。如果要制作平板培养基或液体、半固体培养基，则须将培养基分装于锥形瓶内。分装完后塞好瓶塞，并在瓶塞部分包好牛皮纸，用绳捆扎。然后贴上标签，注明培养基名称、配制日期及组别。

（六）加塞

培养基分装完毕后，在试管口或锥形瓶口上加上棉塞，以过滤空气，防止外界杂菌污染培养基或培养物，并保证容器内培养的需氧菌能够获得无菌空气。

（七）扎口

加塞后，再在棉塞外包一层防潮纸，以避免灭菌时棉塞被冷凝水沾湿，并防止接种前培养基水分散失或污染杂菌。然后用线绳捆扎并注明培养基名称，配制日期及组别。

（八）灭菌

一般采用高压蒸汽灭菌，121℃，20min。若不能立即灭菌，培养基应放入冰箱。

（九）摆斜面或倒平板

灭菌后，如需制成斜面培养基，应待培养基冷却至 50～60℃（以防止斜面上冷凝水太多）后，将试管口一端搁在玻棒或其他高度适中的木棒上，调整搁置的斜度，使斜面的长度不超过试管总长的一半。

（十）无菌检查

将灭过菌的培养基放入 37℃恒温箱内培养过夜，无菌生长为合格培养基。

（十一）保存

暂不使用的无菌培养基，可在冰箱内或冷暗处保存，但不宜保存时间过久。

五、实验结果

所配制的牛肉膏蛋白胨培养基应符合卫生要求，存放备用。

【注意事项】

1. 加热过程中要用玻璃棒不停搅拌，否则牛肉膏和蛋白胨溶解不均匀，培养基不好用。

2. 火力不能太大，微沸之后，过一会儿即可停止加热，否则液体沸出很危险。

3. 配比要合适，牛肉膏可以直接在要加热的烧杯中称量，避免牛肉膏沾到称量纸上过多，影响培养基质量。

实训二　马铃薯培养基的制备

一、实验目的

掌握配制马铃薯培养基的一般方法。

二、实验原理

马铃薯培养基，也叫做马铃薯葡萄糖培养基（简称 PDA），是一种固体的半合成培养基，适宜培养酵母菌、霉菌及蘑菇等真菌。该培养基也可用于检测食品中的酵母菌含量。

马铃薯营养丰富，块茎中含淀粉 15%～25%、蛋白质 2%～3%、脂肪 0.7%、粗纤维 0.15%，还含有丰富的钙、磷、铁及钾等矿物质及维生素 C、维生素 A 和 B 族类维生素，营养丰富，常用以食品发酵类霉菌的培养。

不同培养基中含有不同的微生物生长所需要的营养物质，其可供微生物生长繁殖用，为微生物提供碳源、能源、氮源和维生素。在配制固体培养基时还要加入一定量琼脂作凝固剂。琼脂在常用浓度下 96℃溶化，实际应用时，一般在沸水中或下面垫以石棉网煮沸溶化，以免烧焦，琼脂在 40℃时凝固，通常不被微生物分解利用，固体培养基中琼脂含量根据琼脂的质量和气温的不同有所不同。

三、实验器材及材料

1. **试剂**　马铃薯 200g、蔗糖（或葡萄糖）20g、琼脂 15～20g，水 1000ml。

2. **器皿**　台秤、烧杯、锥形瓶、量筒、漏斗、试管、透气试管塞、玻璃棒等。

3. **其他**　高压灭菌锅、牛角匙、牛皮纸、棉花、纱绳、记号笔等。

四、实验内容

（一）马铃薯预处理

马铃薯洗净、去皮、切块，加水煮沸 30min（能被玻璃棒戳破即可）。

（二）过滤

六层纱布过滤薯块，得滤液。

（三）加热溶化

加入糖与琼脂，溶解后补充水至1000ml。

（四）分装和加塞

趁热分装。将配制的培养基分装入试管内，在试管口或锥形瓶口上塞上棉塞。

（五）包扎

加塞后，将全部试管用麻绳捆好，再在棉塞外包一层牛皮纸，其外再用一根麻绳扎好。用记号笔注明培养基名称、组别、配制日期。

（六）灭菌

将上述培养基以121℃，20min，0.103MPa高压蒸汽灭菌。

（七）搁置斜面

将灭菌的试管培养基冷却至50℃左右，将试管口端搁在玻璃棒上。斜面的斜度要适当，使斜面的长度约为管长1/3。

（八）无菌检查

将灭菌培养基放入37℃的培养箱中培养24~28h，以检查灭菌是否彻底。（马铃薯蔗糖琼脂培养基略带酸性，培养真菌无需调节pH，培养细菌则调节pH至中性。）

五、实验结果

所配制的马铃薯培养基应符合卫生要求，存放备用。

【注意事项】

1. 在灭菌过程中，应注意排净锅内冷空气。锅内冷空气如排放不净，会影响灭菌效果，达不到彻底灭菌的目的。由于高压蒸汽灭菌时，要使用温度高达120℃、两个大气压的过热蒸汽，操作时，必须严格按照操作规程操作，否则容易发生意外事故。

2. 灭菌分装完后，剩余的培养基比较多时，可塞好锥形瓶塞，包好牛皮纸放入冰箱保存。

3. 清洗实验仪器时，有琼脂的培养基不能倒入下水道，必须倒入垃圾桶。

知识链接

微生物固体培养基的各种凝固剂

在一般常态培养温度下呈固体状态的培养基都称固体培养基。固体培养基的凝固剂一般不是微生物的营养成分，只起固化或黏合作用。常见凝固剂有琼脂、明胶、无机硅胶等。

明胶是最早使用的固体培养基凝固剂，已逐渐被琼脂所代替。琼脂由于形成凝胶后透明度高、保水性好、无毒、不被微生物液化等优点，逐渐成为最常用的凝胶剂。后来，又发现无机硅胶、瓜尔胶、卡拉胶在某些情况下可用作凝固剂。近年来，兴起一种基于微生物快速检测的快速测试片，其所用凝固剂发展到黄原胶、刺槐豆胶、聚丙烯酸系等。

实训三 高氏一号培养基的制备

一、 实验目的

掌握配制高氏一号培养基的一般方法。

二、 实验原理

高氏一号培养基是用来培养和观察放线菌形态特征的合成培养基。如果加入适量的抗菌药物，则可用来分离各种放线菌。放线菌是重要的抗生素生产菌，主要分布在土壤中。其数量仅次于细菌，一般出现在中性偏碱性、有机质丰富、通气性良好的土壤中。由于土壤中微生物是各种不同微生物的混合体，为研究某种微生物就必须将其从混合物中分离，获得该混种的纯培养，因此需要用到高氏一号培养基。高氏一号培养基除配制成固体状态以外，还可仅以配方化合物加水溶解后烘干，研磨成白色粉末状的干粉培养基。此合成培养基的主要特点是含有多种化学成分已知的无机盐，这些无机盐可能相互作用而产生沉淀。因此，混合培养基成分时，一般是按配方的顺序依次溶解各成分，甚至有时还需要将两种或多种成分分别灭菌，使用时再按比例混合。

土壤中含有丰富的放线菌，但主要是链霉菌，链霉菌以外的其他放线菌，它们是生物活性物质重要的产生菌。

该培养基是采用化学成分完全了解的纯试剂配制而成的。高氏一号培养基：碳源为可溶性淀粉，氮源为 KNO_3，无机盐为 NaCl、$K_2HPO_4 \cdot 3H_2O$、$MgSO_4 \cdot 7H_2O$，微量元素为提供 Fe^{2+} 的 $FeSO_4 \cdot 7H_2O$ 等组成。

三、 实验器材及材料

1. 试剂 可溶性淀粉 20g、NaCl 0.5g、KNO_3 1g、$K_2HPO_4 \cdot 3H_2O$ 0.5g、$MgSO_4 \cdot 7H_2O$ 0.5g、$FeSO_4 \cdot 7H_2O$ 0.01g、琼脂 15~25g、水 1000ml，pH 7.4~7.6。

2. 器皿 台秤、烧杯、锥形瓶、量筒、漏斗、试管、透气试管塞、玻璃棒等。

3. 其他 高压灭菌锅、牛角匙、牛皮纸、棉花、纱绳、记号笔等。

四、 实验内容

（一）称量

按配方先称取可溶性淀粉，放入小烧杯中，并用少量冷水将淀粉调成糊状，再加入少于所需水量的沸水中，继续加热，使可溶性淀粉完全溶化。然后再称取其他各成分，并依次溶化。直到所有药品均完全溶解后，补充水分至所需体积。

> **知识链接**
>
> 微量成分 $FeSO_4 \cdot 7H_2O$ 可先配制成高浓度贮备液，再按比例换算后添加。
> 方法是：先在 100ml 水中加入 1g 的 $FeSO_4 \cdot 7H_2O$，配成 0.01g/ml，再在 1000ml 培养基中加入 1ml 的 0.01g/ml 的贮备液即可。

（二）调 pH

用试纸测培养基的原始 pH，如果偏酸，用滴管向培养基中加入 1mol/L NaOH，边滴边搅拌，并随时用 pH 试纸测其 pH，直至 pH 达 7.2~7.4。反之，用 1mol/L HCl 进行调节。

（三）分装和加塞

将配制的培养基分装入试管内，在试管口或锥形瓶口上塞上棉塞。

（四）包扎

加塞后，将全部试管用麻绳捆好，再在棉塞外包一层牛皮纸，其外再用一根麻绳扎好。用记号笔注明培养基名称、组别、配制日期。

（五）灭菌

将上述培养基以121℃，20min，0.103MPa高压蒸汽灭菌。

（六）搁置斜面

将灭菌的试管培养基冷却至50℃左右，将试管口端搁在玻璃棒上。斜面的斜度要适当，使斜面的长度约为管长1/3。

（七）无菌检查

将灭菌培养基放入37℃的培养箱中培养24~28h，以检查灭菌是否彻底。

五、实验结果

所配制的高氏一号培养基应符合卫生要求，存放备用。

【注意事项】

配制固体培养基时，将称好的琼脂放入已溶的试剂中，再加热融化，最后补充所损失的水分。

实训四 伊红-美蓝培养基的制备

一、实验目的

1. 了解鉴别培养基的配制原则。
2. 学习并掌握伊红-美蓝培养基配制方法。

二、实验原理

鉴别培养基，是指在成分中加有能与目的菌的无色代谢产物发生显色反应的指示剂，从而达到只需用肉眼辨别颜色就能方便地从近似菌落中找到目的菌菌落的培养基。此类培养基一般用于鉴定不同微生物。

伊红-美蓝培养基（简称EMB）为鉴别培养基，供沙门菌属及志贺菌属鉴别用，如大肠埃希菌、变形杆菌、产气杆菌等。大肠埃希菌能使乳糖发酵，于此培养基上成为大而分散之菌落，中心呈暗蓝黑色，菌落其他部分，常带绿色金属光泽，肠道致病菌因不分解乳糖或蔗糖，则形成透明无色的菌落；变形杆菌形成橙色孤立菌落，菌落周围培养基变色，其他菌落周围，培养基无变化；产气杆菌为大而黏性的菌落，中心小而暗黑色或黑色，很少见金属光泽。伊红与美蓝主要是指示剂，当细菌能分解乳糖或蔗糖而产酸时，使伊红与美蓝结合而成黑色化合物，故显示暗黑色菌落。这两种指示剂还有抑制其他革兰阳性杆菌生长的作用。

实验材料中，蛋白胨提供碳源和氮源；乳糖是大肠菌群可发酵的糖类；磷酸氢二钾是缓冲剂；琼脂是培养基凝固剂；伊红和美蓝是抑菌剂和pH指示剂，两者均可抑制革兰阳性菌，在酸性条件下产生沉淀，形成紫黑色菌落或具黑色中心的外围无色透明的菌落。所以可用此培养基来鉴别某种菌是否发酵乳糖。

三、 实验器材及材料

1. 试剂 2%琼脂培养基 300ml、2%伊红水溶液 3ml、蔗糖 3g、乳糖 3g、0.5%美蓝水溶液 3ml。

2. 器皿 台秤、烧杯、锥形瓶、量筒、漏斗、试管、透气试管塞、玻璃棒等。

3. 其他 高压灭菌锅、记号笔等。

四、 实验内容

（一） 溶解

先将琼脂培养基加热溶解（pH 约为 7.6），再加入乳糖和蔗糖混匀。

（二） 灭菌

放入高压蒸汽灭菌器内灭菌（121℃，15~20min）。

（三） 加入伊红-美蓝

无菌操作加入伊红水溶液及美蓝水溶液，搅拌混和，倾注于平板，每皿 15~20ml。

知识链接

伊红-美蓝培养基中加入乳糖原因

大肠埃希菌能分解乳糖，当大肠埃希菌分解乳糖产酸时细菌带正电荷被染成红色，再与美蓝结合形成紫黑色菌落，并带有绿色金属光泽。而产气杆菌则形成呈棕色的大菌落。

（四） 无菌检查

将已制成平板置于 37℃恒温箱中保温培养 24~48h，无杂菌出现，为合格培养基。

五、 实验结果

所配制的伊红-美蓝培养基应符合卫生要求，存放备用。

【注意事项】

1. pH 不要调过头，以避免回调而影响培养基内各离子的浓度。

2. 严格按照培养基配方配制。

3. 高压灭菌要彻底，保证无菌状态。

实训五 孟加拉红培养基的制备

一、 实验目的

1. 了解选择性培养基的配制原则。

2. 学习并掌握孟加拉红培养基配制方法。

二、 实验原理

孟加拉红培养基，又叫虎红培养基。用于霉菌和酵母菌计数、分离和培养。

该培养基所含成分中蛋白胨提供碳源和氮源；葡萄糖提供能源；磷酸二氢钾为缓冲剂；硫酸镁提供必需的微量元素；琼脂是培养基的凝固剂；氯霉素可抑制细菌的生长；孟加拉红作为选择性抑菌剂可抑制细菌的生长，并可减缓某些霉菌因生长过快而导致菌落蔓延生长。

绝大多数霉菌和酵母菌的营养要求都很低，在多数平板上都能生长。使用孟加拉红培养基主要因为孟加拉红培养基既能很好地给霉菌和酵母菌提供必要的养分，又能有效阻止其他杂菌的干扰。尤其是其中添加了氯霉素，可以抑制绝大多数细菌的生长，使得培养出来的菌落都是霉菌或酵母菌。在鉴别培养基或者富集真菌的培养基中加入孟加拉红和链霉素主要是细菌和放线菌的抑制剂，对真菌无抑制作用，因而真菌在这种培养基上可以得到优势生长。

三、 实验器材及材料

1. 试剂 蛋白胨 5g、葡萄糖 10g、磷酸二氢钾 1g、硫酸镁（$MgSO_4 \cdot 7H_2O$）0.5g、琼脂 20g、1/3000 孟加拉红溶液 100ml，蒸馏水 1000ml，氯霉素 0.1g。

2. 器皿 台秤、烧杯、锥形瓶、量筒、漏斗、试管、透气试管塞、玻璃棒等。

3. 其他 高压灭菌锅、记号笔等。

四、 实验内容

（一）配制培养基

（1）上述各成分加入蒸馏水中溶解后，再加孟加拉红溶液。另用少量乙醇溶解氯霉素，加入培养基中。

（2）分装。

（3）放入高压蒸汽灭菌器内灭菌（121℃，20min）。

（二）无菌检查

将已制成平板置于37℃恒温箱中保温培养 24~48h，无杂菌出现，为合格培养基。

知识链接

孟加拉红培养基上菌种生长特征

孟加拉红培养基呈玫瑰红色，菌株接种后 20~25℃培养 72h 生长情况举例：

生长良好菌株：黑曲霉（菌丝白色孢子黑色，底部玫瑰红色），白色念珠菌（菌落表面呈奶油色）。

生长受抑制菌株：大肠埃希菌。

五、 实验结果

所配制的孟加拉红培养基应符合卫生要求，存放备用。

【注意事项】

1. 培养基要进行严格灭菌工作。

2. 按标准添加氯霉素。

项目三

灭　菌

案例导入

案例："欣弗"事件

　　安徽华源生物药业有限公司在 2006 年 6 到 7 月生产的克林霉素磷酸酯葡萄糖注射液（欣弗），在病人输注过程中引发严重的输液反应，甚至造成几例病人死亡。

　　2006 年 8 月 15 日，国家食品药品监督管理局召开新闻发布会，通报了调查结果：现已查明，安徽华源生物药业有限公司违反规定生产，是导致这起不良事件的主要原因。

　　国家食品药品监督管理局会同安徽省食品药品监督管理局对安徽华源生物药业有限公司进行现场检查。经查，该公司 2006 年 6 月至 7 月生产的克林霉素磷酸酯葡萄糖注射液未按批准的工艺参数灭菌，降低灭菌温度，缩短灭菌时间，增加灭菌柜装载量，影响了灭菌效果。经中国药品生物制品检定所对相关样品进行检验，结果表明，无菌检查和热原检查不符合规定。

讨论：1. 什么叫灭菌？
　　　2. 灭菌效果的影响因素有哪些？

　　大多数的发酵过程属于需氧的纯种发酵。发酵系统内除了需要培养的微生物以外，还有其他微生物存活，这种现象称为染菌。染菌会给发酵带来很多负面影响，发酵使用的培养基、发酵设备、空气过滤器、附属设备、管路、阀门以及通入罐内的空气，在使用前均需彻底灭菌或除菌。这是防止发酵过程染菌，确保正常生产的关键。

任务一 培养基灭菌

一、灭菌的基本概念

灭菌是指采用物理或化学的方法杀灭或去除所有活的微生物及其孢子的过程。消毒是指用物理或化学的方法杀灭或去除病原微生物的过程，一般只能杀死营养细胞而不能杀死细菌芽孢。除菌是指用过滤的方法除去空气或液体中所有的微生物及其孢子。

二、灭菌的基本原理

工业发酵过程要实现培养基、消泡剂、补加的物料、空气系统、发酵设备、管道、阀门以及整个生产环境的彻底灭菌，防止杂菌和噬菌体的污染，必须针对灭菌对象和生产要求，选择适宜的灭菌方法并控制适宜的灭菌条件才能满足工业化生产的需要。

（一）灭菌方法

灭菌的方法有很多种，可分为物理法和化学法两大类。物理法包括：加热灭菌（干热灭菌和湿热灭菌）、过滤除菌、辐射灭菌等。化学法主要利用无机或有机化学药剂进行灭菌。在具体操作中，可以根据微生物的特点、待灭菌材料以及实验目的和要求来选择灭菌和消毒方法。

1. 加热灭菌 加热灭菌主要利用高温使菌体蛋白质变性或凝固，使酶失活而达到杀菌目的。根据加热方式不同，又可分为干热灭菌和湿热灭菌两类。干热灭菌主要指灼烧灭菌法和干热空气灭菌法。湿热灭菌包括：高压蒸汽灭菌法、间歇灭菌法、巴氏灭菌法和煮沸灭菌法等。

（1）干热灭菌

①灼烧灭菌法 "灼烧灭菌法即利用火焰直接将微生物灼烧致死。这种方法灭菌迅速、彻底，但是灭菌对象要通过直接灼烧，限制了其使用范围。主要用于金属接种工具、试管口、锥形瓶口、接种移液管和滴管外部及无用的污染物或实验动物的尸体等的灭菌。对金属小镊子、小刀、玻璃涂棒、载玻片、盖玻片灭菌时，应先将其浸泡在75%乙醇溶液中，使用时从乙醇溶液中取出来，迅速通过火焰，瞬间灼烧灭菌。

②干热空气灭菌法 采用干热空气使微生物细胞发生氧化、体内蛋白质变性和电解质浓缩引起微生物中毒等作用，来达到杀灭杂菌的目的，称为干热空气灭菌。一般灭菌条件为 $160 \sim 170℃$、$1 \sim 1.5h$，主要用于一些要求保持干燥的实验器材。

（2）湿热灭菌 利用饱和蒸气直接接触需要灭菌的物品以杀死微生物的方法称为湿热灭菌法。它的种类包括：

①煮沸灭菌法 即将待消毒物品如注射器、金属用具、解剖用具等在水中煮沸15min或更长时间，以杀死细菌或其他微生物的营养体和少部分的芽孢或孢子。如果在水中适当加1%碳酸钠或2%~5%的石炭酸则杀菌效果更好。

②巴氏灭菌法 用较低温度处理牛奶、酒类等饮料，以杀死其中的病原菌的方法。如将牛奶等饮料用63℃处理30min，或用71℃处理15min后迅速冷却即可饮用。饮料经此法消毒后其营养与风味不受影响。目前，牛奶或其他液态食品一般都采用超高温灭菌，即 $135 \sim 150℃$，灭菌 $2 \sim 6s$，既可杀菌和保质，又缩短了时间，提高了经济效益。

拓展阅读

巴氏灭菌法的产生

巴氏灭菌法是法国生物学家路易·巴斯德于1862年发明的消毒方法。它的产生来源于巴斯德解决啤酒变酸问题的努力。当时，法国酿酒业面临着一个令人头疼的问题，那就是啤酒在酿出后会变酸，根本无法饮用。巴斯德受人邀请去研究这个问题。经过长时间的观察，他发现使啤酒变酸的罪魁祸首是乳酸杆菌。营养丰富的啤酒简直就是乳酸杆菌生长的天堂。采取简单的煮沸的方法是可以杀死乳酸杆菌的，但是，这样一来，啤酒也就被煮坏了。巴斯德尝试使用不同的温度来杀死乳酸杆菌，而又不会破坏啤酒本身。最后，巴斯德的研究结果是：以50~60℃的温度加热啤酒半小时，就可以杀死啤酒里的乳酸杆菌和芽孢，而不必煮沸。这一方法挽救了法国的酿酒业。

③间歇灭菌法　对于某些培养基，由于高压蒸汽灭菌会破坏某些营养成分，可用间隙灭菌法灭菌，即流通蒸汽反复灭菌几次，例如第一次蒸煮后杀死微生物营养体，冷却，培养过夜，孢子萌发，又第二次蒸煮，杀死营养体。这样反复2~3次就可以完全杀死营养体和芽孢，也可保持某些营养物质不被破坏。

④高压蒸汽灭菌法　高压蒸汽灭菌利用密闭的高压蒸汽锅加热灭菌。在封闭系统中，蒸气压力增高，沸点也随之增高，杀菌效率提高。必须保证密闭的系统中充满纯蒸汽。如果混有空气，会导致温度低于相同压力下的纯蒸汽的温度而降低杀菌效果。高压蒸汽灭菌是蒸汽的高温致死微生物，而绝非压力的作用。常采用0.1MPa的蒸汽压力，121.5℃的温度处理15~20min，适用于各种耐热物品如培养基、工作服、生理盐水、发酵设备等的灭菌。

2. 辐射灭菌　辐射灭菌是利用紫外线、高能量的电磁辐射或放射性物质产生的高能粒子来灭杀微生物。波长在210~310nm的紫外线有灭菌作用，其中最有效的波长是253.7nm，其原理主要是菌体内核酸的碱基具有强烈吸收紫外线的能力，引起DNA结构的变化，形成胸腺嘧啶二聚体，造成菌体死亡。紫外线对营养细胞和芽孢均有杀灭作用，但穿透力很低，只适用于表面、局部空间和空气的灭菌，如更衣室、洁净室、净化台面。紫外线的作用与温度关系不大，处理时不必控制温度，但可见光对紫外线造成的DNA损伤具有光复活作用。用于灭菌的射线还有X射线、γ射线等，它们的能量极高，照射后能使环境中水分子和细胞中水分子产生自由基，这些自由基与液体内存在的氧分子作用，产生一些具有强氧化性的过氧化物，如H_2O_2等，而使细胞内某些重要蛋白质和酶发生变化，阻碍微生物的代谢活动而导致细胞损伤或死亡。X射线的致死效应与环境中还原性物质和巯基化合物的存在密切相关。X射线的穿透力极强，但成本较高，其辐射是自一点向四周放射，不适于大生产使用。

3. 化学药品灭菌　利用某些化学试剂能与微生物中的某种成分发生化学反应，从而使微生物氧化变性或发生细胞损伤，而达到灭菌的方法称为化学药品灭菌法，常用的化学试剂有：0.1%~0.25%的高锰酸钾溶液、5%有效氯浓度的漂白粉溶液、75%乙醇溶液、0.25%的新洁尔灭和杜灭芬溶液、37%的甲醛溶液、2%的戊二醛溶液、0.02%~2%的过氧乙酸溶液、焦碳酸二乙酯、0.1%~0.15%的甲酚磺酸溶液、抗生素等。由于化学试剂会与培养基中的成分作用，且会残留在培养基中，因此，在实际生产过程中不用于培养基灭菌，而是通过浸泡、添加、擦拭、喷洒、气态熏蒸等方法用于环境空气的灭菌以及一些器具的表面灭菌。

4. 臭氧灭菌 臭氧灭菌是利用臭氧的氧化作用杀灭微生物细胞。臭氧在常温、常压下分子结构不稳定，很快自行分解成氧气（O_2）和单个氧原子（O），后者对细菌有极强的氧化作用。臭氧氧化分解细菌细胞内氧化葡萄糖所必需的酶，从而直接破坏细胞膜，将细菌杀死，多余的氧原子则会自行结合成为普通氧分子（O_2），不存在任何有毒残留物，故称为无污染消毒剂。臭氧不但对各种细菌有很强的灭杀能力，而且对杀死霉菌也很有效，具有使用安全、安装灵活、杀菌作用明显的特点，主要用于洁净室及净化设备的消毒。臭氧消毒需要安装臭氧发生器，也可与空调净化系统配合使用。

5. 过滤除菌 利用过滤介质而将微生物菌体细胞截留过滤，从而达到除菌的方法称为过滤除菌法。该方法具有不改变待灭菌物料的物性就可达到灭菌目的的优点，但对过滤设备要求高。工业上常用过滤除菌法来进行大量空气的净化除菌，少数用于容易被热破坏的培养基的灭菌。

（二）湿热灭菌的原理

蒸汽具有强大的穿透力，冷凝时释放大量潜热，使微生物细胞中的原生质胶体和酶蛋白变性凝固，核酸分子的氢键破坏，酶失去活性，于是微生物因代谢发生障碍而在短时间内死亡。湿热灭菌具有蒸汽来源容易、潜热大、穿透力强的特点，与其他灭菌方法相比具有灭菌效果好、操作费用低的优点，被广泛用于生产设备、培养基、管道、阀门、流加物料等的灭菌，是目前最基本的灭菌方法。

一般微生物都有自己的最适生长温度范围，还有可以维持生命活动的温度范围。当环境温度超过维持生命活动的最高温度时，微生物就会死亡。能够杀死微生物的温度称为致死温度。在致死温度杀死全部微生物所需要的时间称为致死时间。对于同种微生物，在致死温度范围，温度愈高，致死时间愈短。同种微生物的营养体、芽孢和孢子的结构不同，对热的抵抗力也不同，致死时间就不同。不同的微生物的致死温度和致死时间也有差别。一般无芽孢的营养菌体在60℃保温10min即可全部被杀死，而芽孢在100℃条件下保温数十分钟乃至数小时才能被杀死，某些嗜热细菌在121℃条件下可耐受20~30min。一般来说，灭菌是否彻底，是以能否杀死热阻大的芽孢杆菌为指标。

微生物对热的抵抗力常用"热阻"表示。热阻是指微生物在某一种特定条件下的致死时间。相对热阻是指某一种微生物在某一条件下的致死时间与另一种微生物在相同条件下的致死时间之比。表3-1列出某些微生物的相对热阻和对灭菌剂的相对抵抗力。

表 3-1　某些微生物的相对热阻及其对一些灭菌剂的抵抗力（与大肠埃希菌比较）

灭菌方式	大肠埃希菌	霉菌孢子	细菌芽孢	噬菌体或病毒
干热	1	2~10	1×10^3	1
湿热	1	2~10	3×10^6	1~5
苯酚	1	1~2	1×10^9	30
甲醛	1	2~10	250	2
紫外线	1	5~100	2~5	5~10

三、温度和时间对培养基灭菌的影响

虽然灭菌的方法很多，但对培养基的灭菌，以湿热灭菌法最好。通常培养基灭菌的条件是在121℃，约1×10^5Pa，维持20~30min。将饱和蒸气通入培养基中灭菌时，冷却水会稀释培养基，所以在配制培养基时应扣除冷凝水的体积，以保证培养基在灭菌后达到所需要的浓度。

利用湿热灭菌的方法对培养基进行灭菌时，微生物在被杀死的同时，培养基成分也会因热而受到部分破坏。因此，灭菌温度和灭菌时间的选择必将影响灭菌效果和营养成分的破坏程度，从而进一步影响微生物的培养和发酵产物的生成。所以，确定适宜的灭菌温度和时间是灭菌工艺的关键。

在灭菌过程中，微生物由于受到不利环境条件的作用而逐渐死亡，其减少的速率与瞬间残留的微生物数目成正比，服从一级反应动力学。

表3-2列出的是达到完全灭菌的灭菌温度、时间和营养成分维生素 B_1 破坏量的比较。工业生产上为了实现彻底灭菌和减少营养物质的破坏，通常选择较高的灭菌温度，并采用较短的灭菌时间，这就是通常所说的"高温快速灭菌法"。一般这种方法所得培养基的质量较好，但灭菌工艺的选择还要从整个工艺、设备、操作、成本以及培养基的性质等综合考虑。

表 3-2　灭菌温度、灭菌时间和维生素 B_1 破坏量的比较

灭菌温度（℃）	灭菌时间（min）	维生素 B_1 破坏量（%）
100	400	99.3
110	36	67
115	15	50
120	4	27
130	0.5	8
145	0.08	2
150	0.01	<1

四、 影响培养基灭菌的其他因素

（一）培养基的成分

油脂、糖类、蛋白质都是传热的不良介质，会增加微生物的耐热性，使灭菌困难。高浓度的盐类、色素则会削弱其耐热性，故较易灭菌。浓度较高的培养基灭菌相对需要较高的温度和较长的时间。

（二）培养基的 pH

pH 对微生物的耐热性影响很大。pH 在 6.0～8.0 范围内，微生物最耐热；pH 小于 6.0 时，氢离子易渗入微生物细胞内，从而改变细胞的生理反应，促使其死亡。所以培养基 pH 愈低，灭菌所需时间就愈短。

（三）培养基的物理状态

培养基的物理状态对灭菌有极大的影响。固体培养基的灭菌时间要比液体培养基的灭菌时间长，如果 100℃ 时液体培养基的灭菌时间为 1h，固体培养基则需要 2～3h 才能达到同样的灭菌效果。其原因在于液体培养基灭菌时，热量传递是由传导作用和对流作用完成的，而固体培养基只有传导作用而没有对流作用。此外，液体培养基中水的传热系数要比固体有机物质大得多。

（四）泡沫

泡沫中的空气会形成隔热层，使传热困难，对灭菌极为不利。对易产生泡沫的培养基进行灭菌时，可加入少量消泡剂。

（五）培养基中的微生物数量

不同成分的培养基含菌量是不同的。培养基中微生物数量越多，达到无菌要求所需的灭菌时间也越长。天然基质培养基，特别是营养丰富或变质的原料中的含菌量远比化工原料的含菌量多，因此灭菌时间要适当延长。含芽孢杆菌多的培养基，要适当提高灭菌温度或延长灭菌时间。

五、培养基灭菌的方法

培养基灭菌有分批灭菌和连续灭菌两种方法。

（一）分批灭菌

将配制好的培养基输入发酵罐内，经过间接蒸汽预热，然后直接通入饱和蒸气加热，使培养基和设备一起灭菌，达到要求的温度和压力后维持一定时间，再冷却至发酵要求的温度，这一工艺过程称为分批灭菌或实罐灭菌，也称实消。这种灭菌方法的优点有：①设备要求低，不需另外设置加热冷却装置；②操作要求低，适于手动操作；③适合于小批量生产规模；④适合于含大量固体物质的培养基灭菌。其缺点有：①培养基营养物质损失较多，灭菌后培养基质量下降；②需反复进行加热和冷却，能耗较高；③不适合于大规模生产过程的灭菌；④发酵罐利用率较低。

📎 **课堂互动**

现场讲解实罐灭菌的原理和操作方法。

进行实罐灭菌前，通常先把空气经分过滤器灭菌并用空气吹干。将配制好的培养基送至发酵罐内，开动搅拌器以防料液沉淀。排放夹套或蛇管中的冷水，开启排气管阀，在夹套或蛇管内缓慢通入蒸汽以预热料液，使物料溶胀并均匀受热。当发酵罐的温度预热至 $80 \sim 90℃$，关闭夹套或蛇管蒸汽阀门，由空气进口、取样管和放料管通入蒸汽，开启排气管阀和进料管、补料管、接种管排气阀。如果一开始不预热就直接导入蒸汽，由于培养基与蒸汽的温差过大，会产生大量的冷凝水，使培养基稀释；直接导入蒸汽还容易造成泡沫急剧上升，使物料外溢。当发酵罐内温度升至 $110℃$ 左右，控制进出蒸汽阀门直至温度达 $121℃$、压力为 $1×10^5 Pa$ 时，开始保温，时间为 $30min$。在保温阶段，凡开口在培养基液面以下各管道都应通蒸汽，开口在培养基液面以上的各管道则应排蒸汽，与罐相连通的管道均应遵循蒸汽"不进则出"的原则，才能保证灭菌彻底，不留死角。各路蒸汽进入要均匀畅通，防止短路逆流；罐内液体翻动要激烈；各路排气也要畅通，但排气量不宜过大，以节约蒸汽；维持压力、温度恒定直到保温结束。为了减少营养成分的破坏，多采用快速冷却方式。关闭各排气、进气阀门，并通过空气过滤器迅速向罐内通入无菌空气，维持发酵罐降温过程中的正压，但在通入无菌空气前应注意罐压必须低于空气过滤器压力，否则物料会倒流到过滤器内。在夹套或蛇管中通入冷却水，使培养基的温度降到所需温度。

实罐灭菌主要是在保温阶段起作用，在升温阶段后期也有一定的灭菌作用。灭菌时，蒸气总管道压力要求不低于 $3×10^5 \sim 3.5×10^5 Pa$，使用压力（通入罐中的蒸气压力）不低于 $2×10^5 Pa$。

实罐灭菌的进气、排气及冷却水管路系统如图 3-1 所示。

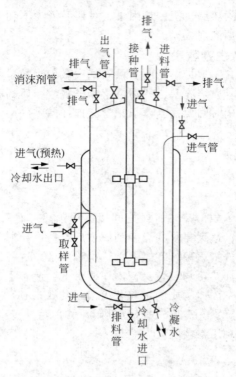

图 3-1　实罐灭菌设备示意

培养基分批灭菌时,发酵罐容积越大,加热和冷却时间就越长,这两段时间实际上也有一定的灭菌作用,所以分批灭菌的总时间为加热、维持和冷却所需要的时间之和。如果知道加热和冷却所需要的时间,合理设计维持时间,能够减少灭菌过程中培养基营养成分的破坏。

(二) 连续灭菌

培养基在发酵罐外经过一套灭菌设备连续加热灭菌,冷却后送入已灭菌的发酵罐内,这种工艺过程称为连续灭菌,也称连消。连续灭菌工艺的优点是:可采用高温快速灭菌方法,营养成分破坏少;发酵罐非生产占用时间短,容积利用率高;热能利用合理,适合自动化控制;蒸汽用量平稳,但蒸气压力一般要求高于 5×10^5 Pa。缺点是不适用于黏度大或固形物含量高的培养基的灭菌;需增加一套连续灭菌设备,投资较大;增多了操作环节,增加了染菌的机率。

培养基连续灭菌前,发酵罐应先进行空罐灭菌,以容纳经过灭菌的培养基。连续灭菌设备加热器、维持罐和冷却器也应先行灭菌,然后才能进行培养基连续灭菌。组成培养基的耐热性物料和不耐热性物料可分开在不同温度下灭菌,以减少物料的破坏,也可将糖和氮源分开灭菌,以免醛基与氨基发生反应,防止有害物质生成。

连续灭菌以采用的设备和工艺条件分类,有三种形式。

1. 连消–喷淋冷却连续灭菌流程　此种灭菌流程是最基本的连续灭菌方法,如图 3-2 所示。培养基配制后,从配料罐放出,用泵送入连消塔底部,与蒸汽直接混合,培养基被加热至灭菌温度;由连消塔顶部流出,进入维持罐,保温 10min 左右;由维持罐上部流出,维持罐内最后剩余的培养基由底部排尽,经喷淋冷却器冷却到发酵温度,送到发酵罐。

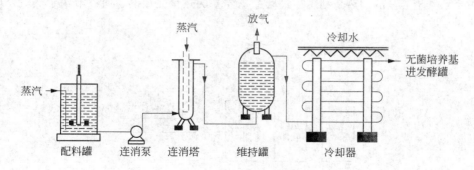

图 3-2　连消-喷淋冷却连续灭菌流程

　　灭菌时，要求培养基输入的压力与蒸气总压力相接近，否则培养基的流速不能稳定，影响培养基的灭菌质量。一般控制培养基输入连消塔的速度<0.1m/min，灭菌温度为132℃，在连消塔内停留的时间为20~30s，再送入维持罐保温。

　　2. 喷射加热-真空冷却连续灭菌流程　图 3-3 所示为喷射加热-真空冷却连续灭菌流程，由喷射加热、管道维持、真空冷却器三部分组成。此系统灭菌时，预热后的培养基连续送入一个特制的喷射加热器中，以较高的速度自喷嘴喷出，与蒸汽混合，将培养基迅速加热至灭菌温度；经过维持管道维持一定时间后，通过膨胀阀进入真空冷却器，因真空作用使水分急骤蒸发而冷却，冷至发酵温度后送入已灭菌的发酵罐内。此流程由于受热时间短，可以采取高温灭菌（如140℃），不致引起培养基营养成分的严重破坏；维持管能保证先进入的培养基先输出，避免过热或灭菌不彻底的现象。缺点是随着蒸汽的冷凝使培养基稀释，由于培养基黏度的变化，使灭菌温度和压力的控制受到影响；如维持时间较长，维持管的长度就需要很长，安装使用不便。

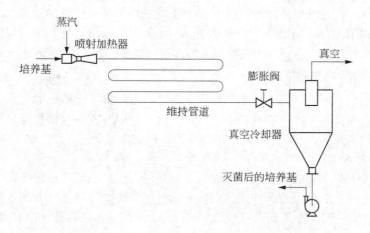

图 3-3　喷射加热-真空冷却连续灭菌流程

　　3. 板式换热器连续灭菌流程　图 3-4 是由一系列板式换热器组成的连续灭菌流程，为最先进的灭菌方法。该流程中，新鲜培养基进入热回收器，由灭过菌的培养基在20~30s内将其预热至90~120℃；然后进入加热器，用蒸汽很快加热至140℃；继续进入维持管道内保温30~120s；再进入热回收器的另一端冷却；灭过菌的培养基的热量被回收后再进入冷却器，用水冷却至发酵要求的温度，冷却时间为20~30s，然后直接送入灭过菌的发酵罐内。由于新鲜培养基的预热是利用灭过菌的培养基的热量完成的，所以节约了蒸汽及冷却水的用量。

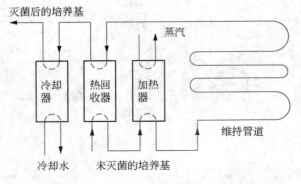

图 3-4　板式换热器连续灭菌流程

任务二　空气除菌

一、基本概念

现代发酵工业大多为好氧发酵，即在微生物发酵过程中需要向发酵罐中通入大量无菌空气，以满足微生物生长、繁殖和产物合成的需要。空气中含有氧气、氮气、氢气、二氧化碳、惰性气体、水分等，还含有灰尘及各种微生物。如果这些微生物随着空气进入培养系统，便会在合适条件下大量繁殖，与目的微生物竞争消耗培养基中的营养物质，并产生各种副产物，从而干扰或破坏纯种培养过程的正常进行，甚至导致发酵失败。因此，无菌空气的制备就成为菌种培育中的一个重要环节。无菌空气是指通过除菌处理使空气中含菌量降低在一个极低的百分数，从而能控制发酵污染至极小机会。

二、空气除菌的方法和原理

常见的空气除菌方法有辐射灭菌、加热灭菌、静电除菌、介质过滤除菌等，各种方法的除菌效果、设备条件和经济指标各不相同。实际生产中所需的除菌程度根据生产工艺要求而定，既要避免染菌，又要尽量简化除菌流程，以减少设备投资和正常运转的动力消耗。

（一）辐射灭菌

电离辐射和非电离辐射产生的各种射线、紫外线、超声波等通过破坏微生物细胞内的蛋白质等生理活性物质起到杀菌作用。实际应用较多的是紫外线，通常用于无菌室和医院手术室。但杀菌效率较低，杀菌时间较长，一般结合甲醛熏蒸来保证无菌室的无菌程度。

（二）加热灭菌

加热可以使微生物菌体内的蛋白质变性而导致微生物死亡。但采用大量的蒸汽、火、电等加热方式来加热大量的空气进行灭菌不太经济。而利用空气压缩时产生的热进行灭菌对于无菌要求不高的发酵则比较经济合理。利用压缩热进行空气灭菌的流程见图3-5（a）。空气进口温度为21℃，出口温度为187～198℃，压力为0.7MPa。压缩后的空气用管道或贮气罐保温一定时间以增加空气的受热时间，促使有机体死亡。图3-5（b）是一个用于石油发酵的无菌空气系统，采用涡轮式空压机，空气进机前利用压缩后的空气进行预热，以提高进气温度并相应提高排气温度，压缩后的空气用保温罐维持一定时间。

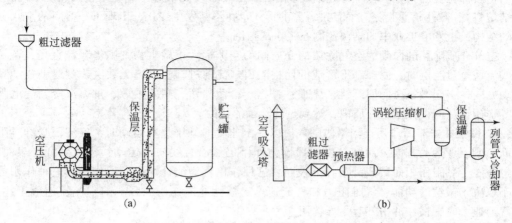

图 3-5　利用空压机所产生的热来进行灭菌

（三）静电除菌

静电除菌是利用静电引力来吸附带电粒子而达到除尘、除菌的目的。利用静电除尘器可以除去空气中的水雾、油雾和灰尘，同时也可以除去微生物。静电除尘器能量消耗小，压力损失小，对 $1\mu m$ 微粒的去除率达 99% 以上。静电除菌净化空气的优点：阻力小，约为 10.1MPa；染菌率低，平均低于 10%~15%；除水、除油的效果好；耗电少。缺点是设备庞大，需要采用高压电技术，且一次性投资较大；对发酵工业来说，捕集率效果欠缺，需要采取其他措施。静电除尘器的结构如图 3-6 所示。

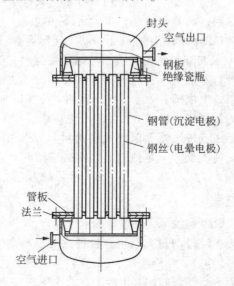

图 3-6　静电除尘器的结构

（四）介质过滤除菌

介质过滤除菌是目前发酵工业上常使用的空气除菌方法。它采用定期灭菌的干燥介质来阻截流过的空气中所含的微生物，从而制得无菌空气。常用的过滤介质有棉花、活性炭或玻璃纤维、有机合成纤维、有机和无机烧结材料等。随着工业的发展，过滤介质逐渐由天然材料棉花过渡到玻璃纤维、超细玻璃纤维和石棉板、烧结材料（烧结金属、烧结陶瓷、烧结塑料）、微孔超滤膜等。而且过滤器的形式也在不断发生变化，出现了一些新的形式和新的结构，把发酵工业中的染菌控制在极小的范围。

空气介质除菌的原理为空气除菌的介质间的空隙远大于微生物细胞等颗粒直径，颗粒随气流通过过滤层时，滤层纤维形成的网格阻碍气流前进，使气流无数次改变运动速度和运动方向，引起微粒对滤层纤维产生惯性冲击、拦截滞留、布朗扩散、重力沉降、静电吸附等作用，从而被截留在介质内，达到过滤除菌的目的。

1. 惯性冲击滞留作用　当微粒随气流以一定速度向纤维垂直运动时，气流因受纤维阻挡而急剧改变运动方向，而微粒由于惯性力作用仍然沿直线向前运动，碰撞到纤维表面，通过摩擦、黏附作用而被截留在纤维表面，这种作用称为惯性冲击滞留作用。这种作用的大小取决于微粒的动能、纤维阻力和气流速度。惯性冲击作用的强弱与气流流速成正比，空气流速大时，惯性冲击就起主导作用。

2. 拦截滞留作用　当气流速度较低时，微粒所在的主导气流流线受纤维所阻而改变流动方向，绕过纤维前进，并且在纤维周边形成一层边界滞留区，而此滞留区的气流速度更慢，进到滞留区的微粒慢慢靠近和接触纤维而被黏附截留。空气流速较小时，拦截才起作用。

3. 布朗扩散作用　直径小于 $1\mu m$ 的微粒，在流速很慢的气流中能产生一种不规则的直线运动，称为布朗扩散运动。而这种布朗扩散作用在很慢的气速和较小的纤维间隙中大大增加了微粒与纤维的接触滞留机会或使较小微粒凝集为较大颗粒，随即发生重力沉降，达到过滤目的。

4. 重力沉降作用　当气流速度很低时，颗粒所受重力大于气流对它的拖带力，微粒就会沉降在纤维表面，从而达到过滤除菌目的。重力沉降一般是与拦截作用相互配合的，即在纤维的边界滞留区内，微粒的沉降作用提高了拦截的捕集效率。

5. 静电吸附作用　干空气对非导体的物质相对运动摩擦时，会产生诱导电荷。悬浮在空气中的微生物微粒大多带有不同电荷。当具有一定速度的气流通过介质滤层时，由于摩擦作用而产生诱导电荷，当微生物所带的电荷与介质的电荷相反时，就发生静电吸引作用；也可能是纤维介质被流动的带电粒子感应，产生相反电荷而将粒子吸引。

在空气过滤除菌中，上述五种过滤除菌的机理共同参与作用。当气流速度较大时，惯性冲击起主要作用；当气流速度低于一定值时，以拦截滞留和布朗扩散为主，此时的气流速度称为临界速度。

三、 无菌空气的制备过程

不同发酵工厂采用的空气除菌流程，随各地的气候条件、空气质量的不同而有所差异。空气过滤除菌的一般流程为：经过前过滤器进行粗过滤之后的空气进入空气压缩机，空气经压缩后温度升高（120～150℃），压缩空气要先进行冷却降温，然后除去油和水，再经加热至一定温度后进入过滤器进行除菌。发酵生产中常使用图3-7表示的空气净化流程。

（1）高空采气　据报道，吸气口每升高3.05m，微生物数量就减少一个数量级。因此吸气口高度要因地制宜，一般以距地面5～10m高为好，并在吸气口处装置筛网，防止杂物吸入。

（2）空气要先经过前过滤器，滤去灰尘、沙土等固体颗粒，以减少往复式空气压缩机活塞和气缸的磨损，保证空气压缩机的效率，也起到一定的除尘作用，减轻总过滤器的负担。

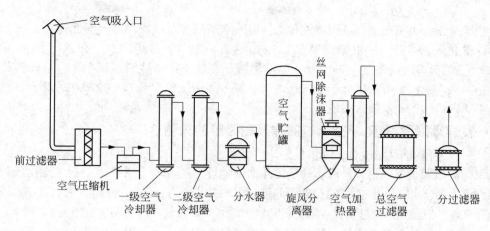

图 3-7 空气净化工艺流程

（3）使用空气压缩机输送空气，以克服过滤介质阻力、发酵液静压力和管道阻力。空气经压缩，出口温度会达到120℃（往复式空气压缩机）或150℃（涡轮式压缩机），能起到一定的灭菌作用。

（4）冷却空气　目前生产中应用的过滤介质难以耐受高温，所以压缩空气在进入过滤器前必须先行冷却。一般采用两级空气冷却器串联来冷却压缩空气，第一级冷却器可用循环水将压缩空气冷却至40~50℃，第二级冷却器采用9℃左右的低温水冷却至20~25℃。

（5）去除油和水　冷却后的压缩空气含有来自空气压缩机的润滑油；如果冷却温度低于露点，空气中还含有水。一般采用油水分离器与除沫器相结合的方法除尘、除油、除水。为减少往复式空气压缩机产生的脉动，流程中须设置一个或数个空气贮罐。空气进入空气贮罐后，大的油滴和水滴沉降下来，50μm以上的液滴用旋风分离器除掉，5μm以上的液滴用丝网除沫器捕捉。

（6）加热空气　除去油污、水滴的空气在温度稍微下降时会析出水，为了防止过滤介质受潮，空气进入过滤器之前尚须加热至30~35℃，一般采用列管式换热器或套管式加热器。

（7）空气过滤器（介质多为棉花活性炭或玻璃纤维）除菌　总空气过滤器一般用两台，交替使用。每个发酵罐前还需单独配备分过滤器。空气经总过滤器和分过滤器除菌后即能得到洁净度、温度、压力和流量均符合生产要求的无菌空气，送入发酵罐。

近年来，生产中使用的无油润滑空气压缩机免除了油对压缩空气的污染，但空气中的水分仍需除掉，否则也会影响除菌效率。

任务三　发酵设备的灭菌

一、 发酵设备的灭菌

（一）实罐灭菌

实罐灭菌时，发酵罐与培养基一起灭菌。培养基采用连续灭菌时，发酵罐须在培养基灭菌前直接用蒸汽进行空罐灭菌。要求蒸气总管道压力不低于 $3.0 \times 10^5 \sim 3.5 \times 10^5$ Pa，使用蒸气压力不低于 $2.5 \times 10^5 \sim 3.0 \times 10^5$ Pa。因空气相对密度大于蒸汽，灭菌开始时从罐顶通入蒸汽，将罐内的空气从罐底排出。

（二）空罐灭菌

空罐灭菌，也称空消，是指将饱和蒸气通入未加培养基的发酵罐（种子罐）内，进行罐体的湿热灭菌过程。一般维持罐压 $1.5 \times 10^5 \sim 2.0 \times 10^5 Pa$、罐温 $125 \sim 130℃$、时间 $30 \sim 40min$。空罐灭菌之后不能立即冷却，以避免罐压急速下降造成负压而染菌。应先开排气阀，排除罐内蒸汽，待罐压低于空气压力时，通入无菌空气保压，开冷却水冷却到所需温度，将灭菌后的培养基输入罐内。

二、发酵罐附属设备、空气过滤器及管路等的灭菌

（一）发酵罐附属设备的灭菌

发酵罐附属设备包括补料罐、计量罐和油（消沫剂）罐等。补料罐的灭菌温度视物料性质而定，如糖水罐灭菌时表压（罐压）$1.0 \times 10^5 Pa$（$120℃$），保温 $30min$ 左右，灭菌时糖水要翻腾良好，但温度不宜过高，否则糖水易炭化。油（消沫剂）罐灭菌，表压 $1.5 \times 10^5 \sim 1.8 \times 10^5 Pa$，保温 $60min$。以上设备一般可采用实消或空消的方式。补料罐和油罐应定期清除罐内堆积物。

（二）空气过滤器的灭菌

总空气过滤器灭菌时，进入的蒸气压力必须在 $3.0 \times 10^5 Pa$ 以上，灭菌过程中总过滤器要保压在 $1.5 \times 10^5 \sim 2.0 \times 10^5 Pa$ 左右，保温 $1.5 \sim 2.0h$。对于新装介质的过滤器，灭菌时间适当延长 $15 \sim 20min$。灭菌后要用压缩空气将介质吹干。吹干时空气流速要适当，流速太小吹不干，流速太大容易将介质顶翻，造成空气短路而染菌。

分空气过滤器在发酵罐灭菌之前需进行灭菌，灭菌后用空气吹干备用。

（三）管路的灭菌

补料管路、消沫剂管路与补料罐及油罐同时进行灭菌，保温时间为 $1h$。移种管路的灭菌时间为 $1h$，蒸气压力一般为 $3.0 \times 10^5 \sim 3.5 \times 10^5 Pa$。上述各种管路在灭菌之前，要进行严格检查，以防泄漏和存在"死角"。移种及补料管路，用后必须用蒸汽冲净，以防杂菌繁殖。管路灭菌之后，通入无菌空气，可防止外界空气的入侵。

任务四 无菌检查与染菌的处理

发酵染菌是指在发酵过程中侵入了有碍生产的其他微生物，影响生产菌的生长繁殖和产物合成。发酵染菌会给生产带来严重危害，轻者影响产量或产品质量，重者造成"倒罐"，甚至停产。因此，按照工艺流程按时取样，进行无菌检查，是发酵生产中一项非常重要的工作内容。

一、染菌的危害

染菌的危害表现在以下几个方面：营养物质和产物会被杂菌消耗而损失；杂菌产生的毒素物质和某些酶类会抑制生产菌株的生长；改变培养液的性质（如溶解氧、黏液、pH）；抑制产物的生物合成，或破坏已经合成的产物等。

二、染菌的检查

（一）染菌的检查方法

培养液是否污染杂菌可从三方面进行分析：无菌试验、培养液的显微镜检查、培养液生化指标变化情况。其中无菌试验是判断染菌的主要依据。因为发酵染菌会导致某些物理

参数、化学参数或生物参数发生变化，通过对这些参数变化的分析，我们可以及时发现染菌的情况。目前常用的无菌试验方法主要有显微镜检查法、平板划线培养检查法和肉汤培养检查法。

1. 显微镜检查法　显微镜检查法简便快速，是最常用的无菌检查方法之一。用简单染色法或革兰染色法对样品进行涂片、染色，然后在显微镜下观察微生物的形态特征，根据生产菌与杂菌的不同特征，判断是否染菌。污染的杂菌要繁殖到一定的数量才能被检出，而且视野的观察面也小，因此这种方法的缺点是不易检出早期污染。

2. 平板划线培养检查法　待检样品在无菌平板上划线，根据可能的污染类型，分别置于 37、27℃培养，一般在 8h 后即可观察到是否有杂菌污染。

3. 肉汤培养检查法　通常用酚红肉汤作为培养基，将待测样品直接接入经完全灭菌后的肉汤培养基中，分别于 37、27℃进行培养，定时观察试管内肉汤培养基的颜色变化，并取样进行镜检，判断是否有杂菌。

（二）染菌判断

对染菌的判断，以无菌检查中的酚红肉汤培养和平板培养的反应为主，以镜检为辅。每 8h 一次的无菌试验，至少用两份酚红肉汤和一份平板同时取样培养。要定量取样或用接种环蘸取法取样，因取样量不同会影响颜色反应和混浊程度。如果连续三段时间的酚红肉汤样品发生颜色变化或产生浑浊，或平板上连续三段时间样品长出杂菌，即判断为染菌。有时酚红肉汤反应不明显，要结合镜检，如确认连续三段时间样品染菌，即判为染菌。各级种子罐的染菌判断也可以参照上述规定。

一般来讲，无菌检查期间应每 6h 观察一次无菌试验样品，以便染菌时能及早发现。无菌试验的肉汤和平板应观察并保存至本罐批放罐后 12h，确认为无菌后方可弃去。

三、 染菌的处理

（一）种子培养期染菌的处理

如发现种子受到杂菌污染，则该种子不能再接入发酵罐中进行发酵，应经灭菌后弃掉，并对种子罐、管道进行仔细检查和彻底灭菌。采用备用种子，选择无染菌的种子接入发酵罐，继续进行发酵生产。

如无备用种子，则可选择一个适当菌龄的发酵罐内的发酵液作为种子，进行"倒种"处理，接入新鲜的培养基中进行发酵，从而保证发酵生产的正常进行。

（二）发酵前期染菌的处理

如果早期染菌，可采取降温培养、调节 pH、调整补料量、补加培养基等措施进行处理，使生长参数有利于生产菌而不利于染菌的生长；如培养基中的碳源、氮源含量还比较高时，终止发酵，将培养基加热至规定温度，重新进行灭菌处理，再接入种子进行发酵；如果此时染菌已造成较大的危害，培养基中的碳源、氮源的消耗量已比较多，则可放掉部分料液，补充新鲜的培养基，重新进行灭菌处理，再接种进行发酵。

（三）发酵中、 后期染菌处理

发酵中、后期染菌时，一般可以加入适当的杀菌剂或抗生素以及正常的发酵液，以抑制杂菌的生长，也可采取降低培养温度、降低通风量、停止搅拌、少量补糖等措施进行处理。如果发酵液中产物浓度已达一定数值，则可放罐。对于没有提取价值的发酵液，废弃前应加热至 120℃以上、保持 30min 后才能排放。

（四）染菌后对设备的处理

染菌后的罐体用甲醛等化学物质处理，再用蒸汽灭菌（包括各种附属设备）。在再次投料之前，应彻底清洗罐体、附件，同时进行严密程度检查，以防渗漏。

（五）噬菌体污染的处理及防治

在许多发酵生产中，常遇到噬菌体污染，轻者造成生产水平大幅度下降，重者造成停产，带来很大的经济损失。

1. 噬菌体污染的特征　噬菌体污染后，往往出现发酵液突然转稀，泡沫增多，早期镜检发现菌体染色不均匀，菌丝成像模糊，在较短时间内菌体大量自溶，最后仅残留菌丝断片，平皿培养出现典型的噬菌斑，pH逐渐上升，溶解浓度回升提前，营养成分很少消耗，产物合成停止等现象。

2. 噬菌体的检查方法

（1）双层琼脂平板培养　用2%琼脂培养基作底层铺成平板，取指示菌液0.2ml和待检样品液0.1ml于试管中，加入冷却至45℃含1%琼脂的培养基3~4ml，混匀后立即在平板上铺平，凝固后于34~36℃培养。经过18h左右，即可观察结果，如有噬菌体，在双层平板上层出现透亮的圆形或近圆形空斑。

（2）电子显微镜检查　取感染噬菌体的发酵液，离心，取上清液做电子显微镜检查。观察记录噬菌体的形态和大小。

3. 污染噬菌体的处理

（1）发酵早期出现噬菌体的处理　可以采取加热至60℃杀灭噬菌体，再接入抗性生产菌种或者在不灭菌条件下直接接入抗性菌种。

（2）发酵中期出现噬菌体的处理　可适当补充部分营养物质，然后再灭菌和接入抗性菌种。对于谷氨酸发酵中期污染噬菌体，可采取并罐处理，即将处于发酵中期不染噬菌体的发酵液与感染噬菌体的发酵液以等体积混合，利用分裂完全的细胞不受噬菌体感染的特点，利用营养物质以合成产物。

（3）污染噬菌体的设备和环境的处理　污染噬菌体的发酵液经高压蒸汽灭菌后可放掉，但要严防发酵液的任意流失。污染的罐体可用甲醛熏蒸，再用蒸汽高温高压灭菌（包括各种附属设备）。再次使用前，要彻底清洗罐体、附件等，对空气系统等进行检查。

4. 防止噬菌体污染的措施　防止噬菌体污染的有效方法是严格活菌体的排放，如清除噬菌体载体——发酵液残渣或将发酵液经加热灭菌后再放罐，切断噬菌体的"根源"；采用漂白粉、新洁尔灭等消毒；生产设备进行彻底清理检查和灭菌；改进提高空气的净化度、保证纯种培养，做到种子本身不带噬菌体；因噬菌体的专一性较强，可轮换使用不同类型的菌种、使用抗噬菌体的菌种；改进设备装置、消灭"死角"；药物防治等措施。

四、 染菌原因的分析和预防措施

（一）染菌原因的分析

引起发酵染菌的原因很复杂，表现也多种多样，应根据发酵的现象，合理地分析污染的原因，并提出相应的挽救措施。染菌的途径有：种子带菌、空气带菌、设备渗漏、灭菌不彻底、操作失误和管理不善等。染菌原因可以从下述几个方面进行分析。

1. 杂菌种类分析

（1）耐热芽孢杆菌　与培养基或设备灭菌不彻底或设备存在"死角"有关。

（2）不耐热的球菌或无芽孢杆菌　原因可能是种子带菌、空气除菌不彻底、设备渗漏或操作问题。

（3）绿色菌落　可能是设备或冷却盘管的渗漏引起。如果是霉菌污染，一般是无菌室灭菌不彻底或无菌操作不当。

（4）酵母菌　主要由于糖液灭菌不彻底，特别是糖液放置时间较长而引起的。

2. 染菌的时间分析

（1）发酵早期染菌　可能是培养基灭菌不彻底、种子罐带菌、接种管道灭菌不彻底、接种操作不当或空气带菌等原因而引起的。

（2）发酵中后期染菌　可能是补料系统、加消沫剂系统污染或操作问题造成的。

3. 染菌的规模分析　在发酵过程中，如果种子罐和发酵罐同时大面积染菌，而且污染的是同种杂菌，一般是空气净化系统有问题，如空气过滤器失效或空气管道渗漏。其次考虑种子制备工序。如果只是发酵罐大面积染菌，除考虑空气净化系统带菌外，还要重点考查接种管道和补料系统。发酵培养基采用连续灭菌工艺时，要严格检查连消系统是否带入杂菌。

个别发酵罐连续染菌，应从单个罐体查找杂菌来源，如罐内是否有"死角"或冷却系统有无渗漏，还要检查附件。

（二）预防措施

发酵过程中，为了防止染菌，必须从每一个可能引起染菌的环节抓起，确保整个发酵过程的无菌。

1. 种子　优良的菌种是保证生产正常进行的关键。种子制备的许多操作是在无菌室内进行的，因此对无菌室的洁净度要求较高。交替使用各种灭菌手段，对无菌室进行处理，保持无菌状态。此外，无菌操作时要保证所用器具不带菌。

2. 空气系统　发酵过程中需要连续不断地通入大量无菌空气，所以空气净化系统、过滤介质的效能与染菌有直接关系。要杜绝无菌空气带菌，就必须从空气的净化工艺和设备的设计、过滤介质的选用和装填、过滤介质的灭菌和管理等方面完善空气净化系统。防止空气净化系统带菌，应该提高空气进口的空气洁净度；除尽压缩空气中夹带的水和油；过滤器定期灭菌和检查，过滤介质应定期更换；制备的纯净空气应定期做无菌检查，确保去除杂菌和微生物。

3. 培养基　培养基灭菌不彻底的原因主要有：一是培养基颗粒过大导致灭菌不彻底；二是灭菌过程中产生大量泡沫导致灭菌不彻底；三是培养基灭菌条件操作不到位导致灭菌不彻底。因此，要做到培养基的彻底灭菌，首先，培养基配制时应充分搅拌，并在输料管道上安装管道过滤器，有大颗粒存在时先过筛除去，防止大颗粒固形物进入种子罐造成培养基灭菌不彻底。其次，在产生大量泡沫时，应通过消泡剂加以清除和在操作上予以控制。再次，培养基在灭菌过程中，对预热时间、灭菌时间、灭菌温度、灭菌压力等，都要严格要求。

4. 设备　发酵罐、补糖罐、冷却盘管、管道阀门等，由于化学腐蚀（发酵代谢所产生的有机酸等发生腐蚀作用）、电化学腐蚀、磨蚀、加工制作不良等原因形成微小漏孔后发生渗漏，就会造成染菌。发酵设备的设计、安装要合理，要易于清洗和灭菌。发酵罐及其附属设备要做到无渗漏、无"死角"。凡与物料、空气、下水道连接的管件阀门应保证严密不漏，特别是进罐的阀门，往往采用密封性能好的隔膜阀。蛇管和夹层应定期试漏。连续灭菌设备要定时拆卸清洗。对整个发酵设备要定期维修、保养。

5. 工艺操作　从菌种的各级扩大培养、接种、移种、培养基的配制以及原料的配比、消毒灭菌、培养过程中的取样、补料到发酵结束，整个过程中的各项操作要切实树立无菌观念，严格遵守无菌操作规定和生产操作规程，从各个环节上避免杂菌进入发酵系统，同时要杜绝操作失误和技术管理不善引起的染菌。

岗位对接

本项目是药品生产技术、药品生物技术等相关专业学生必须掌握的内容，为成为合格的药物制造、生物技术制药（品）、药物制剂及其他药物生产、检测人员打下坚实基础。

本项目对应岗位的工种包括：生化药品制造工、微生物发酵灭菌工、发酵工程制药工、疫苗制药工、血液制品工、基因工程药品生产工、药物制剂工等药品生产相关岗位的职业工种。

本项目对应岗位需掌握的理论知识有：基础化学、微生物、培养基、发酵工艺、灭菌及无菌操作的基本知识；需掌握的操作技能有：①能看懂岗位的工艺流程，会使用消毒锅或消毒柜等，对培养基、压缩空气或其他材料、设备、器皿等进行消毒、灭菌；②能按照一定的比例，用化学试剂对环境进行消毒，包括控制室、操作室、操作平台、投料间、储物室等消毒；③能熟练掌握实消和空消的技能和方法；④能熟练掌握空气总过滤器、各个罐的空气过滤器和管道的消毒。

重点小结

灭菌的概念　采用物理或化学的方法杀灭或去除所有活的微生物及其孢子的过程。

培养基灭菌的方法　有分批灭菌和连续灭菌两种方法。

空气除菌的方法　辐射灭菌、加热灭菌、静电除菌和介质过滤除菌。

发酵设备的灭菌　实罐灭菌和空罐灭菌。

染菌的检查方法　显微镜检查法、平板划线培养检查法和肉汤培养检查法。

目标检测

一、名词解释

1. 灭菌　2. 实消　3. 连消　4. 空消

二、单选题

1. 杀灭包括芽孢在内的方法称为（　　）。

    A. 防腐　　　　　　　B. 杀菌　　　　　　C. 消毒　　　　　　D. 灭菌

2. 无菌空气是指（　　）。

    A. 不含水的　　　　　B. 不含颗粒的　　　C. 不含油的　　　　D. 不含微生物的

3. 现代工业生产中较为常用的制备大量无菌空气的方法是（　　）。

    A. 热灭菌　　　　　　B. 辐射灭菌　　　　C. 静电除菌　　　　D. 介质过滤除菌

4. 将饱和蒸气通入未加入培养基的发酵罐中，进行罐体的湿热灭菌过程是（　　）。

    A. 实消　　　　　　　B. 连消　　　　　　C. 空消　　　　　　D. 干热灭菌

5. 关于连续灭菌正确的是（　　）。

    A. 适于小批量规模的生产　　　　　　　　B. 染菌机会较少

C. 设备要求低，不需要冷却装置　　　　　D. 操作条件恒定，灭菌质量稳定

三、多选题

1. 发酵过程中，需要进行灭菌的是（　　　）。
   A. 培养基　　　　　　　B. 消泡剂　　　　　C. 补加的物料　　　D. 空气系统
   E. 管道与阀门
2. 常用的空气过滤介质包括（　　　）。
   A. 棉花　　　　　　　　B. 玻璃纤维　　　　C. 活性炭　　　　　D. 超细玻璃纤维纸
   E. 石棉滤板
3. 影响培养基灭菌的因素是（　　　）。
   A. 杂菌的种类　　　　　B. 杂菌数量　　　　C. 灭菌温度　　　　D. 灭菌时间
   E. 培养基成分、pH
4. 染菌分析检测方法有（　　　）。
   A. 显微镜检查法　　　　B. 肉汤培养法　　　C. 平板划线法　　　D. 斜面培养检查法
   E. 双碟法
5. 无菌空气的制备流程包括（　　　）。
   A. 粗过滤　　　　　　　B. 空气压缩　　　　C. 空气冷却　　　　D. 分离
   E. 过滤除菌

四、简答题

1. 简述分批灭菌与连续灭菌的过程，这两种灭菌过程各有哪些优缺点？
2. 空气除菌的方法有哪些？简述空气介质除菌的原理？

实训　高压蒸汽灭菌

一、实验目的

1. 了解高压蒸汽灭菌的基本原理及应用范围。
2. 掌握高压蒸汽灭菌的操作方法。

二、实验原理

高压蒸汽灭菌是将待灭菌的物品放在一个密闭的加压灭菌锅内，通过加热，使灭菌锅隔套间的水沸腾而产生蒸汽。待水蒸气急剧地将锅内的冷空气从排气阀中驱尽，然后关闭排气阀，继续加热，此时由于蒸汽不能溢出，而增加了灭菌器内的压力，从而使沸点增高，得到高于100℃的温度，导致菌体蛋白质凝固变性而达到灭菌的目的。

三、实验器材及材料

手提式高压蒸汽灭菌器、待灭菌的培养基或玻璃器皿。

四、实验内容

（一）加水

先将内层灭菌桶取出，再向外层锅内加入适量的水，使水面与三角搁架相平为宜。

（二）装料

放回灭菌桶，并装入待灭菌物品。注意不要装得太挤，以免妨碍蒸汽流通而影响灭菌

效果。锥形瓶与试管口端均不要与桶壁接触，以免冷凝水淋湿包口的纸而透入棉塞。

（三）加盖密封

加盖，并将盖上的排气软管插入内层灭菌桶的排气槽内。再以两两对称的方式同时旋紧相对的两个螺栓，使螺栓松紧一致，勿使漏气。

（四）排气升压

接通电源，并同时打开排气阀，使水沸腾以排除锅内的冷空气。待冷空气完全排尽后，关上排气阀，让锅内的温度随蒸气压力增加而逐渐上升。当锅内压力升到所需压力时，控制热源，维持压力至所需时间。本实验用 1.05kg/cm^2，121.3℃，20min 灭菌。

（五）降压

灭菌所需时间到后，切断电源或关闭煤气，让灭菌锅内温度自然下降。

（六）取料

当压力表的压力降至 0 时，打开排气阀，旋松螺栓，打开盖子，取出灭菌物品。如果压力未降到 0 时，打开排气阀，就会因锅内压力突然下降，使容器内的培养基由于内外压力不平衡而冲出烧瓶口或试管口，造成棉塞沾染培养基而发生污染。

（七）倒水

灭菌锅用过之后，将锅内剩余的水倒掉，以免日久腐蚀。

五、 实验结果

将取出的灭菌培养基放入 37℃ 恒温箱培养 24h，经检查，无杂菌生长，即可待用。

【重点提示】

1. 灭菌完毕后，不可放气减压，否则瓶内液体会剧烈沸腾，冲掉瓶塞而外溢甚至导致容器爆裂，须待灭菌器内压力降至与大气压相等后才可开盖。

2. 待灭菌的物品放置不宜过紧。

3. 装培养基的试管或瓶子的棉塞上，应包油纸或牛皮纸，以防冷凝水入内。

4. 必须将冷空气充分排除，否则锅内温度达不到规定温度，影响灭菌效果。

项目四

种子的扩大培养

知识要求　**1. 掌握**　发酵种子扩大培养的制备过程及操作要点。
　　　　　2. 熟悉　种子的质量标准。
　　　　　3. 了解　影响种子质量的因素。

技能要求　1. 熟练掌握种子扩大培养技术。
　　　　　2. 学会分析处理种子培养过程中的异常现象。

案例导入

案例：谷氨酸生产的种子制备

谷氨酸产生菌主要是棒状杆菌属、短杆菌属和小杆菌属的细菌。谷氨酸生产的种子制备基本过程：斜面菌种——→一级种子培养——→二级种子培养——→发酵。

1. 斜面培养　培养基采用 1.0% 蛋白胨、1% 牛肉膏、0.5% 氯化钠、2% 琼脂，pH7.0~7.2，32℃培养 18~24h，斜面要求生长良好，经检查合格，4℃冰箱保存备用。

2. 一级种子培养（摇瓶）　培养基采用 2.5% 葡萄糖、2.5% 玉米浆、0.1% 磷酸氢二钾、0.5% 尿素、0.04% 硫酸镁，pH7.0，在 1000ml 锥形瓶内装 250ml 液体培养基，灭菌后接入斜面孢子，摇床上 32℃振荡培养 12h。

3. 二级种子的培养（种子罐）　培养基和一级种子相似，主要区别是用淀粉水解糖代替葡萄糖，在种子罐中 32℃通气培养 7~10h。种子质量要求：菌体生长正常，大小均匀，呈单个或八字形排列，pH7.0~7.2 时结束，培养结束时菌体含量应达到 10^8~10^9个/ml，活力旺盛。

利用淀粉水解糖为原料通过微生物发酵生产谷氨酸的工艺第一步是种子的扩大培养，种子培养质量的好坏，关系到发酵产物的产量和质量。

讨论：1. 什么叫做一级种子？
　　　2. 谷氨酸生产属于几级发酵？

种子的扩大培养是发酵生产的第一道工序，该工序又称为种子制备，指的是从保藏的休眠状态的菌种开始，经过试管斜面活化后，再经过摇瓶及种子罐逐级扩大培养而获得足够数量和优等质量的纯种过程。

目前工业规模的发酵罐容积已经达到几十立方米、几百立方米甚至几千立方米，假如按照1%~15%的接种量计算，就要制备体积从几立方米、几十立方米甚至几百立方米的种子。因此经过种子的扩大培养制备出高质量的生产种子供发酵使用是发酵生产上一个重要的环节，要求制备出发酵产量高、生产性能稳定、数量足且不被其他杂菌污染的生产菌种，是种子制备工艺的关键。

发酵工业生产的种子必须满足以下条件：

（1）生长活力强，移种至发酵罐后能迅速生长，延滞期短；

（2）菌体的生理特性及生产能力稳定；

（3）菌体总量及浓度能满足发酵罐接种量的要求；

（4）无杂菌污染；

（5）能保持稳定的生产能力，保证终产物的合成量稳定。

种子制备一般包括两个过程，即在固体培养基上生产大量孢子制备过程和在液体培养基中生产大量菌丝的种子制备过程。

种子的制备采用两种方式：对于产孢子能力强的及孢子生长繁殖快的菌种可用固体培养基培养孢子，孢子直接进罐作为种子罐的种子。这种方式操作简便，减少污染，而且固体孢子直接入罐优于菌丝进罐，因为分生孢子处于半休眠状态，入罐后每个个体都从同一水平起步生长繁殖，更易取得同步生长状态，后代菌丝的繁殖也比较一致；对于细菌、酵母菌、产孢子能力不强和孢子发芽慢的菌种可以采用液体摇瓶培养法。

任务一　生产菌种的制备过程

一、孢子制备

孢子制备是种子制备的开始，是发酵生产的一个重要环节。孢子的扩大繁殖可经过斜面培养基生长或谷物固体培养基生长，不同菌种的孢子制备工艺有着不同的特点。

（一）霉菌孢子制备

霉菌孢子的制备一般采用大米、小米、玉米、麸皮、麦粒等天然农产品为培养基，这些农产品中的营养成分适合霉菌的孢子繁殖，培养基的表面积大，获得孢子数量要比营养琼脂斜面多。而且培养简单易行、成本低。霉菌孢子的制备首先将保存的菌种接种到斜面培养基上，孢子成熟后制成孢子悬浮液接种于大米等培养基中，培养温度 $25 \sim 28\,^\circ\text{C}$，培养时间一般为 $4 \sim 14\text{d}$，待孢子成熟后，放置 $4\,^\circ\text{C}$ 冰箱中保存备用。

（二）放线菌孢子制备

放线菌的孢子培养多数采用琼脂斜面培养基，培养基中含有适合产孢子的营养成分，如麸皮、豌豆浸汁、蛋白胨和一些无机盐类物质等，一般情况下，干燥和限制营养可直接或间接诱导孢子的形成，放线菌孢子培养温度一般为 $28\,^\circ\text{C}$，培养时间为 $5 \sim 14\text{d}$。培养基含碳源和氮源不应过于丰富，碳源过多（>1%）容易造成酸性环境，不利于放线菌的孢子繁殖，氮源过多（>0.5%）有利于菌丝繁殖而不利于孢子形成。如灰色链球菌在葡萄糖、硝酸盐的培养基上能很好地生长和产孢子，而加入了0.5%酵母膏或酪蛋白后就只长菌丝而不长孢子。

放线菌发酵生产的工艺流程表示为：

（1）保存菌种──→母斜面（孢子）──→子斜面（孢子）──→种子罐──→发酵罐；

（2）保存菌种──→母斜面（孢子）──→摇瓶菌丝──→种子罐──→发酵罐。

采用哪一种形式的斜面孢子接入种子罐进行培养，视菌种特性而定。采用母斜面孢子有利于防止菌种的变异，而采用子斜面孢子可节省菌种用量。

（三）细菌孢子制备

细菌的菌种一般保藏在冷冻干燥管内，产芽孢的芽孢杆菌有的也保存在砂土管中。细菌的斜面培养基多采用碳源限量而氮源丰富的配方，牛肉膏、蛋白胨常用作有机氮源。细菌的培养温度多数为37℃，少数为28℃。培养时间随菌种的不同而异，一般为1~2d，产芽孢的细菌需培养5~10d。

（四）孢子制备的技术要点

制备霉菌类孢子时，为便于挑选理想的菌落，母斜面上的菌落要求分散。挑单菌落种子斜面时，要挑取菌落中央部位的孢子。斜面制备大米孢子时，孢子悬液的浓度应适当，接种后将大米等固体培养基与孢子悬液混合均匀，待孢子生长成熟后，在真空下将水分含量抽至10%以下密封后置4℃冰箱中保存备用。放线菌类孢子的制备，灭菌后的培养基如有不溶解的原材料，应轻轻摇匀，注意不要产生气泡，经检查无杂菌和无冷凝水后备用。

二、种子制备

液体种子的制备是将固体培养基上培养出的孢子或菌体转入到液体培养基中培养，使其繁殖成大量菌丝或菌体的过程。种子制备的目的是为发酵生产提供一定数量和质量的种子。种子制备所使用的培养基和工艺条件，要有利于孢子发芽和菌丝的繁殖。生产种子的制备包括摇瓶种子制备和种子罐种子制备。

（一）摇瓶种子制备

某些孢子发芽和菌丝繁殖速度缓慢的菌种，需将孢子经摇瓶培养成菌丝后再进入种子罐，这种方法获得的液体种子，称作摇瓶种子。摇瓶种子可以在摇瓶中传代，第一代称作"母瓶"，第二代就叫做"子瓶"。母瓶或子瓶都可以作为生产上种子罐的种子。摇瓶种子制备流程见图4-1。

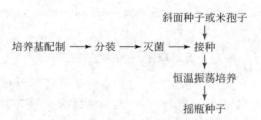

图 4-1 摇瓶种子制备流程

1. 培养基配制 摇瓶相当于微缩了的种子罐，培养基配方和培养条件都与种子罐相似。培养基成分要求比较丰富和完全，并易被菌体分解利用，氮源丰富有利于菌丝生长，原则上各种营养成分不宜过浓，子瓶培养基浓度比母瓶略高，更接近种子罐的培养基配方。此外，摇瓶种子在培养过程中因不便于调节pH，所以在培养基成分的选择时应考虑培养过程中pH的稳定性，可以通过生理酸、碱性物质的平衡搭配及加入磷酸盐、碳酸钙等缓冲剂来调节。

2. 接种 摇瓶种子的接种方法包括斜面种子挖块法、米孢子粒计数接入法和菌悬液接种法。前两种接种法难以掌握一致的接种量，可能影响种子质量的稳定。因此最好采用菌悬液接种法，方法如下：向琼脂斜面培养物上加入无菌蒸馏水，将斜面种子或米孢子粒上的细胞或孢子洗下，制成细胞或孢子悬液，用无菌吸管接种至摇瓶种子培养基中。

3. 培养 摇瓶种子在恒温摇床上进行培养。摇床分旋转式和往复式，多采用的是旋转式。根据菌种不同的生长特性控制其最适的温度和湿度环境下，同时设定一定的摇床转速，保证摇瓶种子具有较合适的溶解氧。

4. 保存 摇瓶种子最好培养成熟后立即使用，如暂时不用，需放置4℃冰箱环境保存，时间最好小于3d。经过保存的摇瓶种子一般不用做生产种子，可用于摇瓶发酵实验或小型发酵罐实验。

（二）种子罐种子制备

种子罐的作用主要是使孢子发芽生长繁殖成菌（丝）体，接入发酵罐能迅速生长，达到一定的菌体数量和浓度，利于产物的合成。种子罐种子的制备工艺过程因菌种不同而异，一般可分为一级种子、二级种子、三级种子。孢子或者摇瓶菌丝接入到体积较小的种子罐中，经过培养后形成大量的菌丝，该种子称为一级种子，把一级种子转入到发酵罐内发酵，称为二级发酵。如果将一级种子接入到体积较大的种子罐内，经过培养形成更多的菌丝，这样制备的种子称为二级种子，将二级种子转入到发酵罐内发酵，称为三级发酵。依此类推，使用三级种子的发酵称为四级发酵。

种子罐的级数主要取决于菌种的性质、菌体生长速度及发酵罐的容积。孢子发芽和菌体开始繁殖时，菌体量很少，在小型罐内即可进行，而发酵时为了获得大量发酵产物，需要在大型的发酵罐内进行。生长速度慢的菌种常常采用较多的发酵级数，如生产链霉素的灰色链霉菌，因菌种生长慢采取了四级发酵。同样的菌种，发酵罐的体积越大，需要的种子也越多，故需要较多级数的种子扩大培养，才能达到接种量的要求。

在种子制备过程中，需检查种子培养基、接种前菌体悬浮液和成熟种子液及发酵培养基是否有杂菌污染。在种子扩大培养过程中，需采用相似的培养基进行种子培养，这样可以保证整个培养过程菌种的旺盛生长。

拓展阅读

青霉素生产的种子制备

青霉素是人类发现的第一种抗生素，青霉素生产菌种的制备是青霉素发酵过程的关键环节，最早发现产青霉素的菌种是点青霉菌，但其生产能力很低，1943年成功分离了一株产黄青霉菌，在液体深层发酵中效价可达到120U/ml。产黄青霉属无性型真菌，一种属于半知菌亚门丝孢纲丝孢目从梗孢科青霉属的真菌。目前常用的菌种为产绿色孢子和产黄色孢子的两种产黄青霉菌株，按其在深层培养中菌丝的形态，可分为球状菌和丝状菌。国内青霉素生产厂大都采用绿色丝状菌。现介绍青霉素生产的种子制备，基本过程如下：

安瓿管──→斜面孢子──→大米孢子──→一级种子──→二级种子──→发酵

（1）斜面孢子

培养基：甘油、葡萄糖、蛋白胨等。

培养条件：25℃、7d，相对湿度50%左右。

培养基特点：有利于长孢子，用量少而精细。

（2）大米孢子

培养基：大米及氮源（玉米浆）。

培养条件：25℃、7d，控制相对湿度。

培养基特点：成本低、米粒之间结构疏松提高比表面积和氧的传质，营养适当（要求大米的白点小）有利于孢子的生长。

大米孢子的要求：1粒米含1.4×10^6个孢子。

（3）一级种子

培养基：葡萄糖、乳糖、蔗糖、玉米浆。

培养条件：27℃、40h。

接种量：2.0×10^{10}个孢子/t。

目的：菌体生长。

（4）二级种子

培养基同上。

培养条件：27℃、10~14h。

接种量：10%。

种子的质量要求：菌丝长稠呈丝状，菌丝团很少，有中小空孢，处于Ⅲ~Ⅳ期。青霉素发酵菌体的生长共分为6个期，1~4为年青期，4~6期合成青霉素的能力最强。

任务二　生产菌种的质量控制

种子质量是影响发酵生产水平的重要因素。种子质量的优劣，主要取决于菌体本身的遗传特性和培养条件两个方面。同时具备了优良的菌种和良好的培养条件才能获得高质量的种子。

一、影响孢子质量的因素及其控制

孢子质量的优劣对发酵产量和产品质量有着很大的影响。影响固体孢子质量的因素通常包括：培养基、培养温度、培养湿度、培养时间、冷藏时间和接种量等。应全面考虑各种因素，认真加以控制。

（一）培养基

生产过程中有时出现种子不稳定的现象，原因之一是构成孢子培养基所需的各种原材料质量不稳定造成的，培养基的产地、品种、加工方法以及用量对孢子质量都会产生一定的影响。原材料产地、品种和加工方法的不同，会导致培养基中微量元素和其他营养成分含量的变化。例如，由于产蛋白胨所用的原材料及生产工艺的不同，蛋白胨的微量元素含量、磷含量、氨基酸组分均有所不同，而这些营养成分对于菌体生长和孢子形成有重要作用；在四环素、土霉素的生产中，配制产孢子斜面培养基用的麸皮，因小麦产地、品种、加工方法及用量的不同对孢子质量产生很大的影响；无机离子含量不同，如微量元素 Mg^{2+}、Cu^{2+}、Ba^{2+}能刺激孢子的形成，磷含量太多或太少也会影响孢子的质量。琼脂的牌号不同，对孢子质量也有影响，这是由于不同牌号的琼脂含有不同的无机离子造成的。

配制培养基时需要用到大量的水，不同地区、季节变化和水源污染，均可造成水质波动，影响种子质量。为了避免水质波动对孢子质量的影响，可在蒸馏水或无盐水中加入适量的无机盐，供配制培养基使用。例如，在配制四环素斜面培养基时，有时可以在无盐水内加入 0.03%（NH_4）$_2HPO_4$、0.028% KH_2PO_4 及 0.01% $MgSO_4$确保孢子质量，提高四环素发酵产量。

此外，菌种在固体培养基上可呈现多种不同代谢类型的菌落，氮源品种越多，出现的菌落类型也越多，不利于生产的稳定。斜面培养基上用较单一的氮源可抑制某些不正常型菌落的出现，而对分离筛选的平板培养基则需加入较复杂的氮源，使其多种菌落类型充分表现，以利筛选。

避免培养基对菌种质量影响的方法：培养基所用原料糖、氮、磷的含量需经过化学分析及摇瓶发酵试验合格后才能使用。严格控制灭菌后培养基的质量；斜面培养基使用前，需在适当温度下放置一定时间，使斜面无冷凝水呈现，水分适中有利于孢子成长；供生产用的孢子培养基要求比较单一的氮源，而选种或分离用的培养基则用较复杂的有机氮源。

（二）培养条件

1. 温度 温度对多数品种斜面孢子质量有显著的影响。微生物的生长温度和最适温度是不同的，微生物能在一个较宽的温度范围内生长。但是，要获得高质量的孢子，其最适温度区间很狭窄。一般来说，提高培养温度，可使菌体代谢活动加快，缩短培养时间，但是，菌体的糖代谢和氮代谢的各种酶类对温度的敏感性是不同的。因此，培养温度不同，菌的生理状态也不同，如果不是用最适温度培养的孢子，其生产能力就会下降。不同的菌株要求的最适温度不同，需经实践确定。例如，土霉素产生菌龟裂链霉菌斜面最适温度为36.5～37℃，如果高于37℃，则孢子成熟早，易老化，接入发酵罐后就会出现菌丝对糖、氮利用缓慢，氨基氮回升提前，发酵产量降低等现象。培养温度控制低一些，则有利于孢子的形成。如先将龟裂链霉菌斜面放在 36.5℃培养 3d，再放在 28.5℃培养 1d，所得的孢子数量比在 36.5℃培养 4d 所得的孢子数量增加 3～7 倍。

2. 湿度 制备斜面孢子，培养基的湿度对孢子的数量和质量有较大的影响。空气中相对湿度高时，培养基内的水分蒸发少；相对湿度低时，培养基内的水分蒸发多。例如，在我国北方干燥地区，冬季由于气候干燥，空气相对湿度偏低，斜面培养基内的水分蒸发得快，致使斜面下部含有一定水分，而上部易干瘪，这时孢子长得快，且从斜面下部向上长。夏季空气相对温度高，斜面内水分蒸发得慢，这时斜面孢子从上部往下长，下部常因积存冷凝水，致使孢子生长得慢或孢子不能生长。试验表明，在一定条件下培养斜面孢子时，需根据不同的地方采取不同的湿度控制，通常在北方相对湿度控制在 40%～45%，而在南方相对湿度控制在 35%～42%，所得孢子质量较好。

而不同的菌种对湿度的要求又有所不同，一般来说，真菌对湿度要求偏高，而放线菌对湿度要求偏低。在培养箱培养时，如果相对湿度偏低，可放入盛水的平皿，提高培养箱内的相对湿度。为了保证新鲜空气的交换，培养箱每天宜开启几次，以利于孢子生长。现代化的培养箱是恒温、恒湿并可换气的，不用人工控制。

孢子培养的最适培养温度和湿度是相对的，当相对湿度、培养基组分不同时，微生物的最适温度也有所改变。孢子培养的温度、培养基组分不同时也会影响到微生物培养的最适湿度。

3. 培养时间和冷藏时间 当丝状菌在斜面培养基上的生长发育处于基质菌丝和气生菌丝阶段，因其内部的核物质和细胞质处于流动状态，如果把菌丝断开，菌丝片段之间的内在质量是不同的，核粒的分布不均匀，因此该阶段的菌丝不适宜菌种保存和传代。而当发育到孢子阶段，因孢子的遗传物质是完整的，因此孢子保存和传代能保持原始菌种的基本特征。孢子的培养时间一般选择在孢子成熟阶段时终止培养，此时显微镜下可见到成串孢子或游离的分散孢子，如果继续培养，则进入斜面衰老菌丝自溶阶段，表现为斜面外观变色、发暗或黄、菌层下陷，有时出现白色斑点或发黑。白斑表示孢子发芽长出第二代菌丝，黑色显示菌丝自溶。孢子的培养时间对孢子质量有重要影响，过于年轻的孢子经不起冷藏，如土霉素菌种斜面培养4.5d，孢子尚未完全成熟，冷藏7~8d菌丝即开始自溶。而培养时间延长半天（即培养5d），孢子完全成熟，可冷藏20d也不自溶。过于衰老的孢子会导致生产能力下降，孢子的培养时间应控制在孢子量多、孢子成熟、发酵产量正常的阶段终止培养。

孢子质量也受冷藏时间影响。总的原则是冷藏时间宜短不易长。如在链霉素生产中，斜面孢子在6℃冷藏2个月后的发酵单位比冷藏一个月的低18%，冷藏3个月后则降低35%。

（三）接种量

制备孢子时的接种量要适中，接种量过大或过小均会对孢子质量产生影响。因为接种量的大小影响到在一定量培养基中孢子的个体数量的多少，进而影响到菌体的生理状态。当接种后菌落均匀分布整个斜面、隐约可分菌落者为正常接种。如接种量过小则斜面上长出的菌落稀疏，接种量过大则斜面上菌落密集一片。一般传代用的斜面孢子要求菌落分布较稀，适于挑选单个菌落进行传代培养。接种摇瓶或进罐的斜面孢子，要求菌落密度适中或稍密，孢子数达到要求标准。一般一支高度为20cm、直径为3cm的试管斜面，丝状菌孢子数要求达到10^7个以上。

接入种子罐的孢子接种量对发酵生产也有影响。例如，青霉素产生菌之一的球状菌的孢子数量对青霉素发酵产量影响极大，若孢子数量过少，则进罐后长出的球状体过大，影响通气效果；若孢子数量过多，则进罐后不能很好地维持球状体。

为了获得高质量的孢子，除了以上因素外，还需要保证菌种的质量。一般来说保存的菌种每过一年都应进行一次自然分离，筛选出形态、生产性能好的单菌落接种孢子培养基；制备好的斜面孢子，要经过摇瓶发酵试验，合格后才能用于发酵生产。

二、影响种子质量的因素及其控制

影响种子质量的因素包括孢子质量、培养基、培养条件、种龄和接种量等。摇瓶种子的质量主要以外观颜色、效价、菌丝浓度或黏度以及糖氮代谢、pH变化等为指标，指标符合要求方可进罐。种子制备不仅是要提供一定数量的菌体，更为重要的是要为发酵生产提供适合发酵、具有一定生理状态的菌体。种子的质量是发酵正常进行的重要因素之一。

（一）培养基

种子培养基的原材料质量的控制与孢子培养基原材料质量的控制相似。种子培养基应满足下列要求：培养基的营养成分应适合种子培养的需要；选择有利于孢子发芽和菌丝生长的培养基；营养上易于被菌体直接吸收和利用；营养成分要适当地丰富和完全，氮源和维生素含量较高，这样可以使菌丝粗壮并具有较强的活力；培养基的营养成分要尽可能地和发酵培养基接近，这样的种子一旦移入发酵罐后就能比较容易地适应发酵罐的培养条件尽量缩短延滞期。延滞期缩短的原因是由于参与细胞代谢活动的酶系在种子培养阶段已经形成，而不需要花费时间另建适宜新环境的酶系。

发酵的目的是为了获得尽可能多的发酵产物，其培养基一般比较浓，而种子培养基以略稀薄为宜。种子培养基的pH要比较稳定，以适合菌的生长和发育。pH的变化会引起各种酶活力的改变，对菌丝形态和代谢途径影响很大。

（二）培养条件

种子培养应选择最适温度。孢子萌发的时间在一定温度范围内随温度的上升而缩短。微生物不管处于哪种生长阶段，如果培养温度超过其最高生长温度，都会造成微生物死亡，而培养的温度低于生长温度，则细胞生长会受到抑制。每种微生物生长都有其最高的生长温度和最低生长温度。生产上为了使种子罐的培养温度控制在一定范围，常在种子罐上装有热交换设备，如夹套、排管或蛇管等进行温度调节，冬季还要对所通的无菌空气预先加热。

培养过程中通气和搅拌的控制很重要，不同微生物生长要求的通气量不同，即使同一菌株，在各级种子罐或者同级种子罐的各个不同时期的需氧量也不同，应区别控制，一般前期需氧量较少，后期需氧量较多，应适当增大供氧量。通气可以供给大量的氧，而搅拌能使通气的效果更好。通过通气和搅拌，新鲜氧气可以更好地和培养液混合，保证氧气最大限度的溶解，搅拌促进热交换，有助于整个培养液的温度一致，也有利于营养物质和代谢产物的分散。在青霉素生产的种子制备过程中，充足的通气量可以提高种子质量。例如，将通气充足和通气不足两种情况下得到的种子都接入发酵罐内，它们的发酵单位可相差一倍。但是，在土霉素发酵生产中，一级种子罐的通气量小一些对发酵有利。通气搅拌不足可引起菌丝结团、菌丝黏壁等异常现象。

生产过程中，有时种子培养会产生大量泡沫而影响正常的通气搅拌。培养中形成发泡的原因很多，除了通气和搅拌会导致泡沫的产生，培养基中某些成分的变化、微生物代谢活动产生的气泡等都会形成泡沫。培养中的消泡措施，主要有化学方法和机械消泡，消泡后可以增加装料量、提高设备利用率，由于代谢过程发酵气体的及时排除，有利于生物合成。

对青霉素生产的小罐种子，可采用补料工艺来提高种子质量，即在种子罐培养一定时间后，补入一定量的种子培养基，结果种子罐随罐体积增加，种子质量也有所提高，菌丝团明显减少，菌丝内积蓄物增多，菌丝粗壮，发酵单位增高。

（三）种龄

种子培养时间称为种龄。种龄明显影响发酵过程的进行。在种子罐内，随着培养时间延长，菌体量逐渐增加。但是菌体繁殖到一定程度，由于营养物质消耗和代谢产物积累，菌体量不再继续增加，而是逐渐趋于老化。由于菌体在生长发育过程中，不同生长阶段的菌体的生理活性差别很大，接种种龄的控制就显得非常重要。种龄过长或过短，会延长发酵周期，也会降低产量。因此必须严格掌握种子的种龄。

在工业发酵生产中，一般都选在生命力最旺盛的对数生长期，菌体量尚未达到最高峰时移种，此时的种子能很快适应环境，生长繁殖快，大大缩短了在发酵罐中的调整期，提高了发酵罐的利用率。如果种龄控制不适当，种龄过于年轻的种子接入发酵罐后，往往会出现前期生长缓慢、泡沫多，发酵周期延长以及因菌体量过少而菌丝结团，引起异常发酵等；而种龄过老的种子接入发酵罐后，则会因菌体老化而导致生产能力衰退。在土霉素生产中，一级种子的种龄若相差 $2 \sim 3h$，转入发酵罐后菌体的代谢就会有明显的差异。最适种龄因菌种不同而有很大的差异，同一菌种的不同罐批培养相同的时间，得到的种子质量也不完全一致，因此最适的种龄应通过多次试验，特别要根据本批种子质量来确定。

（四）接种量

移入的种子液体积和接种后培养液体积的比例称为接种量。接种量的大小直接影响发酵周期，大量地接入成熟的菌种，可以缩短生长过程的延滞期，缩短发酵周期，提高设备利用率，并有利于减少染菌的机会。接种量影响延滞期的原因，是由于在大量接种过程中把微生物生长和分裂所必需的代谢物一起带进了发酵培养基，从而有利于微生物立即进入对数生长阶段。但是，如果培养基内的营养物对细胞生长适宜，则接种量的影响较小。但接种量过大也没有必要，不仅增加了发酵成本，而且过多移入的代谢废物影响正常发酵的进行。

发酵罐的接种量的大小与菌种特性、种子质量和发酵条件等有关。不同的微生物其发酵的接种量是不同的。如制霉菌素发酵的接种量为 0.1%~1.0%，肌苷酸发酵接种量为 1.5%~2.0%，霉菌的发酵接种量一般为 10%，多数抗生素发酵的接种量为 7%~15%，有时可加大到 20%~25%。

近年来，生产上多以大接种量和丰富培养基作为高产措施。如谷氨酸生产中，采用高生物素、大接种量、添加青霉素的工艺。为了加大接种量，有些品种的生产采用双种法、倒种法和混种进罐。双种法即两个种子罐的种子接入一个发酵罐。倒种法即以适宜的发酵液倒出一部分对另一发酵罐作为种子。混种进罐，是以种子液和发酵液混合作为发酵罐的种子。以上三种接种方法运用得当，有可能提高发酵产量，但是其染菌机会和变异机会也随之增多。

拓展阅读

种子扩大培养过程对规模化生产的影响

中国是世界上最大的种子生产国和消费国之一。种业的生存和发展中，种子的质量和数量是极为重要的，这就要求我们具备先进的种子生产技术。例如类人胶原蛋白是利用基因工程技术经过高密度发酵、分离、复性、纯化工艺生产的一种高分子生物蛋白，有促进细胞生长的功效，0.1% 类人胶原蛋白可促进成纤维细胞和上皮细胞的生长，其作用明显优于 0.1% 的维生素 C 和 0.1% 的明胶。因此广泛应用于医学和美容领域。有研究为了建立最优的类人胶原蛋白的种子扩大培养过程，考察了三级种子培养过程中不同移种阶段和不同种子培养基对发酵过程的影响，结果显示，在对数期后期移种，类人胶原蛋白产量最高，当种子培养基中葡萄糖质量浓度为 20g/L 时，类人胶原蛋白平均产率最高。由此可见，培养基和种龄对于种子的扩大培养是非常重要的。

（五）种子质量标准

不同产品、不同菌种以及不同工艺条件的种子质量有所不同，判断种子质量的优劣需要丰富的实践经验，发酵工业生产上常用的种子质量标准主要包括如下几个方面。

1. 种子的生长状况　菌体浓度直接反映菌体的生长情况。菌体浓度的测定可以衡量产生菌在整个培养过程中菌体量的变化，一般前期菌体浓度增长很快，中期菌体浓度基本恒定。菌体浓度的测定方法包括：离心沉淀、培养液光密度测定、培养液黏度测定、细胞质量和细胞计数等方法进行测定。

菌体形态也是种子质量的重要指标。菌体形态可通过显微镜观察来确定，以单细胞菌体为种子的质量要求是菌体健壮、菌形一致、均匀整齐，有的还要求有一定的排列或形态。以霉菌和放线菌为种子的质量要求是菌体粗壮，对某些染料着色力强、生产旺盛、菌丝分支情况和内含物情况良好。

2. 生化指标　测定种子液的糖、氮、磷含量的变化和 pH 变化是菌体生长繁殖、物质代谢的反映,不少产品的种子液质量以这些物质的利用情况及变化为指标。

3. 产物生成量　在培养过程中,产生菌的合成能力和产物积累情况都要通过产物量的测定来了解,产物浓度直接反映了生产的状况,是发酵控制的重要参数,如采用抑菌环法测定抗生素的含量。

4. 特殊酶活力　种子液中某种关键酶的活力与目的产物的产量有直接的关系。因此酶活力的大小,直接反映了种子质量的好坏,测定种子液中某种酶的活力,可以作为判断种子质量的标准。如土霉素生产的种子液中的淀粉酶活力与土霉素发酵单位有一定的关系,因此种子液淀粉酶活力可作为判断该种子质量的依据。国际上规定,在 25℃、最适的底物浓度、最适的缓冲液离子强度和最适的 pH 等条件下,每分钟能转化 1 μmol 底物的酶定量为一个活性单位。

(六) 种子异常分析

在生产过程中,种子质量受各种各样因素的影响,种子异常的情况时有发生,会给发酵带来很大的困难。种子异常往往表现为菌种生长发育缓慢或过快、菌丝结团、菌丝黏壁三个方面。

1. 菌种生长发育缓慢或过快　菌种在种子罐生长发育缓慢或过快和孢子质量以及种子罐的培养条件有关。生产中,通入种子罐的无菌空气温度较低或培养基的灭菌质量较差是种子生长、代谢缓慢的主要原因。

2. 菌丝结团　在液体深层培养条件下,繁殖的菌丝并不分散舒展而聚成团状形成菌丝团。这时从培养液的外观就能看见白色的小颗粒,菌丝聚集成团会影响菌的呼吸和对营养物质的吸收。如果种子液的菌丝团较少,种子液投入发酵罐后,在良好的条件下,少量的菌丝团可以在发酵罐中逐渐消失。如果菌丝团较多,种子液移入发酵罐后往往形成更多的菌丝团,影响发酵的正常进行。菌丝结团和搅拌效果差、接种量小有关,一个菌丝团可由一个孢子生长发育而来,也可由多个菌丝体聚集一起逐渐形成。

3. 菌丝黏壁　所谓菌丝黏壁是指在种子培养过程中,由于搅拌效果不好,泡沫过多以及种子罐装料系数过小等原因,使菌丝逐步黏在罐壁上。其结果使培养液中菌丝浓度减少,最后就可能形成菌丝团。菌丝黏壁的原因是搅拌效果不好,搅拌时泡沫过多。以及种子罐的装料系数过小等。以真菌为产生菌的种子培养过程中,发生菌丝黏壁的机会较多。

岗位对接

本项目是药学类和药品制造类等各类制药相关专业学生必须掌握的内容,为成为合格的合成药物制造、生物技术制药、药物制剂及其他的药品生产人员打下坚实基础。

本项目对应岗位的工种包括化学合成制药工、生化药品制造工、发酵工程制药工、疫苗制品工、药物制剂工的职业工种。

重点小结

种子制备　种子制备一般包括两个过程，即在固体培养基上生产大量孢子的孢子制备过程和在液体培养基中生产大量菌丝的种子制备过程。液体种子的制备包括摇瓶种子制备和种子罐种子制备。某些孢子发芽和菌丝繁殖速度缓慢的菌种，需将孢子经摇瓶培养成菌丝后再进入种子罐，这种方法获得的液体种子，称作摇瓶种子。种子罐的作用主要是使孢子发芽生长繁殖成菌（丝）体，接入发酵罐能迅速生长，达到一定的菌体数量和浓度，利于产物的合成。

影响固体孢子质量的因素通常包括：培养基、培养温度、培养湿度、培养时间、冷藏时间和接种量等。影响种子质量的因素包括孢子质量、培养基、培养条件、种龄和接种量等。

目标检测

一、名词解释

1. 种子的扩大培养　2. 接种量　3. 种龄

二、单选题

1. 发酵工业生产的种子必须满足的条件不包括（　　）。
   A. 生长活力强
   B. 能保持稳定的生产能力
   C. 菌体总量及浓度能满足发酵罐接种量的要求
   D. 不能长期保存

2. 影响固体孢子质量的因素包括（　　）。
   A. 培养基、培养温度、培养湿度、培养时间和接种量等
   B. 培养基、培养湿度、培养时间、冷藏时间和接种量
   C. 培养基、培养温度、培养湿度、培养时间、冷藏时间和接种量
   D. 培养温度、培养湿度、培养时间、冷藏时间和接种量等

3. 孢子的培养时间一般应选择在（　　）。
   A. 年轻的孢子
   B. 衰老的孢子
   C. 孢子量多、孢子成熟、发酵产量正常的阶段
   D. 年轻和衰老的孢子都可以

4. 关于种子培养基错误的是（　　）。
   A. 种子培养基的营养成分应适合种子培养的需要
   B. 营养成分要适当的丰富和完全
   C. 氮源和维生素含量较高
   D. 培养基营养成分要高于发酵培养基

5. 影响种子质量的因素包括（　　）。
   A. 孢子质量　　　　　B. 培养基　　　　　C. 种龄和接种量　　D. 以上全是

三、多选题

1. 种子扩大培养的目的有（　　）。

   A. 接种量的需要　　　　B. 无菌的需要　　　C. 菌种驯化　　　D. 缩短发酵时间

   E. 规范生产的需要

2. 发酵工业上对种子的要求有（　　）。

   A. 总量及浓度能满足要求

   B. 生理状况稳定

   C. 菌种活力强，移种发酵后，能迅速生长

   D. 无杂菌污染

   E. 保持稳定的生产能力

3. 发酵级数确定的依据有（　　）。

   A. 级数受发酵规模的影响

   B. 级数受菌体生长特性、接种量的影响

   C. 级数越大，越易污染、易变异

   D. 从发酵罐算起

   E. 在发酵产品的放大中，反应级数的确定是非常重要的一方面

4. 种子的质量要求有（　　）。

   A. 要求达到一定的浓度

   B. 菌种形态

   C. 合理的理化指标（C、N、P 的含量，pH 等）

   D. 无污染

   E. 酶活性

5. 种子罐的级数主要取决于（　　）。

   A. 菌种的性质　　　　B. 菌体生长速度　　C. 种子罐的容积　　D. 发酵罐的容积

   E. 菌种的质量

四、简答题

1. 何为种子的扩大培养？

2. 影响种子质量的主要因素有哪些？

实训　米曲霉固体发酵生产蛋白酶

一、实验目的

1. 熟悉固态锥形瓶培养米曲霉的过程。

2. 掌握固体培养微生物的原理和技术。

3. 掌握蛋白酶活性的分析方法。

二、实验原理

蛋白酶是催化蛋白质肽键水解的一类酶，它将蛋白质分解为蛋白胨、多肽及游离氨基酸。蛋白酶包括碱性蛋白酶、中性蛋白酶和酸性蛋白酶，作用的最适 pH 分别是 9.5、7.2 和 3.5，它作为一种生物催化剂具有催化反应速度快，无工业污染，催化反应条件适应性广等优点，被广泛地应用于制药、食品、化妆品、洗涤剂、丝纺、毛皮软化等行业。

蛋白酶的生产可从动植物组织中提取，也可通过微生物发酵工艺进行生产，从植物中提取蛋白酶是一个极其耗时的过程。而以动物作为蛋白酶的来源，其产量的大小主要依赖于可被屠宰牲畜的数量。由于从植物和动物中生产蛋白酶具有局限性，为了满足当今世界市场的需要，人们越来越多地把目光投到微生物蛋白酶上，微生物由于具有生长速度快、所需生长空间小、广泛的生化多样性及其可操作性等特点，因而倍受人们青睐。据统计，微生物蛋白酶占据了世界整个酶销售市场约 40% 的份额，已成为市场上蛋白酶生产的主要来源。

米曲霉（*Aspergillus oryzae*）是生产碱性蛋白酶的优良菌株之一。米曲霉属于曲霉菌，菌落初为白色、黄色、继而变为黄褐色至淡绿褐色，反面无色。米曲霉具有丰富的蛋白酶系，能产生酸性、中性和碱性蛋白酶，其稳定性能高，能耐受高温，广泛地用于医药、食品等工业，本实验利用米曲霉固体发酵生产蛋白酶，对米曲霉固态发酵生产工艺进行研究。

三、 实验器材及材料

1. 菌种 米曲霉。

2. 培养基

（1）试管斜面培养基

①豆饼浸出汁：200g 豆饼，加水 1000ml，浸泡 4h，煮沸 3～4h，纱布自然过滤。每 100ml 浸出汁加入可溶性淀粉 2g，磷酸二氢钾 0.1g，硫酸镁 0.05g，硫酸铵 0.05g，琼脂 2g，121℃，灭菌 30min。

②马铃薯培养基：马铃薯 400g，加水 2000ml，煮沸 15min 后，四层纱布过滤，加入葡萄糖 40g，琼脂 15～20g，加水至 2000ml，121℃，灭菌 30min。

（2）锥形瓶培养基

①豆饼浸出汁：麸皮 40g，面粉 10g，水 40ml。装料厚度：1cm 左右，121℃，灭菌 30min。

②豆粕粉 40g，麸皮 36g，水 44ml，装料厚度：1cm 左右；121℃，灭菌 30min。

（3）0.02mol/L，pH6.0 的无菌磷酸盐缓冲液。

（4）0.02mol/L，pH7.5 的无菌磷酸盐缓冲液。

（5）标准酪氨酸溶液（100μg/ml） 精确称取在 105℃ 烘箱中烘至恒重的酪氨酸 0.1000g，逐步加入 6ml 1mol/L 盐酸使溶解，用 0.2mol/L 盐酸定容至 100ml，其质量浓度为 1000μg/ml，再吸取此液 10ml，以 0.2mol/L 盐酸定容至 100ml，即配成 100μg/ml 的酪氨酸溶液。此溶液配成后也应及时使用或放入冰箱内保存，以免繁殖细菌而变质。

（6）碳酸钠溶液（0.4mol/L） 称取无水碳酸钠（Na_2CO_3）42.4g，定容至 1000ml。

（7）福林–酚试剂（mol/L） 于 2000ml 磨口回流装置内，加入钨酸钠（$Na_2WO_4 \cdot 2H_2O$）100g，钼酸（$Na_2MoO_4 \cdot 2H_2O$）25g，蒸馏水 700ml，85% 磷酸 50ml，浓盐酸 100ml，文火回流 10h。取去冷凝器，加入硫酸锂（Li_2SO_4）50g，蒸馏水 50ml，混匀，加入几滴液体溴，再煮沸 15min，以驱逐残溴及除去颜色溶液应呈黄色而非绿色。若溶液仍有绿色，需要再加几滴溴液再煮沸除去。冷却后定容至 1000ml，用细菌漏斗过滤，置于棕色瓶中保存。此溶液使用时加两倍蒸馏水稀释。即成已稀释的福林–酚试剂。

3. 仪器 恒温培养箱、超净工作台、分光光度计、显微镜、水浴锅、比重计、漏斗架、玻璃棒、锥形瓶、茄子瓶、无菌漏斗、试管等。

四、 实验内容

（一）菌悬液的制备

取保藏菌种在斜面培养基中 30℃ 培养 5d，将菌种活化。然后将孢子洗至装有 1ml 0.1mol/L，pH6.0 无菌磷酸盐缓冲液的锥形瓶中，在 30℃ 振荡 30min，过滤，制成孢子悬液，调其浓度为 $10^6 \sim 10^8$ 个/ml，备用。

（二）接种

用无菌移液管吸取米曲霉孢子液 1～2 环接入培养基中，28℃ 培养 20h 后，菌丝应长满培养基。

（三）固体培养

在 28℃ 条件下，培养 20h 后，第一次摇瓶，使培养基松散，之后每 8h 检查一次，并且摇瓶，一般培养时间为 72h。

五、 实验结果与分析

（一）米曲霉蛋白酶活力的测定方法

1. 样品的制备 称取成曲 5g，充分研碎，加入蒸馏水 100ml，40℃ 水浴锅中不断搅拌 20min，使其充分溶解，然后用纱布过滤，用适当的缓冲溶液进行稀释，稀释一定倍数（如 10、20、30 倍）。

2. 绘制标准曲线

①取 7 支试管，用记号笔编号，按照表 4-1 加入试剂。

表 4-1　标准曲线工作表

试剂	试管号						
	0	1	2	3	4	5	6
标准酪氨酸溶液（100μg/ml）	0	0.1	0.2	0.3	0.4	0.5	0.6
蒸馏水	1.0	0.9	0.8	0.7	0.6	0.5	0.4
碳酸钙溶液（0.4mol/L）	5	5	5	5	5	5	5
福林-酚试剂	1	1	1	1	1	1	1

② 以上各管摇匀，置于 40℃ 恒温水浴锅中显色 20min。

③用分光光度计在波长 660nm 处测定光密度（OD）值。

④以 OD 值为纵坐标，以酪氨酸的浓度为横坐标，绘制标准曲线。

3. 蛋白酶活性的测定 取三支试管，每管分别加入 1ml 稀释酶液，置入 40℃ 水浴中预热 20min，在试验管中分别加入 1ml 1% 酪蛋白溶液，准确计时保温 10min。立即加入 2ml 0.4mol/L 三氯醋酸（TCA）溶液，终止反应。继续保温 15min 后离心分离或用滤纸过滤。分别吸取 1ml 上清液，加 5ml 0.4mol/L 碳酸钠溶液，最后加入 1ml 福林-酚试剂，于 40℃ 水浴中显色 20min，用分光光度计测定 660nm 波长处的 OD 值。

空白管中先加入 2ml 0.4mol/L TCA 溶液，再加 1ml 2% 酪蛋白溶液，15min 后离心分离或用滤纸过滤。以下操作与平行试验管相同。

以空白管为对照，在 660nm 波长处测 OD 值，取其平均值。

拓展阅读

蛋白酶活力测定原理

蛋白酶种类繁多，不同蛋白酶的性质和催化反应条件各不相同，无法规定一个统一的测定方法。目前使用最多的有福林-酚法、紫外分光光度法和甲醛滴定法。本实验以福林-酚法为例。福林-酚试剂（磷钨酸与磷钼酸的混合物），在碱性条件下极不稳定。可被酚类化合物还原，而呈蓝色反应（钼蓝和钨蓝的混合物）。由于蛋白质或水解物中含有酚基的氨基酸（酪氨酸、色氨酸等）也呈这个反应，因此可以利用这个原理来测定蛋白酶活性的强弱，即以酪蛋白为作用底物，在一定 pH 条件下，同酶液反应经一定时间后，加入三氯醋酸以终止酶反应，并使残余的酪蛋白沉淀而与水解产物分开。过滤后，取滤液（即含有蛋白水解产物的三氯醋酸液）用碳酸钠碱化。再加入福林-酚试剂使之发色，比色测定（蓝色反应）光密度的变化。由于反应前后蓝色反应增加的强弱，同溶解在三氯醋酸中蛋白水解产物的量成正比。因此，就可推测蛋白酶活性。

（二）结果结算

蛋白酶活力单位定义：取 1g 酶粉，在 40℃，pH7.2 条件下，每分钟水解酪蛋白为酪氨酸的微克数。

$$蛋白酶活力单位 = (OD \times 4n)/(10 \times 5)$$

式中　OD——试验管的平均光密度值；

　　　4——离心管中反应液总体积，ml；

　　　10——反应 10min；

　　　n——稀释倍数。

【重点提示】

1. 水浴加热，使整个液面都进入水中。
2. 试管的粗细程度，试管不可太粗或太细，既好摇匀又好观察，且粗细一致。

项目五

生物反应器

案例导入

案例：SY3000 发酵罐系统操作规范

　　1. 控制器的启动　打开电源，先按一下薄膜键盘上的"S/E"键，再按一下"确认"键，发酵控制程序启动；这时，如果加热器中水没有加满，程序会自动进行进水操作；待水加满后，用户可以按照上述的下位机控制器的操作方法进行对各个执行机构进行控制。

　　2. 控制器的操作　使用方向键将界面中的光标移动到需要控制的变量上，如果是改变运行模式，直接按确认键即可，如果需要键盘输入数字，在输入数字后按确认键即可。如：

　　（1）温度控制　在手动方式中，对温度进行手动操作是比较简单，只需要改变手动状态的控制量即可。通过选择快捷键（F1～F5）进入到温度控制界面，然后移动光标使它指向到"手动方式"，按下"确认"键，即进入温度控制的手动方式中。此时，"手动方式"后面会出现一个小手来指示当前的选择是手动方式。将光标移动到手动设置区域，通过上下移动光标选择到"控制量"。通过按数字键输入所需要设定的控制量输出值，如80，并按"确认"键确认。

　　（2）转速的控制　使用光标移动键，移动光标到"设定值"处。在数字键盘上输入300，此时的"设定值"后应该出现"300"的数值；然后按下"确认"键确定输入。

讨论：了解发酵罐的基本操作。

　　反应器是实现反应过程中质量传递及热量传递的关键场所。生物反应器是借助于生物细胞（死或活）或酶实现生物化学反应过程中质量与热量传递的主要场所。生物反应器必须从动量传递、热量传递和质量传递入手实现生物细胞生长和形成产物的各种适宜条件，促进生物细胞的新陈代谢，充分实现反应过程，以最小的原料消耗实现目标产物的有效积累。

　　生物化学反应过程不仅与反应本身的特性（细胞所具有的代谢过程或酶促反应特性）

有关，而且与反应设备的特性（反应器的形式、结构、尺寸、操作方式等）有关。生物反应器提供生物反应所需的合适温度、pH、压力、溶解氧浓度、物料浓度等，因此反应器具有完善的上述参数的测量和控制系统，使这些参数能维持在适当的范围内。

目前工业和科研上常用的生物反应器有机械搅拌反应器、鼓泡式反应器、气升式反应器、膜反应器、固定床和流化床反应器等。

任务一　机械搅拌式反应器

机械搅拌式反应器能适用于大多数生物反应过程，一般多用于间歇反应。它是利用机械搅拌器的作用，使空气和发酵液充分混合，促进氧的溶解，以保证供给微生物生长繁殖和代谢所需的溶解氧。这类反应器中比较典型的是通用式发酵罐及自吸式发酵罐。

一、结构特点

（一）通用式发酵罐

通用式发酵罐指既具有机械搅拌又有压缩空气分布装置的发酵罐，是形成标准化的通用产品，是工业发酵过程较常用的一类反应器，见图5-1所示。

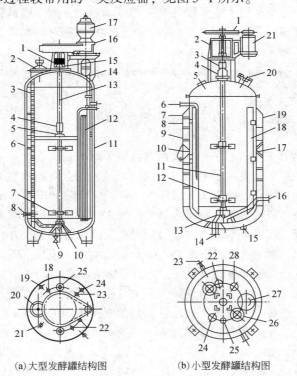

(a)大型发酵罐结构图　　　　(b)小型发酵罐结构图

图5-1　发酵罐结构图

1—轴封；2，20—入孔；3—梯子；4—联轴节；5—中间轴承；6—热电偶接口；7—搅拌器；8—通风管；9—放料口；10—底轴承；11—温度计；12—冷却管；13—轴；14—取样；15—轴承栓；16—三角皮带传动；17—电动机；18—压力表；19—取样口；21—进料口；22—补料口；23—排气口；24—回流口；25—窥镜

1—三角皮带转轮；2—轴承支柱；3—联轴节；4—轴封；5—窥镜；6—取样口；7—冷却水出口；8—夹套；9—螺旋片；10—温度计；11—轴；12—搅拌器；13—底轴承；14—放料口；15—冷水进口；16—通风管；17—热电偶接口；18—挡板；19—接压力表；20，27—入孔；21—电动机；22—排气口；23—取样口；24—进料口；25—压力表接口；26—窥镜；28—补料口

反应器的基本结构包括：罐体、轴封、搅拌装置、换热装置、挡板（通常为四块）、消泡装置、电动机与变速装置、气体分布装置、在罐体的适当部位设置溶氧电极、pH电极、CO_2电极、热电偶、压力表等检测装置，排气、取样、卸料和接种口，酸碱管道接口和入孔、补料/进料接口、视镜等部件。由于这种形式的罐是目前大多数发酵工厂最常用的，所以称为"通用式"。其容积为 20～200m³，有的甚至可达 500m³。

1. 罐体　其外形为圆柱形，罐体各部有一定比例，罐身高度一般为罐直径的 1.5～4.0 倍。发酵罐为封闭式，一般都在一定罐压下操作，为承受灭菌时蒸气压力，罐顶和罐底采用椭圆形或碟形封头，中心轴向位置上装有搅拌器。为便于清洗和检修，发酵罐设有手孔或入孔，罐顶还有窥镜和灯孔以便观察罐内情况。此外，还有各式各样的接管，装于罐顶的接管有进料管、补料管、排气管、接种管和压力表接口管等；装于罐身的接管有冷却水进出口接管、空气口接管、温度和其他测控仪表的接口管。取样口则视操作情况装于罐身或罐顶。现在很多工厂在不影响无菌操作的条件下将接管加以归并，如进料口、补料口和接种口用一个接管，放料可利用通风管压出，也可在罐底另设放料口。

2. 轴封　轴封的作用是使固定的发酵罐与转动的搅拌轴之间能够密封，防止泄漏和杂菌污染。常用的轴封有填料函和端面轴封。填料函式轴封是由填料箱体、填料底承套、填料压盖和压紧螺栓等零件构成，使旋转轴达到密封效果。由于容易渗漏及染菌且磨损严重、寿命短，目前工业上很少采用。端面轴封又称机械轴封，密封作用是靠弹性元件的压力使垂直于轴线的动环和静环光滑表面紧密地相互配合，并做相对转动而达到密封。由于密封效果好且不易造成染菌，寿命较长，工业上采用较多。

课堂互动

现场讲解机械搅拌式反应器的外部构造和内部组成。

---

3. 反应器中的传热装置　容积小的发酵罐或种子罐采用夹套换热来达到控制温度的目的，夹套的高度比静止液面高度稍高即可。这种装置的优点是结构简单，加工容易，罐内无冷却装置，死角少，容易进行清洁灭菌工作，缺点是降温效果差。大的发酵罐则需在内部另加盘管，盘管是将竖式的蛇形管换热器分组安装于发酵罐内，根据罐的直径大小有四组、六组或八组不等。近年来多将半圆形管子焊在发酵罐外壁上，这样既可以取得较好的传热效果，又可简化内部结构，便于清洗。对于大于100m³的工业发酵罐也有采用外循环换热方式，在外部通过热交换器进行换热的，但循环易使发酵液起泡，造成冒罐跑液。

4. 气体分布装置　气体分布装置是将无菌空气引入到发酵液中的装置。气体分布装置置于反应器底部最底层搅拌桨叶的下面，目的是使吹入罐内的无菌空气均匀分布。气体分布装置可以是带孔的平板、带孔的盘管或只是一根单管，常用的是单管式。为防止堵塞，一般孔口朝下，以利于罐底部分液体的搅动，使固形物不易沉积于罐底。为了防止管口吹出的空气直接喷击罐底，加速罐底腐蚀，在分布装置的下部装置不锈钢分散器，以延长罐底寿命。气体通过气体分布装置从反应器底部导入，自由上升直至碰到搅拌器底盘，与液体混合，在搅拌器转动、叶轮所提供的离心力作用下，从中心向反应器壁发生径向运动，并在此过程中分散。同时上升时被转动的搅拌器打碎成小气泡并与液体混合，加强了气液的接触效果。

5. 反应器中混合装置　物料的混合和气体在反应器内的分散靠搅拌和挡板实现。搅拌器使流体产生圆周运动；挡板可以加强搅拌，促进液体上下翻动和控制流型，并可防止由搅拌引起的中心大旋涡，即避免"打旋"现象。挡板长度为自液面起至罐底部止。搅拌的首要作用是打碎气泡，增加气-液接触面积，以提高气-液间传质速率。其次是为了使发酵液充分混合，使液体中的固形物料保持悬浮状态。搅拌器由搅拌轴及安装在轴不同截面上的叶轮构成，叶轮可分为轴流式叶轮和径向叶轮。轴流式叶轮的叶面通常与轴成一定角度，产生的流体流动基本轨道是平行于搅拌轴的。径向叶轮的叶面是平行于搅拌轴的，垂直于轴截面的，使流体沿叶轮半径方向排出。

轴向流搅拌器的混合效果最好，但是破碎气泡的效果最差，另外采用轴向搅拌器常会引起振动。径向流搅拌器气液混合效果较好，好氧发酵中常采用。多数采用圆盘涡轮式搅拌器。为了避免气泡在阻力较小的搅拌器中心部沿着轴周边上升逸出，在搅拌器中央常带有圆盘。常用圆盘涡轮搅拌器有平叶、弯叶和箭叶三种，叶片数量一般为 6 个，少至 3 个，多至 8 个。对于大型发酵罐，在同一搅拌轴上需配置多个搅拌桨。搅拌轴一般从罐顶伸入罐内，但对容积 100m³ 以上的大型发酵罐也可采用下伸轴。搅拌器由置于罐顶的搅拌电机以一定的转速驱动旋转，通过搅拌涡轮产生的液体旋涡及剪切力实现混合及气体分散。

有些发酵罐在搅拌轴上装有耙式消泡桨，齿面略高于液面，消泡桨直径为罐径的 0.8 ~ 0.9，以不妨碍旋转为原则。消泡桨作用是把泡沫打碎。也可制成封闭式涡轮消泡器，泡沫可直接被涡轮打碎或被涡轮抛出撞击到罐壁而破碎，常用于下伸轴发酵罐，消泡器装于罐顶。

6. 电机和变速箱　电机和变速箱置于罐体之外。对于小型反应器，可以采用单项电驱动的电机，而大型反应器所用的一般均为三相电机。这是因为相同功率下后者的电流较小，因而发热量也相应较低。对于大型反应器，由于电机的转速一般高于搅拌转速，因此必须通过变速箱降低转速。为了实现搅拌速度控制，可采用可调速电机。

（二）自吸式发酵罐

自吸式发酵罐其结构大致上与机械搅拌式发酵罐相同。主要区别在于搅拌器的形状和结构不同。自吸式发酵罐使用的是带中央吸气口的搅拌器。搅拌器由从罐底向上伸入的主轴带动，叶轮旋转时叶片不断排斥周围的液体使其背侧形成真空，于是将罐外空气通过搅拌器中心的吸气管吸入罐内，吸入的空气与发酵液充分混合后在叶轮末端排出，并立即通过导轮向罐壁分散，经挡板折流涌向液面，均匀分布。空气吸入管通常用一端面轴封与叶轮接连，确保不漏气。

由于空气靠发酵液高速流动形成的真空自行吸入，气液接触良好，气泡分散较细，从而提高了氧在发酵液中的溶解速率。自吸式发酵罐吸入压头和排出压头均较低，需采用高效率、低阻力的空气除菌装置。其缺点是进罐空气处于负压，因而增加了染菌机会，其次是这类罐搅拌转速甚高，有可能使菌丝被搅拌器切断，影响菌体的正常生长。所以在抗生素发酵上较少采用，但在食醋发酵、酵母培养方面有成功的实例。

二、发酵罐的操作与维护

机械搅拌式发酵罐在使用中，关键是要控制好相关调节装置，给微生物菌体以良好的生长及产物合成条件，减少染菌及不安全因素，提高发酵单位。生产通过控制搅拌器转速、冷却介质的量、空气流速来优化生产条件。

（一）搅拌

搅拌是通过控制搅拌器的转速来控制搅拌强度的。一般在要求提高混合程度、强化供氧、减少菌丝结团、延长气体停留时间的时候可加强搅拌。另外，当空气流速增大时，搅拌器出现"气泛"现象，不利于空气在罐内的停留与分散，同时导致发酵液浓缩影响氧传递，生产上要提高发酵罐的供氧能力，采用提高搅拌功率、适当降低空气流速的方法。搅拌器在运转时若有异常声响，应立即停止运转进行检修。

（二）温度

发酵罐温度的控制通过调节冷却器冷却介质流量来实现温度调节，并可通过控制搅拌速率及通气量实现罐内温度分布。一般提高转速罐内温度分布较均匀，适当提高空气流速有利于温度均匀分布，但空气流速过高反而引起"气泛"，不利于温度均匀分布。

（三）补料速率

补料速率是发酵控制的另外一个要点，合理控制补料量以满足生产代谢的需要及 pH 调节。一般生产上通过菌体浓度变化来决定补料量及供氧量。

（四）罐压

罐压是生产控制的主要因素，维持罐压（正压）可以防止外界空气中的杂菌侵入而避免污染，生产中通过控制冷却温度、进罐气量及排气阀开启度来控制罐压。一般温度高、进气量大、排气阀开启度小，罐压增大。

（五）润滑油量检查

搅拌的减速器必须经常检查润滑油量，发现油量不足需立即加油，定期更换减速器润滑油，以延长其使用寿命。

（六）电气设备

电器、仪表、传感器等电气设备严禁直接与水、汽接触，防止受潮。

（七）清洗与灭菌

设备停止使用时，应及时清洗干净，各进料管、补料管及取样管、排料管等也要用清水洗净，排尽发酵罐及各管道中的余水，松开发酵罐罐盖及入孔螺丝防止密封圈产生永久变形。如果发酵罐暂时不用，则需对发酵罐进行空消，并排尽罐内及管道内的余水。

三、应用范围

机械搅拌式反应器：混合性能好，传氧效率高，操作弹性大，制造成本和操作成本低，生产易于放大，可用于细胞高密度培养；缺点：搅拌功率大，能耗高，辅助设备多等。可发酵多种微生物，实际上，几乎所有的抗生素工业生产都使用这种发酵罐。如：青霉素、链霉素、土霉素等。是生物制药大规模工业生产的主力设备。

任务二　鼓泡式反应器与气升式反应器

气升式生物反应器和鼓泡式反应器都是利用气体的喷射动能和液体的重度差引起气液循环流动，从而实现发酵液的搅拌、混合和溶氧，与机械搅拌发酵罐相比，气升式生物反应器和鼓泡式反应器具有结构简单，加工安装方便，密封性能好、杂菌传染机会小，功率消耗低等特点。

一、鼓泡式反应器

（一）结构特点

鼓泡式反应器（图 5-2）是以气体为分散相、液体为连续相，涉及气-液界面的反应器。液相中常包含悬浮固体颗粒，如固体营养基质、微生物菌体等。鼓泡式反应器结构简单，易于操作，混合和传热性能较好，广泛用于生物工程行业，如乙醇发酵、单细胞蛋白发酵、废水及废气处理等。

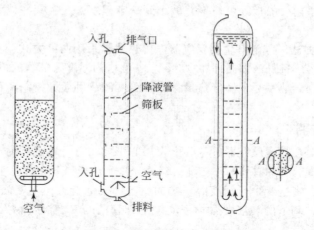

图 5-2　鼓泡式反应器示意图

1. 鼓泡塔　鼓泡式反应器的高径比一般较大，也可称鼓泡塔。通常气体从反应器底部进入，经气体分布器（多孔管、多孔盘、烧结金属、烧结玻璃或微孔喷雾器）分布在塔的整个截面上均匀上升。空气分布器分为两大类，分别为静态式（仅有气相从喷嘴喷出）和动态式（气液两相均从喷嘴喷出）。连续或循环操作时液体与气体以并流方式进入反应器，气泡上升速度大于周围液体上升速度，形成液体循环，促使气液表面更新，起到混合的作用。通气量较大或气泡较多时，应当放大塔体上部的体积，以利于气液分离。

鼓泡式反应器的优点是不需机械传动设备，动力消耗小，容易密封，不易染菌；缺点是不能提供足够高的剪切力，传质效率低，对于丝状菌，有时会形成很大的菌丝团，影响代谢和产物的合成。鼓泡塔内返混严重，气泡易产生聚并，故效率较低。

2. 筛板　鼓泡式反应器的性能可以通过添加一些装置得到调整，以适应不同的要求。例如添加多级筛板或填充物改善传质效果，降低返混程度，增加管道促使循环，以及改变空气分布器的类型等。对于装有若干块筛板的鼓泡塔，压缩空气由罐底导入，经过筛板逐级上升，气泡在上升过程中带动发酵液同时上升，上升后的发酵液又通过筛板上带有液封作用的降液管下降而形成循环。筛板的作用是使空气在罐内多次聚并与分散，降液管阻挡了上升的气泡，延长了气体停留时间并使气体重新分散，提高了氧的利用率，同时也促使发酵液循环。

（二）操作要点

1. 影响传质的因素　鼓泡式反应器操作中要有利于传质（气体氧的传递），同时要避免"气泛"现象。对低黏度液体，空塔气速不超过 5cm/s 时，称为安静区，气泡直径相当均匀，气泡群中的气泡以相同速度上升，不发生严重的聚并，相互间不易发生作用，称拟均匀流动，工业上通常要求在这样条件下操作，在这种状况下气液传递量随并行液体流速的增加而增加；当超过 8cm/s 时称湍动区，流速增大至液泛点以上，大气泡生成，产生非均匀流动，大气泡浮力大，它的上升引起液体在塔内的循环称循环流状态，大气泡出现不利氧的传递。高气速即高气泡密度时，会产生气泡的聚并现象。

黏度高的液体聚并速度高，甚至在很低的气体流速下可以观察到气泡的聚并，在低黏度溶液中，表面张力和气体分布器产生的初始气泡尺寸起着很重要的作用，在纯溶液中聚并的发生更快，而在电解质溶液和含杂质的液体中，可减少聚并的发生程度。另外，通过内循环或外循环、塔内设隔板等可使聚并减小到一定程度，发生聚并现象对气液之间的传质不利。

2. 发酵热交换方式　鼓泡塔生物反应器内传热通常采用两种方式：一种是夹套、蛇管或列管式冷却器；另一种是液体循环外冷却器。一般塔内温度因气体的搅动分布比较均匀，提高气速可适当提高给热系数，利于热量移除。温度调节可通过控制两种方式下换热介质的量来调节。

二、 气升式反应器

气升式反应器是在鼓泡反应器的基础上发展起来的，它是以气体为动力，靠导流装置的引导，形成气液混合物的总体有序循环。器内分为上升管和下降管，向上升管通入气体，使管内气含率升高，密度变小，气液混合物向上升，气泡变大，至液面处部分气泡破裂，气体由排气口排出，剩下的气液混合物密度较上升管内的气液混合物大，由下降管下沉，形成循环。

（一） 结构特点

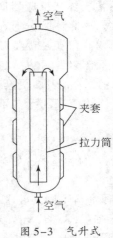

图 5-3　气升式
发酵罐

典型的气升式发酵罐结构如图 5-3 所示。下面就各部分作用和功能逐一介绍。

1. 罐体　气升式发酵罐为一细长罐体，高径比 H/D 在 （10∶1） ~ （40∶1） 之间。因这种发酵罐完全依靠气体推动产生搅拌作用，强度比机械搅拌小，较高的罐体能使气体在罐内与液体的接触时间较长，提高氧气利用率。

2. 导流筒　导流筒（拉力筒）一般为圆形，在罐体内中心位置，导流筒直径与罐体直径之比一般在 0.59 ~ 0.75 之间时罐内气液混合传递效果较好。导流筒的作用是当气体通入导流筒内时，其内外液体产生密度差，驱动液体向上循环，产生搅拌效果。

3. 气体分布器　气体分布器在导流筒底部，作用是尽量将气体平均分布于导流筒。由于密度较小，气体进入导流筒后向上运动带动液体循环，同时进行气液接触。气体分布器的形式与通用发酵罐无大的区别。

4. 气液分离段 （扩展段）　在气升式发酵罐上部，有一段直径稍大，通常称为扩展段，作用在于气液分离，防止罐内液体被带出，因此，又称为气液分离段。气液混合物进入扩展段后由于直径突然扩大引起向上的速度降低，液体便从气体中沉降下来并沿导流筒外侧环形空隙下降。另外，扩展段内还常加装消泡装置，比如挡板等，也产生气液分离效果。

5. 气体进出口　一般情况下，气体从底部经分配器进入导流筒，经扩展段气液分离后从上部引入，也有气体从中间进入或上部进入，因为制药行业应用较少，不再详细介绍，可参照有关书籍和文章。

气升式反应器不需要搅拌，借助于气体本身能量达到气液混合搅拌及循环流动。因此，通气量及气压头较高，空气净化工段负荷增加，对于黏度较大的发酵液，溶解氧系数较低。因此，不适于固形物含量高、黏度大的发酵液或培养液。气升式反应器既能使发酵液（培养液）充分均匀又能使气体充分分散，而且没有机械剪切力，适合于动植物细胞培养。

根据上升筒和下降筒的布置，可将气升式反应器分为两类。一类称为内循环式，上升管和下降筒都在反应器内，循环在器内进行，结构紧凑，见图 5-4 （a） 所示，多数内循环反应器内置同心轴导流筒，也有内置偏心导流筒或隔板的。另一类为外循环式，通常将下降筒置于反应器外部，以便加强传热，如图5-4（b）所示。

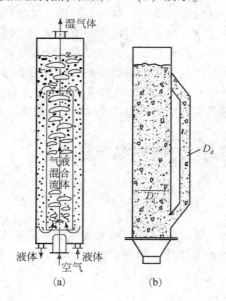

图5-4 气升式反应器内循环式（a）和外循环式（b）

气体导入方式基本可归纳为鼓泡和喷射两种形式。鼓泡形式常用气体分布器，气体分布器有单孔的、环形的，也有采用分布板的；喷射式通常是气液混合进入反应器，有径向流动及轴向流动。

有些气升式反应器为降低循环速度和提高气液分散度在上升管内增加塔板或为均匀分布底物和分散发酵热，沿上升管轴向增加多个底物输入口。

气升式反应器的优点主要是具有比其他生物反应器更强的抗杂菌污染的能力，流动性也更为均匀，且反应器本身结构简单，不具反应液泄漏点和卫生死角操作费用也很低。缺点相对来说较少，主要是高密度培养时混合不够均匀。

（二）控制要点

气升式反应器要合理控制气含率，气含率是指反应器内气体所占有效反应体积的百分率，气含率太低，氧传递不够；气含率太高，使反应器利用率降低，泡沫层高，有时还会影响生物过程。气升式反应器中各处的气含率是不同的，特别是较高的反应器，由于液体静压不同，气含率沿轴向发生变化。气含率除受气体分布器及喷嘴的形式影响外，还受气速和液速的影响。一般气体流速提高气含率升高，液体流速增加气含率降低。

在气升式反应器中混合时间对反应器效率有很大影响，混合时间随气体在上升筒中的气速的增加而减小，随反应器体积增加而增大。另外也受反应器内导流筒的影响（如导流筒离液面的距离等），混合时间过短，不利于传质；混合时间过长，传质量不一定会有明显提高，反而使生产能力下降。

三、 应用范围

气升式反应器是在鼓泡式反应器结构的基础上改进而来的。气升式反应器结构新颖，可用于抗生素、酶制剂、有机酸、生物农药、食用菌、单细胞蛋白生产等领域。

气升式生物反应器用于高生物量的霉菌或放线菌培养，能满足高生物量对溶氧水平的高要求。另外，由于以气体作混合与传质的动力，气液能量传递在瞬间完成，这对像丝状菌等对剪切力敏感菌体培养的影响远小于"通用式"机械搅拌罐。

气升式生物反应器用于高黏度培养物发酵，能利用高黏度拟塑性发酵液剪切变稀的流变性质，大幅度降低其表观黏度，提高传质速率和溶氧水平。同时，发酵液在反应器中做整体循环，宏观混合较好，不会产生传统的机械搅拌发酵罐中高黏度物料在远离搅拌桨的近壁区常出现的滞流边界层，特别是在挡板后面不会形成静止区或滞流区，该区的气体通过罐中心形成倒漏斗形通道逃逸而不能均匀地和液体混合。气升式生物反应器用于黄原胶、灵芝多糖等多种微生物多糖的工业生产，能显著缩短发酵周期，提高多糖产率。

任务三　膜生物反应器及其他生物反应器

一、膜生物反应器

膜生物反应器是一种新兴的反应设备，利用选择性渗透膜制作。这种膜可以选择性地透过某种化学物质使反应器能不断将产物分子移出，留下反应物继续反应，因此，产率不受化学平衡常数的限制。

（一）结构及特点

膜生物反应器是通过膜的作用，使反应和产物分离同时进行。这种反应器也称反应和分离耦合反应器，整个反应器是由膜组件及生物反应器两部分组成。这类反应器无论是否间歇操作，其底物流和产物流相对于膜都是流动的。大多数情况下底物流和产物流是连续输入和排出的，但也有间歇投入底物和间歇收获产物的操作方法。

膜生物反应器可以根据生物介质的存在状态、液相数目、膜组件型式等的区别，分为不同的类型。

（1）根据生物介质的存在状态，可将膜反应器分为游离态和固定化生物介质膜反应器。前者生物介质均匀地分布于反应物相中，酶促反应在接近动力学的状态下进行，但生物介质易发生剪切失活或泡沫变性，装置性能受浓差极化和膜污染的显著影响。固定化生物介质膜反应器中，生物介质通过吸附、交联、包埋、化学键合等方式被"束缚"在膜上，生物介质装填密度高，反应器稳定性和生产能力高，产品纯度和质量好，废物量少。但生物介质往往分布不均匀，传质阻力也较大。

（2）根据液相数目的不同，可将膜反应器分为单液相（超滤式）和双液相膜反应器。单液相膜反应器多用于底物相对分子质量比产物大得多，产物和底物能够溶于同一种溶剂的场合。双液相膜反应器多用于酶促反应涉及两种或两种以上的底物，而底物之间或底物与产物之间的溶解行为差别较大的场合。

（3）根据膜组件型式的不同，可将膜生物反应器分为板框式、螺旋卷式、管式和中空纤维式四种。其差别在于结构复杂性、装填密度、膜的更换、抗污染能力、清洗、料液要求、成本等方面有所不同。

（二）控制要点

（1）流速控制要得当，避免穿膜流速过大，产生酶的泄漏。

（2）反应器中的传质阻力主要由膜本身和膜两侧的流体边界层构成，边界层产生的阻力属于外扩散阻力是不可避免的，但可设计合理的膜件构造使膜表面处的液体发生湍动，促使混合和降低边界层的厚度。

（3）膜结构本身扩散阻力属于内扩散阻力，可通过在传递方向上施加压力来促进传递。

当溶质分子沉积于膜表面，流通阻力增加，流体流通量随时间逐渐减小时，可通过周期性改变脉动压力方向来除去沉积物。

（4）在使用中尽可能降低对膜的污染。膜污染是指进料中带入的悬浮物质，以及胶体状存在的物质、微生物等在膜上形成覆盖层。控制膜污染有很多方法，如在反应器内增加搅拌装置以减轻细胞对膜的阻塞；选用膜孔径与微生物相差较大的膜，使膜小易阻塞；定期对膜进行清洗等。

（5）膜清洗是恢复膜过滤系统、延长寿命，最为严格的一部分，膜每一次使用后均需清洗。不同的膜及过滤的生料采用不同的清洗方法。

（6）对于有机材料构成的膜元件，细菌在膜表面的繁殖将损坏膜表面的活化层，从而导致膜性能的丧失，因此如膜设备要停机一段时间可根据停机的时间，配制不同的保护液保存在系统中，防止细菌的生长繁殖。

（三）膜生物反应器特点及其应用

膜生物反应器的优点：由于可选择性地将产物不断移出反应器，反应不断向正方向进行，不受平衡常数限制，可达到较高的转化率。

膜生物反应器的缺点：①制作成本较高。选择性渗透膜是一种新兴的化工材料，目前价格较高。②适用特定反应。因为不是任何物质都可以找到一种膜，让其选择性透过，因此，只有反应产物能选择透出时才适用膜反应器。另外，若化学反应中含有与膜相互作用的反应物或产物，也不能使用膜生物反应器。③膜生物反应器很难维护，一旦某个地方破裂，需要全部更换。

膜生物反应器的应用：可用于瞬间、界面和快速反应，它特别适用于较大热效应的气液反应过程；不适用于慢反应；也不适用于处理含固体物质或能析出固体物质及黏性很大的液体。

膜生物反应器典型工艺主要流程包括：

（1）进水井　进水井里设置溢流口和进水闸门，在来水量超过系统负荷或者处理系统发生事故的情况下，关闭进水闸门，污水直接通过溢流口就近排入河道或者市政管网。

（2）膜生物反应器格栅　污水中经常含有大量杂物，为了保证膜生物反应器的正常运行，必须将各种纤维、渣物、废纸等杂物拦截在系统之外，因此在系统前设置格栅，定期将栅渣清理干净。

（3）膜生物反应器调节池　收集的污水水量和水质都是随着时间变化的，为了保证后续处理系统的正常运行，降低运行负荷，需要对污水的水量和水质进行调节，因此在进入生物处理系统前设计调节池。调节池内需要定期清理沉淀物。调节池一般设置溢流，在负荷过大的情况下，保证系统的运行正常。

（4）膜生物反应器（MBR）反应池　在反应池里进行着有机污染物的降解和泥水的分离。作为处理系统的核心部分，反应池里面包括微生物菌落、膜组件、集水系统、出水系统、曝气系统。

污水处理（图5-5）：中国是一个缺水国家，污水处理及回用是开发利用水资源的有效措施。污水回用是将城市污水、工业污水通过膜生物反应器等设备处理之后，将其用于绿化、冲洗、补充观赏水体等非饮用目的，而将清洁水用于饮用等高水质要求的用途。城市污水、工业污水就近可得，可免去长距离输水，而实现就近处理实现水资源的充分利用，同时污水经过就近处理，也可防止污水在长距离输送过程中造成污水渗漏，导致污染地下水源。污水回用已经在世界上许多缺水的地区广泛采用，被认为是21世纪污水处理最实用技术。

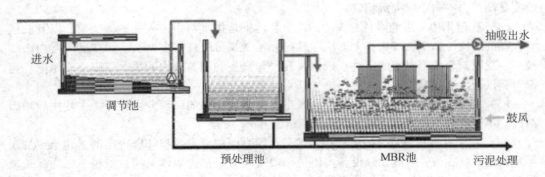

图 5-5 膜生物反应器典型工艺流程图

二、 其他生物反应器

固定床和流化床反应器主要用于固定化酶反应、固定细胞反应和固态发酵。固定化酶反应可以重复利用生物催化剂，便于将生物催化剂和反应产物分离，通过固定技术可以将酶截留在反应器内连续进行催化反应。

固定床反应器又称填充床反应器，装填有固体催化剂或固体反应物用以实现多相反应过程的一种反应器。固体物通常呈颗粒状，粒径 2～15mm 左右，堆积成一定高度（或厚度）的床层。床层静止不动，流体通过床层进行反应。

流化床反应器是一种利用气体或液体通过颗粒状固体层而使固体颗粒处于悬浮运动状态，并进行气固相反应过程或液固相反应过程的反应器。在用于气固系统时，又称沸腾床反应器。

拓展阅读

转基因动物生物反应器

转基因动物是指经人的有意干涉，通过实验手段，将外源基因导入动物细胞中，稳定地整合到动物基因组中，并能遗传给子代的动物。 转基因动物的主要技术步骤包括目的基因的分离与克隆；表达载体的构建；受体细胞的获得；基因导入；受体动物的选择及转基因胚胎的移植；转基因整合表达的检测；转基因动物的性能观测及转基因表达产物的分离与纯化；转基因动物的遗传性能研究以及性能选育；组建转基因动物新类群。

转基因动物最为诱人的前景是利用它生产人类所需要的生物活性产品或药物。 目前世界上有很多公司正在致力于这方面的研究。 而转基因家畜研究最为活跃的领域就是利用它们生产新的动物产品。 通常把目的基因在血液循环系统或乳腺中表达的转基因动物称为动物生物反应器，把家畜作为一种生物反应器，生产人类所需的药用蛋白，包括治疗用药物、激素和抗体等。

岗位对接

本项目是药品生产技术、药品生物技术等专业学生必须掌握的内容，为成为合格的生物药品制造人员、生物发酵工程技术人员、制药工程技术人员打下坚实的基础。

本项目对接岗位的工种包括生化药品制造工、发酵工程制药工、疫苗制品工、血液制品工、基因工程产品工、药物制剂工、淀粉葡萄糖制造工等各工种药品生产、质量相关岗位的职业工种。

上述从事生物药品、发酵药品生产岗位的工作人员需要具备基础化学、微生物、培养基、发酵工艺、灭菌及无菌操作的基本知识；本岗位标准操作规程能看懂本岗位的工艺流程；按照工艺配方能复核出原料、辅料的投料量；能按照标准操作规程进行操作并正确填写原始记录；培养基配制及消毒锅；接种、移种、取样、补料、调节 pH 与通气量操作。能进行发酵罐与辅助设备操作；识别本岗位的主要设备与管路及其状态；正确使用常用仪器仪表及常用工具。

重点小结

机械搅拌式反应器与气升式反应器的结构特点及操作要点；反应器的日常维护及其适用范围；鼓泡式反应器和膜生物反应器的结构特点。固定床反应器和流化床反应器的特点。

目标检测

一、名词解释

1. 气含率　2. 生物反应器

二、单选题

1. 生物反应器是借助于生物细胞或酶实现生物化学反应过程中（　　）与质量传递的主要场所。

　　A. 热量传递　　　　　B. 能量传递　　　　　C. 光传递　　　　　D. 离子传递

2. 通用式发酵罐指既（　　）又有压缩空气分布装置的发酵罐，是形成标准化的通用产品，是工业发酵过程较常用的一类反应器。

　　A. 通气　　　　　　　B. 具有机械搅拌　　　C. 调节　　　　　　　D. 压力

3. 根据上升筒和下降筒的布置，可将气升式反应器分为（　　）和外循环式两类。

　　A. 排气　　　　　　　B. 搅拌　　　　　　　C. 非循环式　　　　　D. 内循环式

4. 膜生物反应器是由（　　）及生物反应器两部分组成。

　　A. 膜组件　　　　　　B. 通气设备　　　　　C. 搅拌设备　　　　　D. 调节设备

三、多选题

1. 好气性发酵需要无菌空气，概括起来无菌空气在发酵生产中的作用是（　　　）。
   A. 给培养微生物提供氧气
   B. 也能起一定的搅拌作用，促进菌体在培养基中不断混合，加快生长繁殖速度
   C. 打碎泡沫，防止逃液
   D. 保持发酵过程的正压操作

2. 通用式机械搅拌发酵罐中挡板的作用（　　　）。
   A. 提高醪液湍流程度，有利于传质
   B. 增加发酵罐罐壁的机械强度
   C. 改变液流方向，由径向流改变为轴向流
   D. 防止醪液在罐内旋转而产生旋涡，提高罐的利用率

3. 气升式动物细胞培养反应器与搅拌式动物细胞反应器相比，气升式反应器中（　　　），反应器内液体循环量大，细胞和营养成分能均匀分布于培养基中。
   A. 产生的湍动温和而均匀，剪切力相当小
   B. 无泡沫形成，装料系数可以达到95%
   C. 无机械运动部件，因而细胞损伤率比较低
   D. 反应器通过直接喷射空气供氧，氧传递速率高

4. 喷射自吸式发酵罐的优点是（　　　）。
   A. 空气吸入量与液体循环量之比较高
   B. 无需搅拌传动系统
   C. 气液固三相混合均匀
   D. 适用好氧量较大的微生物发酵

5. 膜反应器的优点：（　　　）。
   A. 产物不断移出反应器，反应不断向正方向进行，不受平衡常数限制
   B. 产物可达到较高的转化率
   C. 制作成本较高。选择性渗透膜是一种新兴的化工材料，目前价格较高
   D. 适用特定反应

四、简答题

1. 叙述空气带升式（气升式）发酵罐的工作原理。
2. 机械搅拌通风发酵罐的结构，安装搅拌器和挡板的作用怎样?

📝 实训一　黑曲霉发酵生产柠檬酸

一、 实验目的

1. 了解柠檬酸发酵原理及过程。
2. 掌握柠檬酸发酵过程中固体发酵生产的工艺。

二、 实验原理

发酵有机酸工业在世界经济发展中，占有一定的地位，有机酸广泛地存在各类水果中，是很重要的酸味剂，常用的有机酸主要有：柠檬酸、醋酸、葡萄酸等。有机酸发酵是生物体内的基本代谢过程，它在我国传统发酵食品中早已得到广泛应用，随着科技的发展和生

物发酵技术的广泛应用，有机酸产品都通过发酵而获得，利用发酵技术生产有机酸，不但提高了产量而且质量也得到了保证。就目前市场占有率而言，有机酸仍以柠檬酸为主，它占酸味剂市场 70% 左右，在我国，柠檬酸的发展在整个发酵有机酸工业中更为突出，我国是全球最大的柠檬酸生产国和出口国。

柠檬酸又名枸橼酸，学名 2-羟基丙烷三羧酸，从结构上讲柠檬酸是一种三羧酸类化合物，并因此而与其他羧酸有相似的物理和化学性质。加热至 175℃ 时它会分解产生二氧化碳和水，剩余一些白色晶体。柠檬酸是一种较强的有机酸，有三个 H^+ 可以电离；加热可以分解成多种产物，与酸、碱、甘油等发生反应，被称为第一食用酸味剂，是重要的工业原料，在药物、美容品、化妆品等方面有着重要的应用。可从植物原料中提取，也可由糖进行发酵制得，用于饮料、豆制品与调味剂等生产中，用途极为广泛且有良好的发展前景。

柠檬酸发酵的微生物有很多，例如：青霉、木霉、毛霉、曲霉及酵母等都能利用淀粉质原料大量积累柠檬酸，目前，柠檬酸主要采用发酵法制得的。

黑曲霉在查氏琼脂培养基上生长，室温下培养 10 ~ 14d 直径可达 2.5 ~ 3.0cm，菌丝大部分在培养基内，菌落颜色为炭黑色，有时也为深褐黑色，反面通常无色，有霉味，不典型。

黑曲霉发酵生长繁殖时产生的淀粉酶，糖化酶首先将糖质原料中的淀粉转变为葡萄糖，随后经过 EMP 和 HMP 途径转变为丙酮酸，一部分丙酮酸氧化脱酸生成乙酰辅酶 A，另一部分经二氧化碳固体形成草酰乙酸，二者在柠檬酸合酶的催化下合成柠檬酸，在有氧、高糖、限制氮源及锰金属离子的条件下，TCA 循环中酮戊二酸脱氢酶受阻，柠檬酸得以积累。

本实验选取柠檬酸作为目标产品，通过菌种活化、孢子培养、种子扩大培养法、发酵等一系列工艺过程，直至对发酵液进行处理、分离提取、制备柠檬酸，实现从廉价的玉米粉生产重要生化产品的过程。

三、 实验器材及材料

1. 菌种 黑曲霉柠檬酸生产菌株。

2. 培养基

（1）斜面培养基 马铃薯培养基（PDA）：马铃薯 200g、蔗糖 20g、琼脂 15 ~ 20g，水 1000ml，pH 自然。

（2）麸曲培养基 含麸皮的查氏培养基（g/L）：蔗糖 30、KNO_3 1.0、K_2HPO_4 1.0、$MgSO_4 \cdot 7H_2O$ 0.5、KCl 0.5、$FeSO_4 \cdot 7H_2O$ 0.01，调节 pH 7.0 ~ 7.2，加水定容至 1000ml，添加 800g 麸皮。

（3）种子培养基的配制 取糖化液配制种子培养基，分装于 1000ml 锥形瓶内，每瓶 200ml，瓶口用八层纱布包扎好，于 121℃ 灭菌 20min，冷却备用。

3. 器皿 恒温培养箱、高速离心机、恒温摇床、锥形瓶、烧杯。

四、 实验内容

（一）菌种活化

（1）用接种环挑取保藏的菌种一环于试管斜面培养基上，于 35℃ 培养箱中培养 3 ~ 5d，待长满大量黑色孢子后，即为活化的斜面菌种。

（2）制备孢子悬浮液 吸取 1ml 无菌水至黑曲霉斜面上，用接种环轻轻刮下孢子，装入含有玻璃球的锥形瓶中，振荡数分钟，即制得孢子悬浮液。

（二）采用茄形瓶斜面培养或麸曲培养扩大制备黑曲霉孢子

1. 茄形瓶斜面培养

（1）制备马铃薯或麦芽汁培养基，分装于茄形瓶（200ml/瓶）中，用八层纱布包扎后，121℃灭菌20min，取出。摆成斜面过夜，备用。

（2）吸取0.5ml孢子悬液，在无菌条件下涂布茄形瓶斜面。

（3）将茄形瓶放入35℃培养箱中培养3～5d，直至长满大量黑色孢子。

2. 麸曲培养

（1）配制含麸皮的查氏培养基，搅匀至无干粉又无结团，分装于500ml锥形瓶中，每瓶约100g湿料，塞入八层纱布并包扎好。121℃灭菌30min，趁热摇散，冷却至35℃备用。

（2）吸取0.5ml孢子悬液，在无菌条件下接入麸曲培养基中，轻拍锥形瓶使孢子与培养基充分混合置于培养箱中，于30～32℃恒温培养，培养到14～24h时，再次拍匀。1d后，将温度升至35℃，继续恒温培养，每隔12～24h摇瓶一次，孢子长出后停止摇瓶，继续培养3～4d，直至瓶内长满丰满的孢子。

孢子悬液的制备：①吸取10ml无菌水至茄形瓶或麸曲培养瓶内，将孢子洗下，得孢子悬液。②采用血球计数板法显微镜直接计数，测定孢子洗下，得孢子悬液。

（三）淀粉质原料的液化、糖化

淀粉水解为葡萄糖的过程包括液化和糖化两个阶段。目前，淀粉液化有酸法、酶法和机械液化法三类，柠檬酸工业适用的是酶法液化。

1. 液化 液化过程中，淀粉颗粒首先在受热过程中吸水膨胀，体积迅速增加，晶体结构破坏，颗粒外膜裂开，形成一种糊状的黏稠液体，这一过程被称为糊化。糊化是淀粉液化的第一阶段。

淀粉经过第一阶段的糊化过程后，淀粉分子就直接暴露在酶分子的作用下。α-淀粉酶是一类内切酶，从淀粉分子内部任意切开α-1,4葡萄糖苷键，但不能切开分子链中的α-1,6葡萄糖苷键，最终形成含有少量葡萄糖的低分子糊精溶液，液体黏度随之降低，这就是淀粉的液化过程。

目前，国内使用的液化酶主要有两种，即中温α-淀粉酶和耐高温α-淀粉酶。液化时，粉浆的pH均可控制在6.2～6.5。采用大米或精制淀粉时，中温淀粉酶常采用量为6～8U/g原料，耐高温淀粉酶常用量为12～16U/g原料。采用玉米原料，淀粉酶用量需要增加。氯化钙中的Ca^{2+}对淀粉酶有热保护作用，特别是对于中温淀粉酶来说，Ca^{2+}的保护作用很显著。因此，采用中温淀粉酶液化时，常加入占原料质量0.2%～0.3%的氯化钙，而采用耐高温淀粉酶液化时一般可不加入氯化钙。中温淀粉酶间歇液化，液化温度为85～90℃，液化时间为40～60min。液化过程的顺利进行，关键在于稳定供汽和迅速升温。

淀粉吸附碘分子的呈色反应是判别淀粉液化程度最常用的直观方法。生产上常用碘液与淀粉的颜色反应来确定液化的终点，一般反应达到浅红色或棕色。

2. 糖化 在此基础上，液化后的低分子糊精在糖化酶的作用下继续水解为葡萄糖，称为糖化。液化液冷却到60～62℃，pH调至4.2～4.5时即可加入糖化酶进行糖化。

糖化酶是一类外切酶，只从淀粉分子的非还原性末端逐个切开α-1,4葡萄糖苷键，生成葡萄糖，也能缓慢切开α-1,6葡萄糖苷键，生成葡萄糖。

糖化结束后，需经80℃，15～20min的升温灭酶活处理，目的是促进糖化液内蛋白质等杂质的进一步凝聚结团和使糖化液在灭酶活后质量保持稳定。通常认为糖化液中蛋白质的等电点是pH4.8～5.0，所以糖化液在过滤之前，应先将其pH调至这一范围，这样有利于蛋白质的凝聚。

（四）糖化液的制备

取细度为60~70目的薯干粉或玉米粉40g，各置于500ml的锥形瓶中，按照1：4的质量比加入200ml热水，加热搅拌，调节浆液pH为6.0。加热至85℃，加入$CaCl_2$，搅拌均匀。按15U/g原料加入α-淀粉酶，搅拌均匀，保温。30min后，用0.1%碘液检测不显蓝色或极微淡蓝色为止。随后升温至100℃，保持沸腾1h。再降温至65℃，用硫酸调节pH为4.5，按300U/g原料加入糖化酶，搅拌均匀，并使温度保持在60℃，持续12h。糖化结束后，将糖液pH调到5.0左右，对于玉米粉糖化液用四层纱布过滤醪液。取糖化液用于手持量糖计测其含糖量（总糖）。

（五）种子培养基的配制

取糖化液配制种子培养基，分装于1000ml锥形瓶内，每瓶200ml。瓶口用八层纱布包扎好，于121℃灭菌20min，冷却备用。

（六）接种/培养

接种孢子悬液，使种子培养基中孢子浓度为10^4个/ml。

五、实验结果

记录黑曲霉在茄瓶或麸曲培养瓶内生长的菌落形态和特征。

记录茄形瓶或麸曲培养所得孢子悬液的显微镜直接计数结果，计算孢子悬液浓度（个/ml）。

记录糖化液的含糖量（总糖）。

记录种子液的pH、酸度值，以及显微镜检查情况。

【重点提示】

1. 用于菌种保藏的斜面培养3~4d，直接使用的培养5~6d。用于保藏的斜面只要一部分出现成熟的颜色即可，而直接使用的需要全部成熟，但不宜培养过度。

2. 茄形瓶瓶口包扎用八层纱布或较松的面塞，以防培养时氧气不足。灭菌后摆成斜面，摆成时培养基前沿离瓶颈约1cm即可。观察到整个表面孢子着色均匀，显出成熟特征的颜色即可。

3. 温度30~32℃，一般14~16h后，白色菌丝已盖满曲层表面，这时应翻曲一次，使结块的培养基疏松，铺平，继续培养。再经6~8h，即约培养1d之后，可见培养基再次结成块状，这时白色菌丝生长旺盛，但未产生孢子，这时应第二次翻曲，充分使培养基疏散，铺平后继续培养。再次数小时后培养基重新结块时，应扣瓶，即翻转锥形瓶使曲块凌空，使曲块两侧都产生孢子。再培养3~4d，使瓶内长满丰盛的孢子。

4. 糖化酶对未经糊化的生淀粉的作用是十分有限的，所以淀粉在被糖化酶作用之前，首先要进行糊化和液化。

5. 淀粉在糊化之前，α-淀粉酶是难以直接进入淀粉颗粒内部与淀粉分子发生作用的。淀粉原料的预处理，如原料的粉碎细度、配水比例等将影响淀粉的糊化效果；酶制剂的种类、酶制剂的使用量、液化温度、液化pH等又将最终影响淀粉的液化质量。

6. 调浆时先调pH后再加酶制剂，防止粉浆中出现局部过酸或过碱的情况而对淀粉酶的活力造成直接损失。此外在调pH时，酸或碱液的加入应在搅拌下缓慢进行，加完后，继续搅拌10min，避免出现粉浆局部过酸或过碱的情况。

7. 淀粉酶在使用之前需加入浸泡30~60min，酶制剂的添加应在搅拌下缓慢进行，加完后，继续搅拌10min，让酶分子充分扩散到粉浆内与淀粉分子接触，这对淀粉的液化是至关重要的。

8. 配料用的糖化液极易被酵母污染，不宜久贮。原则上糖化液的贮存不超过24h。

9. 种子培养的接种物可以是黑曲孢子或麸曲，两者均应制成悬浮液。接种量以 10^4 个/ml 为宜。由于孢子萌发前需氧量甚少，故也可以用相应的培养基制孢子悬浮液，于 35℃ 左右静置培养 5 ~ 6h 后再接种到种子培养罐中。种子罐的接种量会影响到菌体的形态发育及以后发酵时的产酸能力。接入孢子数目多时，发育成的菌丝球数目也多，球体积微小，表面粗糙，发酵速度快，产酸活力高，但形成的菌体总量也多。接入孢子数偏少的，形成的球体大，产酸活性较差。

实训二　大肠埃希菌液体发酵生产菌体蛋白

一、 实验目的

1. 掌握无菌发酵的基本理论。
2. 掌握无菌发酵各技术环节的操作要领及注意事项。
3. 熟悉无菌发酵的基本方法。
4. 了解发酵罐的结构。

二、 实验原理

大肠埃希菌是基因工程常用的宿主菌，许多有价值的多肽和蛋白质在大肠埃希菌中已经成功地进行了表达，大肠埃希菌作为外源基因表达的宿主具有目的基因表达水平高、技术操作、培养条件简单、抗污染能力强、大规模发酵经济等优点，是目前应用最广泛、最成功的表达系统。微生物的培养方式主要有分批、连续和补料分批三种，大肠埃希菌发酵大多采用补料分批培养，这是现代发酵工艺得到优化的一种方式，能有效地优化微生物培养过程中的化学环境，使微生物处于最佳的生长环境，补料分批培养已广泛应用于初级、次级生物产品和蛋白等的发酵生产中。

发酵罐是进行液体发酵的特殊设备。生产上使用的发酵罐均用不锈钢板等材料制成，5L 以下的发酵罐用耐压玻璃制作罐体，10L 以上用不锈钢板等材料制成罐体。发酵设备配有各种电极，可以自动控制培养条件。将工程菌活化后在发酵罐中大量表达。

三、 实验器材及材料

1. **菌种**　大肠埃希菌。
2. **试剂**　LB 培养液、蒸馏水、发酵培养基、消泡剂、pH 试剂。
3. **设备**　分光光度计、5L 发酵罐、立式蒸汽灭菌器、高速冷冻离心机。

四、 实验内容

（一） 菌种准备

上罐前 2d，从冰箱中取出菌种接斜面 37℃ 培养 24h，上罐前 1d，由斜面菌种转接一级种子瓶，37℃ 振荡培养 12h，然后转接二级种子瓶，37℃ 振荡培养 10h。

（二） 灭菌前的准备工作

洗净发酵罐和各连接胶管，配置发酵培养基 3L，置于发酵罐内，加入几滴消泡剂，补料 1 和补料 2 培养基各 1L，加入补料瓶内。校正 pH 电极和溶氧电极，把电极插口、取样口、补料口等固定，密封好后，进行灭菌。

（三） 实罐灭菌

实罐灭菌将发酵罐放入高压蒸汽灭菌器中，灭菌 30min，温度 121℃。

知识链接

实罐灭菌

实罐灭菌是指将配制好的培养基输入发酵罐内,直接蒸汽加热,达到灭菌要求的温度和压力后维持一定时间,在冷却至发酵要求的温度的工艺,这种灭菌方法不需要其他的附属设备,操作简单,是国内生产中常用的灭菌方法,其缺点是加热和冷却时间较长,营养成分有一定的损失;罐利用率低;不能采用高温快速灭菌工艺等。培养基实罐灭菌时,发酵罐容积越大,加热和冷却时间越长。实罐灭菌需要有一定的预热时间,以便物料溶胀并均匀受热,预热90℃以上时,将蒸汽直接通入培养基中,可减少冷凝水量。

(四)接种

用酒精棉球围绕接种孔并点燃,在酒精火焰区域内,拧开不锈钢塞,同时,迅速解开摇瓶种子的纱布,将种子液倒入发酵罐内,接种后,用铁钳去不锈钢塞在火焰上灼烧片刻,然后迅速盖在接种孔上拧紧。

(五)发酵过程控制

1. 参数控制 发酵过程中在线检测的参数包括通气量、pH、温度、搅拌转速和罐压等许多参数,通过计算机控制调节机构而实现在线控制。

2. 流加控制 流加溶液主要有消沫剂、酸液或碱液、营养液。流加前,将配制好的流加溶液装入流加瓶,用瓶盖或瓶塞密封好,用硅胶管把流加瓶和不锈钢插针连接在一起,流加时,将硅胶管转入蠕动泵的挤压轮中,启动蠕动泵,挤压轮转动可以将流加液压进发酵罐,通过计算机可以设定开始流加的时间,挤压轮的转速,从而可以自动流加一级自动控制流加速度。

3. 发酵取样 发酵过程中,需要时取样进行一些理化指标的检测,取样时利用发酵罐内压力排出发酵液,用试管或烧杯接收。

4. 放罐操作 发酵结束后,先停止搅拌,然后利用罐内压力排出发酵液,用容器接收发酵液。

5. 发酵罐的清洗 拆卸安装在发酵罐上的pH、DO等电极以及流加控上的不锈钢插针,并清洗发酵罐。

五、实验结果

发酵产物收集鉴定,进行蛋白质含量测定。

【重点提示】

1. 巡视;
2. 保养;
3. 不与硬物碰撞;
4. 灭菌和发酵时平衡胶管固定好,加紧;
5. 裸露口包好灭菌;
6. 进气、排气通畅。

微生物发酵工艺控制

知识要求　**1. 掌握**　发酵过程的主要控制参数的控制方法及要点。
　　　　　　2. 熟悉　发酵过程的主要控制参数对发酵的影响。
　　　　　　3. 了解　发酵过程的主要控制参数的检测方法。
技能要求　1. 熟练掌握发酵工艺参数调控的基本技术。
　　　　　　2. 学会发酵工艺参数调控的基本操作；会运用基本知识对发酵参数进行分析，同时能解决操作中出现的一些常见问题；了解发酵工艺参数的常用计算。

案例导入

案例：pH 在线检测仪的使用

1. pH 检测仪简介　pH 在线检测仪（图 6-1）由传感器和二次仪表两部分组成。可配三复合或两复合电极，以满足各种使用场所。配上纯水和超纯水电极，可适用于电导率小于 3μS/cm 的水质（如化学补给水、饱和蒸气、凝结水等）的 pH 测量。

pH 在线检测仪广泛应用于工业、电力、农业、医药、食品、科研和环保等领域。该仪器也是食品厂、饮用水厂办 HACCP 认证中的必备检验设备。按照测量的环境不同，pH 测试仪还分为：笔型、在线、便携、实验室台式等型号，根据使用环境不同和使用的方式不同来具体搭配。

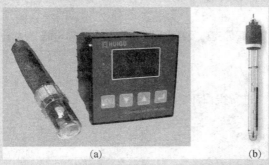

(a)　　　　　　　　　　　　　　(b)

图 6-1　pH 在线检测仪（a）及 pH 在线检测电极（b）

2. pH 在线检测仪的主要技术参数　测量范围：pH：0～14.00，分度值：0.01pH；温度：0～99.9℃，分度值 0.1℃；电位值：-1999～+1999mV，分度值 0.1mV；重复性

误差：±0.02pH；稳定性：±0.02pH/24h；输入阻抗：≥10Ω；时钟精度：±1 分/月；电流隔离输出：0 ~ 10mA（负载<1.5kΩ）；4 ~ 20mA（负载<750Ω）；输出电流误差：≤±1% FS。

3. pH 在线检测仪操作规程

（1）接通电源，仪器开机后，预热半小时（若为初次使用，则将电极浸泡在 3mol/L 氯化钾溶液中 2h）。

（2）用标准配制缓冲溶液校准 pH 计，校准程序如下：

①进入校准程序。

②若待测溶液为酸性，则屏幕显示 7—4 时进行校准；若待测溶液为碱性，则屏幕显示 7—9 时进行校准。

③以酸性校准为例：将温度探头和 pH 探头插入 pH6.86 的标准缓冲溶液中，搅动数次，再次按 cal 键（注：显示温度值的右下角有 ATC 标志，若没有，则按 ATC 键），待数值稳定后，图标 cal 再次出现，仪器显示为当前温度下的 pH6.86 标准数值。接下来以同样的方法校准 pH4.00 标准缓冲溶液。

④校准完毕，按 pH 仪器进入待测状态（注：显示温度值的右下角有 ATC 标志，若没有，则按 ATC 键）。

（3）测试结束后，用蒸馏水冲洗温度探头和 pH 探头，并将装有 3mol/L 氯化钾的小帽带于 pH 探头上。

注意事项：

（1）清洗电极时，用蒸馏水冲洗，然后用吸水纸吸去水分，不要擦拭电极。

（2）同样的缓冲溶液只可用一次。

（3）电极不可放于蒸馏水或干燥贮存。

仪器维护与保养：

（1）仪器的电极接口必须保持干燥、清洁。

（2）每次电极测量完毕后都应清洗干净，再置于氯化钾溶液（3mol/L）中浸泡。

（3）测量电极不得长期浸泡于蒸馏水、蛋白质溶液或酸性氟化物溶液中。

讨论：1. 如何在线测定发酵液中的各种化学参数？

2. pH 在线测定仪等设备为什么使用前需要标定？

3. 在线测定各种参数对发酵生产有什么样的促进作用？

想取得理想的发酵产量，必须对发酵过程进行控制，发酵生产的实践已经证明了这一点。以红霉素的发酵为例，对于一次性投料的简单发酵过程，发酵过程中不对营养物质进行控制，其放罐时的发酵单位只能达到 4000U/ml 左右；但如果对发酵过程中的营养物质浓度进行控制，根据需要调整其浓度，则放罐时发酵单位可以达到 8000U/ml，甚至更高。

由此可以看出，对发酵过程进行调控对于提高代谢产物的发酵产量是非常必要的。

任务一　发酵过程的主要控制参数

微生物发酵要想取得理想的效果，得到高产和优质的发酵产物，就必须对发酵过程进行严格的控制。但是，发酵控制的先决条件是要了解发酵过程进行的状况，从而根据发酵情况做出适当的调整，使发酵过程有利于目的产物的积累和产品质量的提高。发酵罐内进行的状况并不能够通过肉眼观察出来，但是却能够通过取样分析获得有关发酵进行状况的大量信息。在分析处理这些信息的基础上，就能够对发酵进行的状况有清楚的了解，进而更好地控制发酵过程。

通过取样分析获得的有关发酵的信息也称为参数，与微生物发酵有关的参数，可分为物理参数、化学参数和生物参数。本章节主要学习各个参数的意义、作用以及某些参数的测定方法。

一、物理参数

（一）温度

温度对发酵的影响及其调节控制是影响有机体生长繁殖最重要的因素之一，因为任何生物化学的酶促反应与温度变化是有关的。温度对发酵的影响是多方面且错综复杂的，主要表现在对细胞生长、产物合成、发酵液的物理性质和生物合成方向等方面。

温度对发酵的影响主要表现在三个方面。

1. 温度影响微生物细胞生长　随着温度的上升，细胞的生长繁殖加快。这是由于生长代谢以及繁殖都是酶参加的。根据酶促反应的动力学来看，温度升高，反应速度加快，呼吸强度增加，最终导致细胞生长繁殖加快。但随着温度的上升，酶失活的速度也越大，使衰老提前，发酵周期缩短，这对发酵生产是极为不利的。

2. 温度影响生物合成的方向　例如，在四环素类抗生素发酵中，金色链霉菌能同时产生四环素和金霉素，在30℃时，它合成金霉素的能力较强。随着温度的提高，合成四环素的比例提高。当温度超过35℃时，金霉素的合成几乎停止，只产生四环素。

3. 温度影响发酵液的物理性质　温度除了影响发酵过程中各种反应速率外，还可以通过改变发酵液的物理性质间接影响微生物的生物合成。例如，温度对氧在发酵液中的溶解度就有很大影响，随着温度的升高，气体在溶液中的溶解度减小，氧的传递速率也会改变。另外温度还影响基质的分解速率，例如，菌体对硫酸盐的吸收在25℃时最小。

（二）压力

发酵过程中的压力主要指的是发酵罐内维持的压力。发酵过程中要维持罐内有一定的压力，主要有以下几方面的影响。

1. 保证无菌生产　防止外界空气进入，杜绝杂菌的干扰，以保证发酵纯培养。由于发酵罐在结构上有一些与外界联通的部件，比如搅拌轴与罐体之间的缝隙、接种口、取样口与罐体之间的缝隙等。只有在发酵罐罐内维持一定的压力，才能够保证外界的空气不会进入发酵罐，从而达到隔绝杂菌的目的。

2. 增加溶氧浓度　维持一定的罐压可以增加氧气在水中的溶解度，有利于氧气的传递。溶氧是需氧发酵控制最重要的参数之一。由于氧在水中的溶解度很小，在发酵液中的溶解度亦如此，因此，需要不断通风和搅拌，并保持一定的气压，才能满足不同发酵过程对氧的需求。溶氧的大小对菌体生长和产物的形成及产量都会产生不同的影响。如谷氨酸发酵，供氧不足时，谷氨酸积累就会明显降低，产生大量乳酸和琥珀酸。

3. 影响 CO_2 的溶解　在发酵过程中，CO_2 的溶解度会随着发酵罐压力的增加而增加，因此发酵罐的压力不宜过高。

发酵过程中常用的压力单位是兆帕（MPa），另外还有 kg/cm^2 也比较常用。它们之间的换算关系如下：

$$1MPa = 10^6 Pa；0.1MPa = 1kg/cm^2$$

目前工业上常用的发酵罐压力是 0.02~0.05MPa。

（三）搅拌速度

搅拌速度指的是搅拌器在发酵过程中的转动速度，通常以每分钟的转数来表示。搅拌速度的高低会影响到发酵过程中的氧气传递速度、发酵液的均匀度、发酵过程中的泡沫等。因此是一个非常重要的物理参数。

一般来说，发酵罐的搅拌转速与发酵罐的体积有非常大的关系，一般体积越小的发酵罐其搅拌速度越高，体积越大的发酵罐其搅拌速度越小。这是由于大罐气液接触时间长，氧的溶解率高，搅拌和通气均可小些。通过表 6-1 可以表示它们之间的关系。

表 6-1　发酵罐的搅拌速度与发酵罐体积的关系

罐体积（L）	搅拌速度（r/min）	罐体积（L）	搅拌速度（r/min）
3	200~2000	200	50~400
10	200~1200	500	50~300
30	150~1000	10 000	25~200
50	100~800	50 000	25~160

（四）搅拌功率

搅拌功率是指搅拌器在搅拌过程中实际消耗的功率，通常指每立方米发酵液所消耗的功率（kW/m^3），通常为 2~4 kW/m^3。大小与发酵液体积、氧气传递系数有关。

（五）空气流量

空气流量是指单位时间内发酵罐中通入的空气的量，是需氧发酵中重要的控制参数之一。空气流量的大小影响发酵液氧气传递系数，也会影响微生物产生的代谢产物的排出，此外也与发酵液中泡沫的生成有关。

在发酵生产上表示通气量的单位有两种：一种是绝对流量，指单位时间内通入发酵罐中无菌空气的体积，用每分钟通入空气体积数（L/min）或每小时通入无菌空气的体积数（m^3/h）来表示。

此外，相对流量，指每分钟单位体积发酵液中通入无菌空气的体积数，用 V/（V·min）表示。大多数的需氧发酵，其通气量一般是 0.8~1.5 V/（V·min）。

（六）黏度与浊度

发酵液的黏度是反映发酵液物理性质的一个重要参数，也是反映细胞生长和细胞形态的一项标志，它的大小可改变氧传递的阻力，又可表示相对菌体的浓度。

黏度的大小与发酵液中的菌体浓度、菌体形态和培养基成分有关。菌体浓度越大其黏度也越大；丝状菌的黏度一般大于球状菌和杆菌，丝状真菌的黏度会大于放线菌。培养基中含有较多的高分子物质时，发酵液的黏度也会显著增加。黏度的单位是帕斯卡·秒（Pa·s），可以通过黏度计来进行测量。

浊度是反映单细胞生长状况的参数。如大肠埃希菌，于 650nm 波长处检测光密度或计数板计数。

> **课堂互动**
>
> 现场讲解黏度计的使用和发酵液黏度的测量。

二、 化学参数

(一) pH

发酵液的 pH 是发酵过程中各种产酸和产碱的生化反应的综合结果。它是发酵工艺控制的重要参数之一。pH 的高低与菌体生长和产物合成有重要的关系。pH 的变化可以反映出菌体的代谢状况，长时间的 pH 过低，还可能是发酵染菌的结果。pH 的测定分为在线测定和离线测定。

(二) 基质浓度

基质浓度指营养成分的浓度，包括发酵液中的糖、氮、磷等物质。它们的变化对产生菌的生长和代谢产物的合成有着重要的影响，控制其浓度也是提高代谢产物产量的重要手段。因此，在发酵过程中，需要定时测定发酵液中的糖、氮、磷等营养基质的浓度。

1. 糖浓度 糖浓度是发酵过程中常规的测定项目，了解糖浓度的变化对于发酵过程的控制具有非常重要的意义。

发酵液中的糖包括总糖和还原糖。总糖指的是所有形式存在的糖的总和，包括多糖、寡糖、双糖和单糖。还原糖指的是具有还原能力的糖，也是指分子结构中具有游离醛基的糖，一般指的是葡萄糖，但也包括麦芽糖，糖的浓度一般用每 100ml 发酵液中含糖的克数表示，即 g/100ml。

2. 氮浓度 氮浓度也是所有的发酵过程中必须测定的项目，了解氮浓度的变化对于发酵过程的控制同样具有重要的意义。

发酵液中的氮浓度包括总氮、氨基氮和铵离子浓度。氮的含量一般以每 100ml 发酵液中含有氮元素的毫克数 (mg/100ml) 来表示。总氮指发酵液中含有的氮元素总量之和，包括了发酵液中以各种形式存在的所有氮元素的总量。总氮不能直接测定，需要在强酸作用下水解，将以蛋白质、氨基酸及其他含氮化合物形式存在的氮元素释放出来，然后测定。

氨基氮指的是以氨基酸形式存在的氮元素，一般用甲醛法测定。

发酵液中许多铵盐能够释放铵离子，这些铵离子在碱性条件下加热可以转变为气态氮，收集气态氮，然后用酸滴定，即可测得氮元素的含量。

3. 磷酸盐浓度 某些发酵过程中还需要测定发酵液中磷酸盐的含量，测定的方法主要是钼酸铵比色法。

(三) 产物浓度

发酵产物的产量是重要的代谢参数之一。根据代谢产物量的变化可以判定生物合成代谢是否正常，同时也是决定放罐时间的依据。不同类别的发酵产物其浓度的表示单位也不同。氨基酸的浓度常以克/升 (g/L) 表示；而抗生素的浓度通常以效价单位 (U/ml) 表示。效价单位也简称为单位 (unit)，在表示一些生物活性物质的含量时常用。不同的生物活性物质，其单位的定义也不相同。

(四) 溶氧浓度

溶解氧是需氧发酵所必需的物质，测定溶氧浓度的变化可以了解产生菌对氧利用的规律，发现发酵的异常情况，也可作为发酵中间控制的参数及设备供氧能力的指标。溶解氧浓度一般用绝对含氧量（mmol/L 或 mg/L）来表示；另外也用 ppm 或% 即饱和浓度的百分数来表示。

在发酵生产中一般常用相对溶氧浓度来表示，即以培养液中的溶解氧浓度与在相同条件下未接种前发酵培养基中溶氧浓度比值的百分数来表示。

（五）废气中氧含量

废气中氧的含量与产生菌的摄氧率（oxygen uptake rate，OUR）和体积溶氧传递系数（K_La）有关。测定废气中氧的含量可以计算生产菌的摄氧率。

（六）废气中 CO_2 含量

废气中 CO_2 是由产生菌在呼吸过程中释放的，测定废气中 CO_2 和氧的含量可以计算出产生菌的呼吸熵，从而了解产生菌的代谢规律。

三、生物参数

为了了解发酵过程中微生物菌体的代谢状况，需要测定一些与发酵相关的生物学参数，主要包括以下几种。

（一）菌体浓度

菌体浓度是控制微生物发酵过程的重要参数之一，特别是对抗生素等次级代谢产物的发酵控制。菌体量的大小和变化速度对合成产物的生化反应有着重要的影响，因此测定菌体浓度具有十分重要的意义。菌体浓度与培养液的黏度有关，间接影响发酵液的溶氧浓度。在生产上，常常根据菌体浓度来决定适合的补料量和供氧量，以保证生产达到预期水平。

根据发酵液的菌体量和单位时间内菌体浓度、溶氧浓度、糖浓度、氮浓度和产物浓度等参数的变化值，可以分别算出生长速率、氧比消耗速率、糖比消耗速率、氮比消耗速率和产物比生成速率。这些参数也是控制产生菌的代谢、决定补料和供氧工艺条件的主要依据，多用于发酵动力学的研究当中。

常用的菌体浓度测定方法有三种。

1. 菌体干重 测定方法是取 100ml 发酵液，离心后弃去上清液，然后用蒸馏水洗涤 2~3 次，每次洗后离心。然后将菌体置于干燥箱中烘干至恒重，称量干菌体的质量，以 g/100ml 表示。

2. 菌体湿重 测定方法：除了不需要干燥之外，其余测定过程与测定菌体干重的过程一样。

3. 菌体湿体积 也称为菌体沉降体积，这种方法适用于生产过程中对发酵样品的检测，其优点是方法简便快捷，能很快的得到结果，缺点是测量有误差。

测定方法是，准确称量发酵液 10ml 于 10ml 刻度离心管中，4000r/min 离心 20min 后，将上清液倒入另一 10ml 离心管中，测量上清液的体积。计算公式为：

菌体的湿体积% =［（10ml–上清液体积 ml）/10ml］×100%

（二）菌丝形态

丝状菌在发酵过程中，随着菌体的生长繁殖和代谢，菌体由准备期进入生长期，然后进入衰退期，在各个生理阶段其菌丝形态都会发生相应的变化。因此，从菌丝形态的变化可以反映出菌体所处的生理阶段，同时，也能够反映出菌体内的代谢变化。

在发酵生产上，一般都是以菌丝形态作为衡量种子质量、区分发酵阶段、制定发酵控制方案和决定发酵周期的依据之一。

丝状菌菌体形态的变化可以通过对发酵液的显微镜观察得到。菌丝形态的描述有下面几种。

1. 菌丝形状   菌丝的形状有丝状、分枝状、网状、菌丝团等。菌丝的形状反映了菌体所处的生理阶段和代谢状况。单根的菌丝常见于菌体生长的初期,分枝状的菌丝常是菌体进入对数生长期的特征,网状的菌丝一般由分枝状的菌丝发育而来,并一直延续到发酵的终点。但是,各个阶段的网状菌丝会在粗细、染色深浅、有无脂肪颗粒、有无空泡及菌体是否断裂上有很大的不同。菌丝团只在特殊的情况下才产生,并非常见现象,其形成的原因常常与接种量少、培养基过于稀薄或搅拌效果差有关。

2. 菌丝的粗细   菌丝的粗细反映了菌体生长代谢是否旺盛,当菌体处于旺盛的生长期,菌体比较粗;而当菌体进入到合成次级代谢产物的阶段,菌丝开始变细,表示以菌体为生长特征的生理阶段已经转入到以合成代谢产物为特征的产物合成阶段。

3. 染色的深浅   染色的深浅也反映了菌体的代谢状况。目前常用的染色剂是碱性染料,染料与菌体细胞内的核酸分子相结合使菌体着色。因此,染色的深浅也反映了胞内 DNA 含量的高低,当菌体处于对数生长期,DNA 复制活跃、DNA 含量高,此时染色比较深。当菌体进入产物合成期,DNA 合成减弱,染色较浅;当进入到衰退期,染色很浅。

4. 脂肪颗粒   脂肪颗粒为菌体胞内的营养贮存物,与菌体的生理阶段有关。一般对数生长期的菌体胞内常积累较多的脂肪颗粒;到了次级代谢产物的合成阶段,脂肪颗粒逐渐消失。脂肪颗粒的多少也是菌体内营养是否充足的反映。

5. 空泡   空泡的形成与胞内的染色质减少有关,反映了胞内 DNA 含量的变化。

以青霉素产生菌——产黄青霉为例,可以看出其菌丝形态与菌体的生理阶段有关系。产黄青霉在发酵过程中,菌丝形态可以分为六个生长阶段,各个阶段菌丝形态的变化如下:

Ⅰ期:分生孢子发芽,孢子膨大,长出芽管;

Ⅱ期:菌丝繁殖呈现分枝状,染色深,末期出现脂肪小颗粒;

Ⅲ期:菌丝形成网状,菌丝粗壮,染色深,出现较多脂肪颗粒,无空泡;

Ⅳ期:菌丝变细,染色变浅,出现中小空泡;

Ⅴ期:形成大中型空泡,脂肪颗粒消失;

Ⅵ期:菌丝断裂、模糊、染色很浅。

青霉素的生物合成从Ⅲ期末和Ⅳ期开始,此时菌体内的 DNA 合成减少,菌体生长速度减慢。菌体的代谢从以生长为特征的初级代谢,转入到以合成次级代谢产物为特征的次级代谢。

任务二   菌体浓度对发酵的影响及控制

案例导入

案例:使用分光光度计测量大肠埃希菌菌悬液浓度

1. 测量原理   一定浓度的细菌悬浮液有一定的吸光度,浓度与吸光度成正比,且在一定的范围内呈良好的线性关系。以分光光度计为检测工具,测定未知浓度菌悬液的吸光度值,由事先作用的标准直线,即可求出该菌悬液的浓度。

2. 仪器设备   722 型可见分光光度计、万分之一电子分析天平、801 型离心机。

3. 测量步骤

（1）最大吸收峰值的确定　取 10ml 菌液调节 pH=5，抑制菌体的继续生长，利用分光光度计在 500~700nm 波长范围内扫描，选出最大吸收峰。做出所测波长与光密度的关系曲线。选出最大吸收波长。

（2）绘制标准曲线

①重量法测菌体浓度　将一离心管置于干燥烘箱中烘干至恒重，自然冷却后用分析天平称其质量 m。准确称量菌液 10ml，调节 pH=3，放入离心机中进行离心分离（3500r/min，10min），倾去上清液，将菌体放进干燥箱中烘干至恒重，自然冷却后取出称重 m，利用差量法求得菌液中菌体的真实浓度。

②测定系列标样的光密度（OD）　取与重量法同一菌液，配制 2、5、10、20、50 倍的系列标样，以 1cm 比色皿比浊，波长 600nm，以蒸馏水为参比，分别测定其 OD 值。记录实验数据，见表 6-2。

表 6-2　实验记录表

稀释倍数	菌液质量浓度（g/L）	菌液的 OD 值
1		
2		
5		
10		
20		
50		

③工作曲线的绘制　以重量法所测的菌体浓度为横坐标，其对应的系列标样光密度为纵坐标，绘制 OD-ρ 标准曲线。

④菌体浓度的测定　将待测菌液按步骤②中相关步骤操作，测得光密度，通过标准曲线图查出菌体浓度值再乘以相应稀释倍数。

讨论：1. 测定过程中为什么要使用离心机？

　　　　2. 测定过程中对菌液进行稀释的目的是什么？

　　　　3. 此方法如果用于发酵液中菌体浓度的测定，可能存在哪些问题？

菌体（细胞）浓度（cell concentration）简称菌浓，是指单位体积培养液中菌体的含量。无论在科学研究上，还是在工业发酵控制上，它都是一个重要的参数。菌浓的大小，在一定条件下，不仅反映菌体细胞的多少，而且反映菌体细胞生理特性不完全相同的分化阶段。在发酵动力学研究中，需要利用菌浓参数来算出菌体的比生长速率和产物的比生成速率等有关动力学参数，以研究它们之间的相互关系，探明其动力学规律，所以菌浓仍是一个基本参数。

一、 菌体浓度对发酵的影响

（一） 菌体浓度的影响因素

1. 微生物的种类和遗传特性 不同种类的微生物的生长速率是不一样的。它的大小取决于细胞结构的复杂性和生长机制，细胞结构越复杂，分裂所需的时间就越长。细菌、酵母菌和霉菌的倍增时间分别为 45min、90min、3h 左右。这说明各类微生物的增殖度的差异。

2. 营养物质种类与浓度 营养物质包括各种碳源和氮源等成分。按照 Monod 关系式来看，生长速度取决于基质的浓度，当基质浓度 $S>10K_a$ 时，比生长速率就接近最大值。所以营养物质均存在一个上限浓度，在此限度以内，菌体比生长速率随浓度增加而增加。但超过此上限，浓度继续增加，反而会引起生长速率的下降，这种效应通常称为机制抑制作用。这种作用还包括某些化合物（甲醇、苯酚等）对一些关键酶的抑制，或使细胞结构发生变化。在实际生产中，常用丰富的培养基和有效的溶氧供给，促使菌体迅速繁殖，菌浓增大，以提高发酵产物的产量。所以，在微生物的研究和控制中，营养条件（包括溶解氧）的控制至关重要。

3. 菌体生长的环境条件 温度、pH、渗透压和水的活度等环境因素也影响菌体的生长速度。

（二） 菌体浓度对发酵的影响

菌体浓度的大小，对发酵产物的产率有着重要的影响。首先，在一定条件下，发酵产物的产率与菌体浓度成正比。

$$R_p = Q_p \cdot X$$

式中，R_p 为生产速率，即单位时间单位体积发酵液合成产物的量，单位是 g/（L·h）；Q_p 为比生产速率，即单位时间单位质量的菌体合成产物的量，单位是 g/（g·h）；X 为菌体浓度，即单位体积发酵液中含有菌体的折干质量，单位是 g/L。

菌浓愈大，产物的产量愈大，如氨基酸、微生物这类初级代谢产物的发酵以及抗生素这类次级代谢产物的发酵都是如此。

（1）菌浓过高则会降低发酵产物的产量，特别是对于次级代谢产物发酵来说，具体原因包括：当菌体浓度过高时，营养物质消耗过快，培养液中的营养成分明显降低，再加上有毒产物的积累，就可能改变菌体代谢途径。

（2）菌浓过高时，对培养液中溶解氧浓度的影响尤为明显，因为随着菌浓增加，培养液的摄氧率（OUR）按比例增加（$OUR = Q_{O_2} X$），黏度也增加，流体的性质也发生了改变，使氧的传递速率（oxygen transfer rate，OTR）呈对数减少。

当 OUR>OTR 时，溶解氧就减少，并成为限制性因素。菌浓增加而引起的溶解氧浓度下降，会对发酵产生各种影响。早期酵母菌发酵时，曾出现过代谢途径改变、酵母菌生长停滞、产生乙醇等现象。在抗生素发酵中，当溶解氧成为限制因素时，也会使产量降低。

二、 菌体浓度的控制

工业上控制菌体浓度是通过定期测定发酵液中菌体的浓度，进而采取适当手段控制菌体浓度范围。主要依靠调节培养基中的限制性基质的浓度来控制菌体比生长速率，进而控制菌体的浓度。

当菌体浓度低时，摄氧速率低于氧传递速率，发酵液中的溶氧浓度逐渐上升，溶氧维持在一个较高的水平；当菌浓高时，摄氧率高于氧传递速率，发酵液中的溶氧浓度逐渐降低，使溶氧成为菌体生长及合成代谢产物的限制因素。

（一）最适菌体浓度

为了获得最高的生产速率，需要采用摄氧率与氧传递速率相平衡的菌体浓度。当菌体浓度合适时，摄氧率等于氧传递速率，且溶解氧维持在高于临界溶氧度浓度的水平，此时的菌体浓度为菌体的呼吸不受限制条件下的最大菌体浓度，即称为最适菌体浓度或临界菌体浓度。所以，最适菌体浓度可以定义为：在一定条件下，使微生物的呼吸不受限制时的最大菌体浓度。超过此浓度，抗生素的比生产速率和产量都会迅速下降。因此在抗生素生产中，如何确定最适菌体浓度是提高抗生素生产能力的关键。

（二）最适菌体浓度的确定

为了确定最适的菌体浓度，需要了解菌体浓度与其他重要参数之间的关系。

1. 菌体浓度与摄氧率的关系　摄氧率（OUR）也可用 r 来表示，因为 $r = Q_{O_2} X$，当 Q_{O_2} 维持相对不变时，随着菌浓的增大，摄氧率也逐渐增加，即 $X \uparrow \rightarrow r \uparrow$，此时在菌浓/摄氧率的坐标上，显示为一条上升的直线（图6-2）。

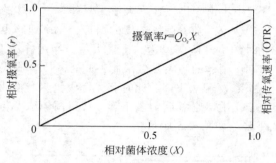

图6-2　菌体浓度与摄氧率的关系

2. 菌体浓度与氧传递速率的关系　氧传递速率即 OTR，也称供氧速率，$OTR = K_L a (C^* - C_L)$，$K_L a = K \cdot (P/V)^\alpha \cdot V_s^\beta \cdot \eta_{app}^{-w}$。

即 $K_L a$ 与 η_{app} 成反比，随着菌浓的增加，黏度（η_{app}）增加，进而引起 $K_L a$ 下降，$K_L a$ 下降导致 OTR 降低，如图6-3所示。

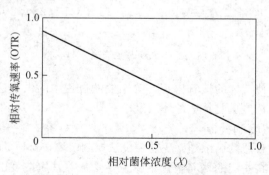

图6-3　菌体浓度与氧传递速率的关系

3. 菌体浓度与比生产速率的关系　比生产速率（Q_P）是指每小时每克折干菌体所合成产物的质量。在菌浓较低的情况下，由于供氧速率大于需氧速率，菌体的呼吸不受影响，此时菌体能够维持一定的比生产速率 Q_P。当菌体浓度超过一定的浓度后，由于需氧速率大于供氧速率，菌体的呼吸受到抑制，此时菌体合成代谢产物的能力显著下降，表现为菌体的比生产速率显著降低，如图6-4所示。

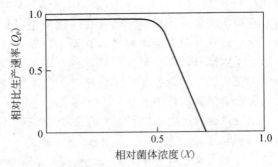

图 6-4 菌体浓度与比生产速率的关系

4. 菌体浓度与生产速率（R_P）的关系 生产速率（R_P）是指单位体积发酵液（L）每小时（h）合成产物的质量（g），$R_P = Q_P \cdot X$。

在菌体浓度较低的情况下，由于供氧速率大于需氧速率，菌体的呼吸不受影响，此时菌体能够维持一定的比生产速率。随着菌体浓度的增加，生产速率也不断增加，当菌体浓度达到一定的数值后，此时的生产速率也达到了最大值。当菌体浓度超过一定数值之后，由于需氧速率大于供氧速率，菌体的呼吸受到限制，此时菌体合成代谢产物的能力显著降低，表现为菌体的比生产速率 Q_P 显著下降，此时菌体合成代谢产物的能力显著降低，虽然菌体浓度还在增加，但由于比生产速率 Q_P 显著下降，使得菌体浓度与比生产速率两者的乘积下降，即生产速率 R_P 下降。如图 6-5 所示。

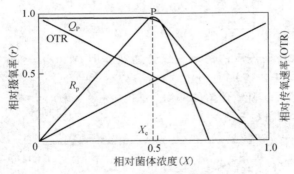

图 6-5 菌体浓度与生产速率的关系

最适菌体浓度就是使菌体的摄氧率正好等于发酵过程中的供氧速率时的菌体浓度，如图中 P 点所对应的菌体浓度就是最适菌体浓度。

（三）最适菌体浓度的控制

发酵过程中除要有合适的菌浓外，还需要设法控制菌浓在合适的范围内。

菌体的生长速率，在一定的培养条件下，主要受营养基质浓度的影响，所以要依靠调节培养基的浓度来控制菌浓。

（1）确定基础培养基配方中有适当的配比，避免产生过浓（或过稀）的菌体量。

（2）通过中间补料来控制，如当菌体生长缓慢、菌浓太稀时，则可补加一部分磷酸盐，促进生长，提高菌浓；但补加过多，则会使菌体过分生长，超过最适菌体浓度时，对产物合成产生抑制作用。

（3）在生产上，还可利用菌体代谢产生的 CO_2 量来控制生产过程的补糖量，以控制菌体的生长和浓度。总之，可根据不同的菌种和产品，采用不同的方法来达到最适的菌浓。

三、 菌体浓度的检测

发酵过程中菌体的大小和菌体量的多少，对发酵代谢动力学有很大的影响。通过测定不同时间段的菌体浓度，可以了解菌体的生长活力，是否需要补充培养基，菌体是否染菌，以便更好地控制发酵工艺参数，提高目标物浓度和转化收率。

（一）光密度法

传统的方法是通过测定发酵液的光密度来判断发酵液中菌体浓度。一定波长的光在透过相应吸收这种光的溶液时，光密度大小与发酵液中的菌体量成一定的比例关系，菌体浓度高，其光密度也大，反之亦然，所以可以通过测定发酵液的光密度大小来间接判断发酵液的菌体浓度。

稀释倍数越大，稀释后的光密度越小，折算原样光密度反而越大，表明发酵液菌体含量和光密度并非成正比关系。

发酵液稀释 10 倍后再测光密度，光密度的大小基本能反映菌体含量的大小。发酵液稀释 10 倍后再测光密度，与直接测光密度，稀释后测定光密度更能反映菌体含量的变化。

（二）浊度法

除了测光密度来判断菌体含量大小后，还可以测定浊度来判断菌体含量的。测浑浊度时先稀释一定的倍数后再测，更能反映不同时间段的菌体含量的大小。其原理是发酵罐中的发酵液按照一定的流速进入流通式比色皿中，用 $500 \sim 600 nm$ 的波长检测发酵液的光密度，然后发酵液再流回发酵罐中，所测的光密度值与细胞浓度成正比。

（三）离心法

离心沉淀量也能测定菌体含量的大小，一般离心转速 3000r/min，离心 10min，观察菌体沉淀量占离心液的比例。如果菌体含量比较少时，沉淀量比较难测量，误差比较大。超滤离心法：选择合适截留相对分子质量膜的超滤离心管，在离心作用下，菌体被截留，发酵液透过膜，离心收集被截留的菌体，菌体量直接反映发酵液中菌体含量，这种方法直观准确，方便快捷。

任务三 基质浓度对发酵的影响及控制

案例导入

案例：青霉素发酵中碳源的控制

青霉菌能利用多种碳源，如乳糖、蔗糖、葡萄糖、阿拉伯糖、甘露糖、淀粉和天然油脂等。乳糖是青霉素生物合成的最好碳源，葡萄糖也是比较好的碳源，但必须控制其加入的浓度，因为葡萄糖易被菌体氧化并产生抑制抗生素合成酶形成的物质，从而影响青霉素的合成，所以可以采用连续添加葡萄糖的方法代替乳糖。

苯乙酸或其衍生物苯乙酰胺、苯乙胺、苯乙酰甘氨酸等均可作为青霉素 G 的侧链前体。菌体对前体的利用有两个途径：直接结合到产物分子中或作为养料和能源利用，即氧化为二氧化碳和水。前体究竟通过哪个途径被菌体利用，主要取决于培养条件以及所用菌种的特性。

通过比较苯乙酰胺、苯乙酸及苯氧基乙酸的毒性，除苯氧基乙酸外，苯乙酰胺和苯乙酸的毒性取决于培养基的 pH 和前体的浓度。碱性时，苯乙酰胺有毒；酸性时，苯乙酸毒性较大；中性时，苯乙酰胺的毒性大于苯乙酸。前体用量大于 0.1% 时，青霉素的生物合成均下降。所以一般发酵液中前体浓度维持在 0.1% 为宜。

在碱性条件下，苯乙酸被菌体氧化的速率随培养基 pH 上升而增加。年幼的菌丝不氧化前体，而仅利用它来构成青霉素分子。随着菌龄的增大，氧化能力逐渐增加。培养基成分对前体的氧化程度有较大影响，合成培养基比复合培养基对前体的氧化量少。

为了尽量减少苯乙酸的氧化，生产上多用间歇或连续添加低浓度苯乙酸的方法，以保持前体的供应速率略大于生物合成的需要。

讨论：1. 青霉素发酵过程中为什么要选择苯乙酸作为前体？
　　　2. 青霉菌能够利用的碳源有哪些？

微生物的生长发育和合成代谢产物需要吸收营养物质。发酵培养基中营养物质种类及含量对发酵过程有着重要的影响。营养物质是产生菌代谢的物质基础，既涉及到菌体的生长繁殖，又涉及到代谢产物的形成。此外它们还参与了许多代谢调控过程，因而也影响产物的形成。所以选择适当的营养基质和控制适当的浓度，是提高发酵产物的重要途径。

一、基质浓度对发酵的影响

（一）碳源对发酵的影响

按照被菌体的利用速度不同，碳源可分为迅速利用的碳源和缓慢利用的碳源。前者能较迅速的参与代谢、合成菌体和产生能量，并产生分解产物，因此有利于菌体的生长。但迅速利用的碳源对很多代谢产物的生物合成产生阻遏作用。缓慢利用的碳源，可被菌体缓慢利用，有利于延长代谢产物的合成，特别是有利于次级代谢产物的生物合成。蔗糖、麦芽糖、糊精、豆油、水解淀粉等分别对青霉素、头孢菌素 C、红霉素、核黄霉素等发酵的最适碳源。因此选择最适碳源对提高代谢产物的产量是很重要的。

由于菌种所含的酶系不完全一样，各种菌所能利用的碳源也不相同。糖类物质是细菌、放线菌、霉菌、酵母菌容易利用的碳源。所以葡萄糖常作为培养基的一种主要成分。但在过多的葡萄糖或通气不足的情况下，葡萄糖会不完全氧化，就会积累酸性中间产物，导致培养基的 pH 下降，从而影响微生物的生长和产物的合成。

有些霉菌和放线菌具有比较活跃的脂肪酶，能利用脂类如各种植物油和动物油作为碳源。常用的脂类有豆油、菜油、葵花籽油、猪油、玉米油、橄榄油等。油的酸价必须控制在低于 10mgKOH/g 油，若储存温度提高，时间长易氧化酸败变质，产生过氧化物，不仅对微生物产生毒性，而且会降低消泡能力。

有机酸或它们的盐以及醇类也能作为微生物碳源。生产中一般使用的是有机酸盐，随着有机酸盐的氧化常产生碱性物质而导致发酵液 pH 变化，所以可以调节发酵过程中的 pH。

（二）氮源对发酵的影响

氮源分为无机氮源和有机氮源两大类，它们对菌体的代谢都能产生明显的影响。不同的种类和不同的浓度都能影响产物合成的方向和质量。如谷氨酸发酵，当 NH_4^+ 供应不足时，谷氨酸合成减少，α-酮戊二酸开始积累；过量 NH_4^+ 反而使谷氨酸转变为谷氨酰胺。控制适当的 NH_4^+ 浓度，才能使谷氨酸产量达到最大。又如在研究螺旋霉素的生物合成中，发现无机铵盐不利于螺旋霉素的合成，而有机氮源则有利于其合成。

在发酵工业生产中，常使用有机氮源，来获得所需的产品。当生产某些用于人类的疫苗，可以用化学纯氨基酸作培养基原料。例如，培养基中加入 Val（缬氨酸）可以提高红霉素产量，但生产中一般加入有机氮源获得所需氨基酸，在赖氨酸生产中，Met（蛋氨酸）和 Thr（苏氨酸）的存在可提高 Lys（赖氨酸）的产量，但生产中常用黄豆水解液代替。

微生物对无机氮源的吸收利用要比有机氮源快，所以称之为速效氮源。但速效氮源的利用常会引起 pH 的变化，对某些抗生素的生物合成产生抑制或阻遏作用，降低产量。如抗生素链霉菌的竹桃霉素的发酵，采用促进菌体生长的铵盐，能刺激菌丝生长，但抗生素的产量明显下降。铵盐还对吉他霉素、螺旋霉素、泰洛星等的生物合成产生同样的作用。

（三）磷酸盐对发酵的影响

磷酸盐是微生物生长、繁殖和代谢活动中所必需的组分，微生物细胞中许多化学成分如核酸和蛋白质合成都需要磷，它也是许多辅酶和高能磷酸键的组成成分。磷还有利于糖代谢的进行，因此它对微生物的生长有明显的促进作用。所以在配制培养基的时候，必须加入一定量的磷酸盐，以满足微生物生长活动的要求。

适合微生物生长的磷酸盐浓度为 0.3～300mmol/L，适合次级代谢产物合成所需的浓度平均为 1.0mmol/L，提高到 10mmol/L 就会明显的抑制合成。相比之下，菌体生长所需的浓度比次级代谢产物合成所需的浓度要大得多，两者平均相差几十倍至几百倍。

过量的磷酸盐会抑制许多产物的合成。例如，在谷氨酸的发酵生产中，磷的浓度过高，菌体生长旺盛，但是会抑制 6-磷酸葡萄糖脱氢酶的活性，导致谷氨酸的产量低，代谢转向缬氨酸。但也有一些产物的生产需要较高浓度的磷酸盐，如黑曲霉素、地衣芽孢杆菌生产 α-淀粉酶时，高浓度的磷酸盐能显著提高 α-淀粉酶的产量。磷酸盐也能够作为重要的缓冲剂。

二、 基质浓度的控制

（一）碳源浓度的控制

在青霉素的发酵生产过程中，葡萄糖作为碳源的培养基中，菌体生长良好，但青霉素合成的量很少；相反，在以乳糖为碳源的培养基中，青霉素的产量明显增加。其代谢变化可以如图 6-6 所示，糖的缓慢利用是青霉素合成的关键。缓慢低价葡萄糖以代替乳糖，仍然可以得到良好的结果。这就说明乳糖之所以是青霉素发酵的良好碳源，并不是起着前提的作用，只是它被缓慢利用的速度恰好符合青霉素生物合成的速度，不会积累过量的对青霉素合成有抑制作用的葡萄糖。其他抗生素的发酵也有类似的情况，如葡萄糖抑制盐霉素、放线菌素等抗生素的合成。因此，控制使用对产物的生物合成有阻遏作用的碳源是非常重要的。

在工业上，发酵培养基常采用含有迅速和缓慢利用的混合碳源，就是根据这个原理来控制菌体生长和产物的合成。此外，碳源的浓度对发酵也有明显的影响。由于营养过于富集所引起的菌体异常繁殖，对菌体的代谢、产物的合成及氧的传递都会产生不良的影响。若碳源的用量过大，则产物的合成会受到明显的抑制。反之，仅仅供给维持量的葡萄糖 0.022g/ ［g（干菌体）·h］，菌的比生长速率和青霉素的比生产速率都降为零，所以必须供给适当量的葡萄糖方能维持青霉素的合成速率。因此，控制适当量的碳源浓度，对工业发酵具有重要的意义。

控制碳源的浓度，可采用经验性方法和动力学法。前者是在发酵过程中采用中间补料的方法来控制。这要根据不同代谢类型来确定补糖时间、补糖量和补糖方式。动力学方法是根据菌体的比生长速率、糖比消耗速率及产物的比生产速率等动力学参数来控制。

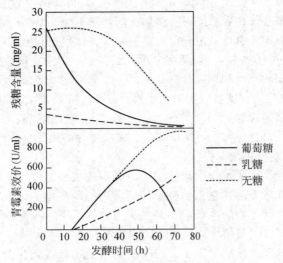

图 6-6　糖的种类对青霉素生物合成的影响

（二）氮源浓度的控制

发酵培养基一般选用利用快速和缓慢利用的氮源组成混合氮源。如链霉素发酵采用硫酸铵和黄豆饼粉。为了调节菌体生长和防止菌体衰老自溶，除了基础培养基中的氮源外，还要在发酵过程中补加氮源来控制其浓度。生产上采用的方法有：

1. 补加有机氮源　根据产生菌的代谢情况，可在发酵过程中添加某些具有调节生长代谢作用的有机氮源，如酵母粉、玉米浆、尿素等。如土霉素发酵中，补加酵母粉，可提高发酵单位；青霉素发酵中，后期出现糖利用缓慢、菌浓降低、pH 下降的现象，补加尿素就可以改善这种状况并可提高发酵单位；氨基酸发酵中，也可补加作为氮源和 pH 调节剂的尿素。

2. 补加无机氮源　补加氨水或硫酸铵是工业上常用的方法。氨水既可以作为无机氮源，又可调节 pH。在抗生素发酵工业中，通氨是提高发酵产量的有益措施，如与其他条件相配合，有的抗生素的发酵单位可提高 50% 左右。当 pH 偏高而又需要补氮时，可补加生理酸性物质硫酸铵，以达到提高氮含量和调节 pH 的双重目的。还可补充其他无机氮源，但需要根据发酵控制的要求来选择。

（三）磷酸盐浓度的控制

磷酸盐的控制主要是通过在基础培养基中采用适当的磷酸盐浓度。对于初级代谢产物发酵来说，其对磷酸盐浓度的要求不如次级代谢产物发酵那样严格。对抗生素发酵来说，常常采用生长亚适量的磷酸盐浓度。该浓度取决于菌种特性、培养条件、培养基组成和来源等因素，即使同一种抗生素发酵，不同地区不同工厂所用的磷酸盐浓度也不一致，甚至相差很大。

因此磷酸盐的控制浓度，必须结合当地的具体条件和使用的原材料进行实验来确定。培养基中的磷含量，还可因配制方法和灭菌条件不同而引起变化。据报道，利用金霉素链霉菌进行四环素发酵，菌体生长最适的磷质量浓度为 $65 \sim 70\mu g/ml$，而四环素合成的最适质量浓度为 $25 \sim 30\mu g/ml$；青霉素发酵用 0.01% 的磷酸二氢钾为好。在发酵过程中，有时发现代谢缓慢的情况，可采用补加磷酸盐的办法加以纠正，例如在四环素发酵中，间歇添加微量磷酸二氢钾，有利于提高四环素的产量。

任务四 溶解氧浓度对发酵的影响及控制

案例导入

案例：溶氧电极的使用

近年来，由于溶解氧电极制造技术的成熟，已普遍地使用复膜溶氧电极测定发酵液中的溶氧浓度。经过不断的改进，目前复膜溶解氧电极已经能够耐受长时间的高温灭菌，其耐用性和准确度也达到了令人满意的程度。

溶氧电极用薄膜将阴极，阳极，以及电解质与外界隔开，一般情况下阴极几乎是和这层膜直接接触的。氧以和其分压成正比的比率透过膜扩散，氧分压越大，透过膜的氧就越多。当溶解氧不断地透过膜渗入腔体，在阴极上还原而产生电流，此电流在仪表上显示出来。由于此电流和溶氧浓度直接成正比，因此只需将测得的电流转换为浓度单位即可。图6-7是溶氧电极的结构图。

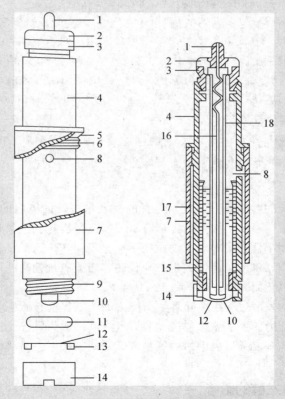

图6-7　原电池型溶氧电极的结构

1—阴极引线；2—绝缘材料；3—阳极引线；4—电解液槽；5，11—"O"型环；6—保护管固定螺纹；7—保护管；8—压力平衡孔；9—复膜帽固定螺纹；10—阴极（Pt）；12—氧通透膜；13—橡皮圈；14—复膜保护帽；15—阳极（Pb）；16—导线；17—电解液；18—玻璃管

1. 溶解氧电极的标定

（1）测定饱和电流值　纯水在一定温度和大气压下，其溶解氧饱和浓度为一定数值，因此可以用纯水的溶解氧浓度对电极进行标定。例如：将溶氧电极插入到一个大气压空气平衡的25℃纯水中，此时的溶解氧浓度应该是0.26mmol O_2/L，测得此时的电流值I为$I_{饱和}$，如果指示的不是该数值，则需要进行校正。

（2）残余电流值的测定　将饱和亚硫酸钠溶液中的溶解氧浓度看作零，将电极插入到该饱和溶液中，测得此时的电流值I为$I_{残}$，其代表的是当溶解氧浓度为零时的残余电流。

（3）溶解氧电极的标定　根据以上的测定结果，可求得此溶氧电极的单位电流值所代表的溶解氧浓度，表示如下：

$$溶氧浓度 = (C^* - 0) / (I_{饱和} - I_{残}) = C^* / (I_{饱和} - I_{残})$$

式中，C^*表示饱和氧浓度（mmol O_2/L）；$I_{饱和}$表示在饱和溶氧浓度时的电流值（mA）；$I_{残}$表示残余电流，即溶氧浓度为零时的电流值（mA）。

2. 溶氧浓度的测定　将溶氧电极插入到发酵液中，测得电流值测，此时的溶氧浓度可由下面公式计算：

$$溶氧浓度 C_L = I_{测} \times C^* / (I_{饱和} - I_{残})$$

在发酵过程中，溶氧电极始终插在发酵液中，可以随时观测到溶氧浓度的变化。

3. 相对溶氧浓度　在实际发酵生产中，常常采用相对溶解氧浓度来表示。将标定后的电极插入到发酵罐中，向发酵罐内装入发酵培养基后进行高温灭菌，当温度降至培养温度且未接种时，观测此时的电流值，并将此电流值所代表的相对溶氧浓度定为100%。接种后溶解氧浓度逐渐降低，发酵过程中溶解氧电极所指示的溶氧浓度即为相对溶解氧浓度，以百分数表示。

讨论：1. 溶氧电极测量前为什么需要标定？
　　　2. 溶氧电极在实际使用过程中有可能会出现哪些问题？

溶解氧对菌体生长的影响是直接的，适宜的溶氧量保证菌体内的正常氧化还原反应。溶氧量少将导致能量供应不足，微生物将从有氧代谢途径转化为无氧代谢来供应能量，由于无氧代谢的能量利用率低，同时碳源物质的不完全氧化产生乙醇、乳酸、短链脂肪酸等有机酸，这些物质的积累将抑制菌体的生长与代谢。当溶氧量偏高，可导致培养基的过度氧化，细胞成分由于氧化而分解，也不利于菌体生长。

在各种代谢产物的发酵过程中，随着生产能力的不断提高，微生物的需氧量亦不断增加，对发酵设备供氧能力的要求愈来愈高。溶解氧浓度已成为发酵生产中提高生产能力的限制因素。所以，处理好发酵过程中的供氧和需氧之间的关系，是研究最佳化发酵工艺条件的关键因素之一。

一、溶解氧浓度对发酵的影响

（一）微生物对氧的需求

在发酵过程中，微生物对氧的需求即耗氧量可以用两个物理量来表示。

1. 摄氧率（r）　即单位体积发酵液每小时消耗氧的量，单位是mmol O_2/（L·h）。

2. 呼吸强度（Q_{O_2}）　即单位质量的菌体（折干）每小时消耗氧的量，单位为mmol O_2/[g（干菌体）·h]。

3. 呼吸临界氧浓度 微生物的呼吸强度的大小受多种因素的影响。在溶氧浓度低时，呼吸强度随着溶解氧浓度的增加而增加，当溶氧浓度达到某一值后，呼吸强度不再随着溶解氧浓度的增加而变化，此时的溶解氧浓度称为呼吸临界氧浓度，以 $C_{临界}$ 表示。

影响微生物呼吸临界氧浓度的主要因素有：

（1）微生物的种类与培养温度 如表6-3所示。

表6-3 某些微生物的呼吸临界氧浓度

微生物	培养温度（℃）	呼吸临界氧浓度（mmol O_2/L）
大肠埃希菌	37	0.0082
	15	0.0031
酵母菌	35	0.0046
	20	0.0037
产黄青霉	30	0.009
	24	0.022

（2）微生物的生长阶段 次级代谢产物的发酵过程，可分为菌体生长阶段和产物合成阶段，这两个阶段的呼吸临界氧浓度分别为 $C_{长临}$ 和 $C_{合临}$ 表示，随菌种的生理学特性不同，两者表现出不同关系。

（二）氧在液体中的溶解特性

1. 溶解氧饱和度（C^*） 氧溶解在水中的过程是气体分子的扩散过程。气体与液体相接触，气体分子就会溶解于液体当中，经过一定时间的接触，气体分子在气液两相中的浓度就会达到动态平衡。若外界条件如温度、压力等不再变化，气体在液相中的浓度就不再随时间变化，此时的浓度即为该条件下气体在溶液中的饱和度。溶解氧的饱和度和浓度（C^*）的单位可用 mmol O_2/L 或 mg O_2/L 表示。

2. 影响氧饱和浓度的因素

（1）温度 随着温度的升高气体分子的运动加快，使溶液中的饱和氧浓度下降，如表6-4所示。

表6-4 1个大气压下纯氧在水中的溶解度

温度（℃）	0	10	15	20	25	30	35	40
溶解度（mmol O_2/L）	2.18	1.70	1.54	1.38	1.26	1.16	1.09	1.03

当纯水与一个大气压的空气平衡时，温度对饱和度的影响可用以下经验公式计算，使用范围是 4~33℃。

（2）溶液的性质 一种气体在不同溶液中的溶解度是不同的，同一种溶液由于其中溶质含量不同，氧的溶解度也不同。一般说，溶质含量越高，氧的溶解度越小，如表6-5所示。

表6-5   25℃及1个大气压下纯氧在不同溶液中的溶解度（mmol O_2/L）

浓度（mol/L）	HCl	H_2SO_4	NaCl	纯水
0.1	1.21	1.21	1.07	
1.0	1.16	1.12	0.89	1.26
2.0	1.12	1.02	0.71	

（3）氧分压   在系统总压力小于0.5MPa的情况下，氧在溶液中的溶解度只与氧的分压呈直线关系，可用 Henry's 公式表示：

$$C^* = (1/H) \times P_{O_2}$$

式中，C^* 为与气相 P_{O_2} 达到平衡时溶液中的氧浓度（mmol O_2/L）；P_{O_2} 为氧分压（MPa）；H 为 Henry's 常数（与溶液性质、温度等有关）（MPa·L/mmol O_2）。

气相中氧分压增加，溶液中溶氧浓度亦随之增加，当向溶液中通入纯氧时，溶液中氧饱和浓度可达到43mg O_2/L。

（三）溶解氧对发酵的影响

工业发酵所用的方法多数为需氧发酵，少数为厌氧发酵。对于需氧发酵来说，发酵过程中的溶氧浓度是重要的控制参数。发酵液中溶氧浓度的高低对菌体生长、产物的合成以及产物的性质都会产生不同的影响。例如，谷氨酸发酵时，供氧不足就会使谷氨酸积累明显降低，产生大量琥珀酸或乳酸；维生素 B_{12} 生产时，限制供氧才能积累大量的 B 因子，而 B 因子又在供氧的条件下转化为维生素 B_{12}，所以发酵采用先厌氧后需氧的方式；天冬氨酸的发酵中，前期是好氧发酵，后期转为厌氧发酵，酶的活力显著增加。

因此，需氧发酵并不是溶氧越高越好。适当的溶氧水平有利于菌体的生长和产物的合成；但溶氧浓度太高时，反而抑制产物的生成。因此，为了正确控制溶氧浓度，有必要考察每一种产物的临界溶氧浓度和最适溶氧浓度，并使发酵过程保持在最适溶氧浓度。

二、溶解氧浓度的控制

（一）影响微生物需氧量的因素

影响生物需氧量的因素有很多，归纳起来主要有菌种的生理特性、培养基组成、溶氧浓度和发酵工艺条件等。

1. 微生物的种类和生长阶段   微生物的种类不同，其生理特性不同，代谢活动中的需氧量也不同。例如：需氧菌和兼性厌氧菌的需氧量明显不同；同样是需氧菌，细菌、放线菌和真菌的需氧量也不同，如表6-6所示。

一般来说，微生物的细胞结构越简单，其生长速度就越快，单位时间内消耗的氧就越多。从菌体的生理阶段看：同一种微生物的不同生长阶段，其需氧量也不同。在迟缓期，由于菌体代谢不活跃，需氧量较低；进入对数生长期，菌体代谢旺盛，呼吸强度越高，需氧量随之增加；到了稳定期，需氧量不再增加。

表6-6   某些微生物的呼吸强度 Q_{O_2}

微生物	呼吸强度 Q_{O_2} [mmol O_2/（g·h）]
黑曲霉	3.0
灰色链霉菌	3.0

续表

微生物	呼吸强度 Q_{O_2} [mmol O$_2$/(g·h)]
产黄青霉	3.9
产气克雷伯氏菌	4.0
啤酒酵母	8.0
大肠埃希菌	10.8

从菌体的生产阶段看，菌体生长阶段的摄氧率大于产物合成期的摄氧率。因此认为培养液的摄氧率达最高值时，培养液中菌体浓度也达到了最大值。

2. 培养基的成分　微生物对不同营养物质的利用情况不同，因而培养基的组成对生产菌种的代谢及需氧量有显著的影响。培养基中碳源物质对微生物的需氧量的影响尤为明显，如表6-7所示。

表6-7　各种碳源对点青霉摄氧率的影响

有机物	摄氧率（%）	有机物	摄氧率（%）	有机物	摄氧率（%）
葡萄糖	130	糊精	60	乳糖	30
麦芽糖	115	乳酸钙	55	木糖	30
半乳糖	115	蔗糖	45	鼠李糖	30
纤维糖	110	甘油	40	阿拉伯糖	20
甘露糖	80	果糖	40		

在补料分批发酵过程中，菌种的需氧量随补入的碳源浓度而变化，一般补料后，摄氧率均有不同程度的增大。容易被微生物分解利用的碳源，消耗的氧就比较多；不容易被微生物分解利用的碳源消耗的氧就少（取决于微生物体内分解该物质的酶活力的大小）。

除了碳源物质直接影响摄氧率外，其他培养基成分，如磷酸盐、氮源对微生物的摄氧率也有一定的影响。

3. 培养液中溶解氧浓度　C_L 的影响：微生物的需氧量还受发酵液中溶解氧浓度的影响。当培养液中的溶解氧浓度 C_L 高于菌体的 $C_{长临}$ 时，菌体的呼吸就不受影响，菌体的各种代谢活动不受干扰，如果培养液中的 C_L 低于 $C_{长临}$ 时，菌体的多种生化代谢就要受到影响，严重时会产生不可逆的抑制菌体生长和产物合成的现象。

4. 培养条件的影响　研究结果表明，微生物呼吸强度的临界值除受到培养基组成的影响外，还与培养液的pH、温度等培养条件相关。一般说，温度愈高，营养成分愈丰富，其呼吸强度的临界值也相应地增大。当pH为最适pH时，微生物的需氧量也最大。

5. CO$_2$ 浓度的影响　在发酵过程中，微生物在吸收氧气的同时，也呼出 CO$_2$ 废气，它的生成与菌体的呼吸作用密切相关。已知在相同压力下，CO$_2$ 在水中的溶解度是氧溶解度的30倍。因而发酵过程中如不及时将培养液中的 CO$_2$ 从发酵液中除去，势必影响菌体的呼吸，进而影响菌体的代谢活动。这是由于氧气和 CO$_2$ 的运输都是靠胞内外浓度差进行的被动扩散，由浓度高的地方向浓度低的地方扩散，发酵培养基中积累的 CO$_2$ 如果不能及时地被排出，就会影响菌体的呼吸。如图 6-8 所示。

图 6-8 二氧化碳浓度对呼吸的影响

（二）影响氧供给的因素

由于影响发酵过程中供氧的主要因素有氧传递推动力和液相体积氧传递系数（K_La），因此，若能改变这两个因素，就能改变供氧能力。具体的影响因素有：

1. 搅拌

（1）搅拌的作用 ①使发酵罐内的温度和营养物质浓度达到均一，使组成发酵液的三相系统充分混合；②把引入发酵液中的空气分散成小气泡，增加了气-液间的接触面积，提高 K_La 值；③增强发酵液的湍流程度，降低气泡周围的液膜厚度和流体扩散阻力，从而提高氧的传递速率；④减少菌丝结团，降低菌丝丛内扩散阻力和菌丝丛周围的液膜阻力；⑤可延长空气气泡在发酵罐中的停留时间，增加氧的溶解量。

应指出的是如果搅拌速度过快，由于剪切速度增大，菌丝体会受到损伤，影响菌丝体的正常代谢，同时浪费能源。

（2）影响搅拌功率的因素 当流体处于湍流状态时，单位体积发酵液所消耗的搅拌功率才能作为衡量搅拌程度的可靠指标。在搅拌情况下，当发酵液达到完全湍流状态时，搅拌功率 P 为：

$$P = K \cdot d^5 \cdot n^3 \cdot \rho$$

式中，d 为搅拌器直径（m）；n 为搅拌器转速（r/min）；ρ 为发酵液密度（kg/m³）；P 为搅拌功率（kW）；K 为经验常数，随搅拌器形式而改变，一般由实验测定。

此式是在不通气和具有全挡板条件下的搅拌功率计算式，当发酵液通入空气后，由于气泡的作用降低了发酵液的密度和表观黏度，所以通气情况下的搅拌功率仅为不通气时所消耗功率的 30% ~60%。

2. 空气流速

（1）空气流速的影响 当空气流速增加时，由于发酵液中的空气增多、密度下降，使搅拌功率也下降。当空气流速增加到某一值时，由于空气流速过大，通入的空气不经过搅拌叶的分散，而沿着搅拌轴形成空气通道，空气直接逸出发酵液，此时搅拌功率不再下降，此时的空气流速称为"气泛点"。

带搅拌器的发酵罐其气泛点主要与搅拌叶的形式、搅拌器的直径和转速、空气线速度等有关。无圆盘的搅拌器或桨叶搅拌器容易产生气泛现象，平桨搅拌器在空气流速为 21m/h 时就会发生气泛现象。用带一档脚盘的搅拌器时，气泛点可提高到 90m/h，用带二档圆盘的搅拌器时其气泛点可提高到 150m/h。

对一定设备而言，空气流速与空气流量之间成正比，空气流量的改变必然引起空气流速的变化。所以，在发酵过程中应控制空气流速（或流量），使搅拌轴附近的液面没有大的气泡溢出。

（2）搅拌功率与空气流速对 K_La 影响的比较 虽然搅拌功率和空气流速都对氧传递系数 K_La 有影响，但是实验测出的数据表明，搅拌功率对发酵产量的影响远大于空气流速。

高的搅拌转速不仅使通入罐内的空气得以充分的分散，增加气-液接触界面，而且可以延长空气在罐内的停留时间。空气流速过大，不利于空气在罐内的分散与停留，同时导致发酵液浓缩，影响氧的传递。

因此，要提高发酵罐的供氧能力，采用高搅拌功率，适当降低空气流速，是一种有效的方法。

3. 发酵液物理性质的影响 发酵液的黏度是影响氧传递系数 $K_L a$ 的主要原因之一。发酵液是由营养物质、生长的菌体细胞和代谢产物组成。由于微生物生长和多种代谢作用使发酵不断地发生变化，营养物质的消耗、菌体浓度、菌丝形态和某些代谢产物的合成都能引起发酵液黏度的变化。

发酵过程中菌体的浓度和形态对黏度有较大的影响，因而影响氧的传递。细菌和酵母菌发酵时，发酵液黏度低，对氧传递的影响较小。霉菌和放线菌发酵时，随着菌浓的增加发酵液的黏度也增加，对氧的传递有较大影响。

4. 泡沫的影响 在发酵过程中，由于通气和搅拌的作用引起发酵液出现泡沫。在黏稠的发酵液中形成的流态泡沫比较难以消除，影响气体的交换和传递。如果搅拌叶轮处于泡沫的包围之中，也会影响气体与液体的充分混合，降低氧的传递速率。

5. 空气分布器形式和发酵罐结构的影响 在需氧发酵中，除了搅拌可以将空气分散成小气泡外，还可用鼓泡器来分散空气，提高通气效率。试验表明，当空气流量增加到一定值时，有无鼓泡器对空气的混合效果无明显的影响。此时，空气流量较大，造成发酵液的翻动和湍流，对空气起到了很好的分散作用。鼓泡器只是在空气流速较低的时候对空气起到一定的分散作用。此外，发酵罐的结构，特别是发酵罐的高与直径的比值，对氧的吸收和传递有较大的影响。

（三）溶氧浓度的控制

发酵过程中溶氧浓度由供氧和需氧两方面决定的。在发酵过程中，当供氧量大于需氧量时，溶氧浓度就会上升；反之会下降。因此，要控制好发酵液中的溶氧浓度，需从供氧和需氧两方面着手。

要提高供氧能力，主要是设法提高氧传递的推动力和液相体积氧传递系数 $K_L a$。氧传递的推动力 ΔC（$\Delta C = C^* - C_L$）主要受氧饱和度 C^* 的影响，而氧饱和度主要受温度、罐压及发酵液性质的影响。这些参数在优化了的工艺条件下，已经很难改变，因此，提高供氧能力主要靠提高 $K_L a$ 来实现。$K_L a$ 与搅拌、通气及发酵液的黏度等参数有关。通过提高搅拌转速或通气流速；降低发酵液的黏度等来提高值，可以提高供氧能力。

供氧量的大小还必须与需氧量相协调，也就是要有适当的工艺条件来控制需氧量，使产生菌的需氧量不超过设备的供氧能力，从而使溶解氧浓度始终控制在临界溶氧浓度之上，使其不会成为菌体生长和合成产物的限制因素。

发酵过程的需氧量受菌体浓度、营养基质的种类与浓度以及培养条件等因素的影响。其中以菌浓的影响最为明显。摄氧率随菌浓的增加而增加，但氧的传递速率是随菌浓的增加呈对数关系减少。因此可以通过控制菌体的比生长速率控制菌体浓度，使摄氧率小于或等于供氧速率，这是控制最适溶解氧浓度的重要方法。

最适菌浓既要保证产物的比生产速率维持在最大值，又不会使需氧大于供氧。最适菌体浓度的控制可以通过营养基质浓度的控制来实现。如青霉素发酵，就是通过控制补加葡萄糖的速率来控制菌体浓度，从而控制溶氧浓度。在自动化的青霉素发酵控制中，已利用敏感的溶氧电极来控制青霉素发酵，利用溶氧浓度的变化来自动控制补糖速率，并间接控制供氧速率和 pH，实现菌体生长、溶氧和 pH 三位一体的控制体系。

除控制补料速度外，在工业生产上还可采用适当调节发酵温度、液化培养基、中间补水、添加表面活性剂等工艺措施，来改善溶氧状况。

三、 发酵过程中溶解氧的检测

为了随时了解发酵过程中的供氧、需氧情况和判断设备的供氧效果，需要经常测定发酵液中的溶解氧浓度、摄氧率和液相体积氧传递系数，以便有效地控制发酵过程，为实现发酵过程的自动化控制创造条件。

（一）亚硫酸钠测定法

亚硫酸钠作为还原剂可与发酵液中的溶解氧发生定量的氧化还原反应，根据消耗的亚硫酸钠的量，可以计算出溶解氧的量。但是，由于测定方法是离线测定，发酵液被取出后已经与发酵罐内的发酵液在溶解氧的含量上发生了显著的变化，因此这种方法误差很大，不能反映发酵罐内溶解氧的实际浓度。

（二）碘量法

水样中加入硫酸锰和碱性碘化钾，水中溶解氧将低价锰氧化成为高价锰，生成四价锰的氢氧化物棕色沉淀。加酸后，氢氧化物沉淀溶解，并与碘离子反应而释放出游离碘。以淀粉为指示剂，用硫代硫酸钠标准溶液滴定释放出的碘，根据滴定溶液消耗量计算溶解氧含量。

碘量法测定溶解氧，需经过溶解氧的固定、滴定及干扰的排除，需消耗化学试剂，步骤繁琐耗时长，干扰物质影响多，现场固定保存条件严格，不适用于长期监测和快速监测。

（三）电化学法

电化学法主要使用的是复膜溶氧电极，其主要由两个电极、电解质和一张能透气的塑料薄膜构成。目前使用的复膜溶氧电极有极普型和原电池型两种。

极普型溶氧电极需要外界加给一定的电压才能工作，电极采用贵重金属如银制成，其电解质为 KCl 溶液。当接上外接电源时，银表面生成氧化银覆盖层，组成银–氧化银参比电极。

原电池型溶氧电极的阴极由贵金属铂制成；阳极为铅电极。两极之间充满醋酸盐电解液，组成原电池。

在阴极（Pt）上发生的反应为：$1/2O_2 + H_2O + 2e \longrightarrow 2OH^-$

在阳极（Pb）上发生的反应为：$Pb + 2HAc \longrightarrow Pb(Ac)_2 + 2H^+ + 2e$

电化学探头法自动化程度高，人为误差小，与碘量法相比，具有操作简单、快捷高效的特点，无需配制试剂，可现场快速测定，适于自动连续监测。但有些物质会影响被测电流而干扰测定。

（四）光学溶解氧传感器法

针对电化学探头法具有膜和电极要定期维护，使用成本高等缺点，国外市场出现了一种新的基于荧光猝灭效应的溶解氧检测仪，能够快速检测溶解氧含量，传感膜寿命长，且在检测时不消耗氧，使用简单方便。美国材料与检测协会国际标准开发组织（ASTM）已把此方法正式确认为测量水中溶解氧的三个标准方法之一，并将其与化学滴定法、电化学（膜）测量法并列。

光学溶解氧传感器法则弥补了电化学探头法的很多缺陷，不需更换电解液，维护简单，测定时不消耗氧，因此没有流动速率和搅拌的要求，测定时受干扰影响小，且传感器寿命长。但作为一种新方法，目前应用不够普及，相关资料与研究较少，在实际使用中出现一些问题，没有参考依据，难以排查影响因素，需进行方法比对。

任务五　pH 对发酵的影响及控制

案例导入

案例：pH 对林可霉素发酵的影响

　　林可霉素发酵开始，葡萄糖转化为有机酸类中间产物，发酵液 pH 下降，待有机酸被生产菌利用，pH 上升。若不及时补糖、$(NH_4)_2SO_4$ 或酸，发酵液 pH 可迅速升到 8.0以上，阻碍或抑制某些酶系，使林可霉素增长缓慢，甚至停止。对照罐发酵 66h pH 达7.93，以后维持在 8.0 以上至 115h，菌丝浓度降低，发酵不再继续。发酵 15h 左右，pH 可以从消后的 6.5 左右下降到 5.3，调节这一段的 pH 至 7.0 左右，以后自控 pH，可提高发酵单位。pH 对林可霉素发酵效价的影响如图 6-9 所示。

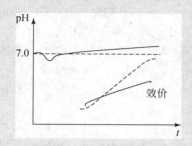

图 6-9　pH 对林可霉素发酵效价的影响
——不调 pH　　……调 pH

　　讨论：1. 如采用间歇分批发酵生产林可霉素，效果会怎么样？
　　　　　2. 分批补料过程中，哪些物质会对 pH 产生较大的影响？

　　发酵过程中培养液中的 pH 是微生物在一定环境条件下代谢活动的综合指标，是一项重要的发酵参数，对菌体的生长和产物的积累有很大的影响。因此必须掌握发酵过程中 pH 的变化规律，以便对发酵过程进行合理有效控制。

　　每一类菌都有其最适的和能耐受的 pH 范围。细菌和放线菌在 6.5 ~ 7.5，酵母菌在 4 ~ 5，霉菌在 5 ~ 7。微生物生长阶段和产物合成阶段的最适 pH 往往也不一样，这不仅与菌种的特性有关，也取决于产物的化学性质。因此，为了更有效地控制生产，必须充分了解微生物生长和合成产物的最适 pH。

　　选择最适 pH 的准则即是有利于菌的生长和产物合成，以获得较高的产量。以利福霉素为例，由于利福霉素分子中所有碳单位都是由葡萄糖衍生的，在生长期葡萄糖利用情况对利福霉素 B 生产产生一定影响。试验证明，其最适 pH 在 7.0 ~ 7.5 范围。当 pH 在 7.0 时，平均得率系数达最大值，在利福霉素 B 发酵的各种参数中从经济角度考虑，平均得率系数最重要，故 pH7.0 是利福霉素 B 的最佳条件。

一、 pH 对发酵的影响

(一) pH 影响酶的活性

为什么 pH 的变化能对代谢产生影响。一般认为是细胞内的 H^+ 或 OH^- 能够影响酶蛋白的解离度和电荷状况，改变酶的结构和功能，引起酶活性的改变。但培养基中的 H^+ 或 OH^- 并不是直接作用在胞内酶蛋白上，而是首先作用在胞外的弱酸（或弱碱）上，使之成为易于透过细胞膜的分子状态的弱酸（或弱碱），它们进入细胞后，进行解离，产生 H^+ 或 OH^-，改变胞内原先存在的中性状态，进而影响酶的结构和活性。所以培养基中 H^+ 或 OH^- 是通过间接作用来产生影响的。

(二) pH 影响基质或中间产物的解离状态

基质或中间产物的解离状态受细胞内外 pH 的影响，不同解离状态的基质或中间产物透过细胞膜的速度不同，因而代谢的速度不同。

(三) pH 影响发酵产物的稳定性

有许多发酵代谢产物的化学性质不稳定，特别是对溶液的酸碱性很敏感。如在 β-内酰胺类抗生素沙纳霉素的发酵中考察 pH 对产物生物合成的影响时发现，pH 在 6.7~7.5 之间时，抗生素的产量变化不大；高于或低于这个范围，产物的产量就明显下降，pH>7.5 时，噻钠霉素的稳定性下降，半衰期缩短，发酵单位也下降。青霉素（在偏酸性的 pH 条件下稳定）当 pH>7.5 时 β-内酰胺环开裂，青霉素就失去抗菌作用，因此青霉素在发酵过程中一定要控制 pH 不能高于 7.5，否则发酵得到的青霉素将全部失活。

(四) pH 影响代谢方向

pH 不同，往往引起菌体代谢过程不同，使代谢产物的质量和比例发生改变。例如黑曲霉在 pH2~3 时发酵产生柠檬酸，在 pH 近中性时，则产生草酸。谷氨酸发酵，在中性和微碱性条件下积累谷氨酸，在酸性条件下则容易形成谷氨酰胺和 N-乙酰谷氨酰胺。

二、 发酵过程中 pH 的变化

(一) 发酵过程 pH 变化的原因

1. 基质代谢

(1) 糖代谢　可以快速利用的糖，分解成小分子酸、醇，使 pH 下降。糖缺乏，pH 上升，是补料的标志之一。

(2) 氮代谢　当氨基酸中的氨基被利用后 pH 会下降；尿素被分解成 NH_3，pH 会上升，NH_3 利用后则 pH 下降，当碳源不足时，氮源被当作碳源所利用，pH 上升。

(3) 生理酸碱性物质　一般来说，有机氮源和某些无机氮源的代谢起到提高 pH 的作用，例如氨基酸的氧化和硝酸钠的还原，玉米浆中的乳酸被氧化等，这类物质被微生物利用后，可使 pH 上升，这些物质被称为生理碱性物质，如有机氮源、硝酸盐、有机酸等。生理酸碱性物质被利用后 pH 会上升或下降。

2. 产物形成　某些产物本身呈酸性或碱性，使发酵液 pH 变化。如有机酸类产生使 pH 下降，红霉素、洁霉素、螺旋霉素等抗生素呈碱性，使 pH 上升。

3. 菌体自溶　一般来讲，随着发酵的进行，发酵罐内的微生物的生理阶段不断变化，由最初的准备期，经过对数生长期、稳定期，逐渐进入到衰退期。由于发酵生产的要求，和放罐终点的控制，进入到衰退期的微生物不可能全部离开发酵液。这就导致了在发酵生产末期，有一定量的微生物处于衰退期并出现菌体自溶的现象。自溶之后的菌体会释放其体内的各种酸碱性物质，因此导致 pH 上升。整体上来讲发酵后期发酵液的 pH 会上升。

（二）发酵过程 pH 变化

发酵过程中 pH 的变化是各种酸碱物质综合作用的结果，来源主要有以下几个方面。

1. 菌种遗传特性 在产生菌的代谢过程中，菌体本身具有一定的调整 pH 的能力，建成最适 pH 的环境。以产生利福霉素的诺卡菌为例，采用 6.0、6.8、7.5 三个不同的起始 pH，结果发现 pH 在 6.8、7.5 时，菌丝生长和发酵单位都能达到正常水平。但起始 pH 为 6.0 时，菌体浓度仅为 20%，发酵单位为零。这说明菌种有一定的自我调节能力，但调节能力有限。

2. 培养基的成分 培养基中的糖类物质在高温灭菌的过程中氧化生成相应的酸，或者与培养基中的其他成分（或杂质）反应生成酸性物质。糖被微生物利用之后，产生有机酸，并分泌到培养液中。一些生理酸碱物质（硫酸铵）等被菌体利用后，会促使 H^+ 浓度增加，导致 pH 下降。

发酵过程中，当一次性加糖或加油过多，且供氧不足时，碳源氧化不完全导致有机酸积累下降。

3. 发酵工艺条件 发酵工艺条件也对发酵的 pH 产生显著的影响。如当通气量低，搅拌效果不好时，由于氧化不完全，有机酸的积累，会使发酵的 pH 降低。反之，若通气量过高，大量有机酸被氧化或被挥发，则使发酵的 pH 升高。

综上所述，发酵液的 pH 变化乃是菌体产酸或产碱等生化代谢反应的综合结果，从代谢曲线的 pH 变化就可以推测发酵罐中各种生化反应的进行状况及 pH 变化异常的可能原因，提出改进意见。在发酵过程中，要选择好发酵培养基的成分及其配比，并控制好发酵工艺条件，才能保证 pH 不会产生明显的波动，维持在最佳的范围内，得到预期的发酵结果。

三、发酵过程 pH 的确定和控制

（一）发酵 pH 的确定

1. 根据实验结果来确定最适 pH 通常将发酵培养基调节成不同的起始 pH，在发酵过程中定时测定、并不断调节 pH，以维持其起始 pH，或者利用缓冲剂来维持发酵液的 pH。同时观察菌体的生长情况，菌体生长达到最大值的 pH 即为菌体生长的最适 pH。产物形成的最适 pH 也可以如此测得。

在测定了发酵过程中不同阶段的最适 pH 要求后，便可采用各种方法来控制。

2. 根据发酵阶段控制确定 pH 选择并控制好发酵过程中的 pH 对维持菌体的正常生长和取得预期的发酵产物是重要的控制内容之一。微生物发酵的合适 pH 范围一般是在 5~8 之间，如谷氨酸发酵的最适 pH 为 7.5~8.0。但发酵的 pH 又随菌种和产品不同而不同。由于发酵过程是许多酶参与的复杂反应体系，各种酶的最适 pH 也不相同。因此，同一菌种，其生长最适 pH 可能与产物合成的最适 pH 是不一样的。如初级代谢产物丙酮、丁醇发酵所采用的梭状芽孢杆菌，在 pH 中性时，菌种生长良好，但产物产量很低。实际发酵的最适 pH 为 5~6 时，代谢产物的产量才达到正常。次级代谢产物抗生素的发酵更是如此，链霉素产生菌生长的最适 pH 为 6.2~7.0，而合成链霉素的最适 pH 为 6.8~7.3。因此，应该按发酵过程的不同阶段分别控制不同的 pH 范围，使产物的产量达到最大。

课堂互动

现场讲解 pH 在线检测仪的使用与维护。

（二）发酵 pH 的控制

微生物发酵 pH 范围为 5~8，但适宜 pH 因菌种、产物、培养基和温度不同而变化，要根据试验结果确定菌体生长和产物生产最适 pH，分不同阶段分别控制，以达到最佳生产效率。

工业上控制 pH 的方法有以下几种。

1. 根据菌种特性和培养基性质，选择适当培养基成分和配比　有些成分可在中间补料时补充调节。例如，在青霉素发酵中，根据产生菌代谢需要用改变加糖速率来控制 pH，比加酸碱直接调节可增产青霉素。

2. 加入适量缓冲溶剂以控制培养基 pH 的变化　常用缓冲溶剂有碳酸钙、磷酸盐等。碳酸钙主要作用是中和各种酸类产物。防止 pH 急剧下降。但这种方式调节能力有限，有时达不到要求。

3. 直接加酸加碱进行控制　这种方式调节 pH 迅速，适用范围大。但直接加酸加碱对菌体伤害大，因此生产上常用生理酸性物质如硫酸铵和生理碱性物质如氨水、硝酸钠等来控制。当 pH 和氮含量低时补充氨水；pH 较高和含氮量低时补充硫酸铵。生产上一般用压缩氨气或工业氨水进行通氨，采用少量间歇或少量自动流加，避免一次加入过量造成局部偏碱。

4. 通过补料控制 pH　在发酵过程中可以通过补料控制发酵的 pH。如补入生理酸性物质如 $(NH_4)_2SO_4$ 或生理碱性物质如氨水，它们不仅可以调节 pH，还可以补充氮源。当发酵的 pH 和氨氮含量都低时，补加氨水，可达到调节 pH 和补充氮源的目的。反之，如果 pH 较高，氮含量又低时，就应补加 $(NH_4)_2SO_4$。采用补料的方法可以同时实现补充营养、延长发酵周期、调节 pH 和改变培养液的性质（如黏度）等几个目的。

最成功的例子是青霉素发酵的补料工艺，利用控制葡萄糖的补加速率来控制 pH 的变化。其青霉素产量比用恒定的加糖速率或加酸、碱来控制 pH 的产量高 25%。

5. 其他方法　如采用多加油、糖的办法，以及适当降低空气流量、降低搅拌或停止搅拌来调节，以降低 pH；提高通气量加速脂肪酸代谢也可调节，以提高 pH；采用中空纤维过滤器进行细胞循环（过滤发酵液，除去酸等）亦可使 pH 升高。

任务六　温度对发酵的影响及控制

温度对发酵的影响及其调节控制是影响有机体生长繁殖最重要的因素之一，因为任何生物化学的酶促反应与温度变化有关的。温度对发酵的影响是多方面且错综复杂的，主要表现在对细胞生长、产物合成、发酵液的物理性质和生物合成方向等方面。

发酵所用的菌种绝大部分是中温菌，如霉菌、放线菌和一般细菌。它们的最适生长温度一般为 20~40℃。在发酵过程中，需要维持适当的温度，才能使菌体生长和代谢产物的生物合成顺利进行。

一、温度对发酵的影响

（一）温度影响微生物细胞的生长

随着温度的上升，细胞的生长繁殖加快。这是由于生长代谢以及繁殖都是酶参加的。根据酶促反应的动力学来看，温度升高，反应速度加快，呼吸强度增加，最终导致细胞生长繁殖加快。但随着温度的上升，酶失活的速度也越大，使衰老提前，发酵周期缩短，这对发酵生产是极为不利的。

（二）温度影响发酵化学反应速度

由于微生物发酵中的化学反应几乎都是由酶来催化的，酶活性越大，酶促反应的速度就越快。一般在低于酶的最适温度时，升高温度可提高酶的活性，当温度超过最适温度时，酶的活力下降，化学反应速度降低。另外，高温会引起菌丝提前自溶，缩短发酵周期，降低生物代谢产物产量。不同菌种生长最适温度也不同，如灰色链霉菌为 27～29℃；红色链霉菌为 30～32℃；青霉素生长温度为 27～28℃，合成温度为 26℃；合成庆大霉素最适温度为 32～34℃，生长最适温度为 34～36℃。一般生物合成最适温度低于生物生长最适温度。

（三）温度影响产物的合成方向

例如，在四环类抗生素发酵中，金色链霉菌能同时产生四环素和金霉素，在 30℃时，它合成金霉素的能力较强。随着温度的提高，合成四环素的比例提高。当温度超过 35℃时，金霉素的合成几乎停止，只产生四环素。

温度的变化还对多组分次级代谢产物的组分比例产生影响，如黄曲霉产生的黄曲霉素为多组分，在 20、25℃和 30℃发酵所产生的黄曲霉素 G 与黄曲霉素 B 的比例分别为 3：1、1：2 和 1：1。又如赭曲霉在 10～20℃发酵时，有利于合成青霉酸，在 28℃时则有利于合成赭曲霉素 A。这些例子都说明温度变化不仅影响酶反应的速率，还影响代谢产物合成的方向。

（四）温度影响发酵液的物理性质

温度除了影响发酵过程中各种反应速率外，还可以通过改变发酵液的物理性质，如发酵液的黏度、基质和溶氧浓度、传递速率、某些营养成分的分解和吸收速率等。这些都会间接影响微生物的生物合成。

例如，温度对氧在发酵液中的溶解度就有很大影响，随着温度的升高，气体在溶液中的溶解度减小，氧的传递速率也会改变。另外温度还影响基质的分解速率，例如，菌体对硫酸盐的吸收在 25℃时最小。

二、影响发酵温度变化的因素

发酵温度取决于发酵过程中能量变化，一般与内在因素有关。

菌体在生长繁殖过程中产生的热是内在因素，称为生物热，是不可改变的。另外，也与外在因素（搅拌热、蒸发热、辐射热及冷却介质移出的热量）有关。

（一）发酵热（$Q_{发酵}$）

发酵热就是发酵过程中产生的净热量，是各种产生的热量减去各种散失的热量后所得的净热量。主要由以下几个因素组成：

$$Q_{发酵} = Q_{生物} + Q_{搅拌} - Q_{蒸发} - Q_{显} - Q_{辐射}$$

（二）生物热（$Q_{生物}$）

生物热（$Q_{生物}$）是生产菌在生长繁殖时产生的大量热量。生物热主要是培养基中碳水化合物、脂肪、蛋白质等物质被分解为 CO_2、NH_3 时释放出的大量能量。主要用于合成高能化合物，供微生物生命代谢活动及热能散发。菌体在生长繁殖过程中，释放出大量热量。

生物热的大小与菌种遗传特性、菌体的生长阶段有关，还与营养基质有关。在相同条件下，培养基成分越丰富，产生的生物热也就越大。

（三）搅拌热（$Q_{搅拌}$）

搅拌的机械运动造成液体之间，液体与设备之间的摩擦而产生的热称为搅拌热。搅拌热可由以下公式近似计算出来。3600 为热功当量，单位是 kJ/（kW·h），（P/V）是通气条件下单位体积发酵液所消耗的功率，单位是 kW/m³。

$$Q_{搅拌} = 3600（P/V）$$

（四）蒸发热（$Q_{蒸发}$）

通入发酵罐的空气，其温度和湿度随季节及控制条件的不同而有所变化。空气进入发酵罐后，就和发酵液广泛接触进行热交换。同时必然会引起水分的蒸发；蒸发所需的热量即为蒸发热。

（五）辐射热（$Q_{辐射}$）

由于发酵罐内外温度差，使得发酵液中的部分热量通过罐体向外辐射的热量，称为辐射热。辐射热可通过罐内外的温差求得，一般不超过发酵热的5%。辐射热的大小取决于罐内外的温差，受环境温度变化的影响，冬天影响大一些，夏季影响小些。

（六）显热（$Q_{显}$）

显热指的是由排出气体所带的热量。

（七）发酵热的测定

（1）通过测量一定时间冷却水的流量和冷却水的进、出口温度，由下式计算出发酵热：

$$Q_{发酵} = G \cdot C_{W} \cdot (t_2 - t_1) / V$$

式中，G表示冷却水的流量（kg/h）；C_{W}表示水的比热 [kJ/（kg·℃）]；t_2、t_1分别为冷却水的进、出口温度（℃）；V表示发酵液的体积（m^3）。

（2）通过发酵罐温度的自动控制，先使罐温达到恒定，再关闭自动控制装置，测定温度随时间上升的速率，按下式计算发酵热：

$$Q_{发酵} = (m_1 C_1 + m_2 C_2) \cdot S$$

式中，m_1表示系统中发酵液的质量（kg）；m_2表示发酵罐的质量（kg）；C_1表示发酵液的比热 [kJ/（kg·℃）]；C_2表示发酵罐材料的比热 [kJ/（kg·℃）]；S表示温度上升速率（℃/h）。

三、 发酵温度的控制

（一）最适温度的确定

最适温度是一种相对概念，是指在该温度下最适于菌的生长或发酵产物的生成。选择最适温度应该考虑微生物生长的最适温度和产物合成的最适温度。最适发酵温度与菌种、培养基成分、培养条件和菌体生长阶段有关。

在抗生素发酵中，细胞生长和代谢产物积累的最适温度往往不同。例如，青霉素产生菌生长的最适温度为30℃，但产生青霉素的最适温度是24.7℃。至于何时应该选择何种温度，则要看当时生长与生物合成哪一个是主要方面。

1. 根据菌体生长阶段确定最适温度　在生长初期，抗生素还未开始合成，菌丝体浓度很低时，以促进菌丝体迅速生长繁殖为目的时，应该选择最适于菌丝体生长的温度。当菌丝体浓度达到一定程度，到了抗生素分泌期时，此时生物合成成为主要方面，就应该满足生物合成的最适温度，这样才能促进抗生素的大量合成。在乳酸发酵中也有这种情况，乳酸链球菌的最适生长温度是34℃，而产酸的最适温度不超过30℃。因此需要在不同的发酵阶段选择不同的最适温度。

2. 根据发酵条件合理地调整温度　需要考虑的因素包括菌种、培养基成分和浓度、菌体生长阶段和培养条件等。例如，溶解氧浓度是受温度影响的，其溶解度随温度的下降而增加。因此当通气条件较差时，可以适当降低温度以增加溶解氧浓度。在较低的温度下，既可使氧的溶解度相应大一些，又能降低菌体的生长速率，减少对氧的消耗量，这样可以弥补较差的通气条件造成的代谢异常。

3. 根据培养基成分和浓度选择最适温度　在使用浓度较稀或较易利用的培养基时，过高的培养温度会使营养物质过早耗竭，而导致菌体过早自溶，使产物合成提前终止，产量下降。例如，玉米浆比黄豆饼粉更容易利用，因此在红霉素发酵中，提高发酵温度使用玉米浆培养基的效果就不如黄豆饼粉培养基的好，提高温度有利于菌体对黄豆饼粉的利用。

因此，在各种微生物的培养过程中，各个发酵阶段的最适温度的选择是从各方面综合进行考虑确定的。例如，在四环素发酵中，采用变温控制，在中后期保持较低的温度，以延长抗生素分泌期，放罐前24h提高2～3℃培养，能使最后24h的发酵单位提高50%以上。又如，青霉素发酵最初5h维持30℃，6～35h为25℃，36～85h为20℃，最后40h再升到25℃。采用这种变温培养比25℃恒温培养的青霉素产量提高14.7%。

（二）发酵温度的控制

工业上使用大体积发酵罐的发酵过程，一般不需要加热，因为释放的发酵热常超过微生物的最适生长温度，所以需要冷却的情况较多。

工业上发酵温度控制，一般通过自动控制或手动控制调节夹套或蛇管中的换热介质量及温度的方案来实现温度调节。大型发酵罐一般不需加热，因发酵中产生大量发酵热，往往经常需降温冷却控制发酵温度。一般可通冷却水降温，在夏季时，外界气温较高，冷却水效果差，需要用冷冻盐水进行循环式降温，以迅速降到发酵温度。如用冷却水降温，往往存在滞后现象，需要经验及技巧。但如果发酵过程需要升温，可在夹套或蛇管内通入热水，来实现温度的调节。温度的变化可通过温度计或温度记录仪进行检测。

培养基的组成和浓度如有改变时，则温度也要相应改变，使用稀薄配比或容易吸收利用的培养基时，过分提高罐温，容易加速菌丝生长代谢，导致营养成分过早耗尽，引起菌丝提早衰老、自溶，造成发酵损失。但在红霉素发酵中，若用豆饼粉培养基，则提高温度的效果比使用玉米浆为佳，主要由于豆饼粉要比玉米浆难于吸收利用。

任务七　CO$_2$对发酵的影响及控制

案例导入

案例：发酵生产中CO$_2$中毒现象及预防

二氧化碳（CO$_2$）是一种无色无臭气体。工业上，二氧化碳常以液态形式贮存在钢瓶中。CO$_2$从钢瓶放出时可凝结成为雪状固体，俗称干冰。CO$_2$是窒息性气体，本身毒性很小，但在空气中出现会排挤氧气，使空气中含氧量降低。人吸入CO$_2$含量高的空气时，会由于缺氧而中毒窒息。二氧化碳中毒绝大多数为急性中毒，鲜有慢性中毒病例报告。二氧化碳急性中毒主要表现为昏迷、反射消失、瞳孔放大或缩小、大小便失禁、呕吐等，更严重者还可出现休克及呼吸停止等。经抢救，较轻的病员在几小时内逐渐苏醒，但仍可能有头痛、无力、头昏等感觉，需两、三天才能恢复；较重的病员大多是没有及时抢救出现场而昏迷者，可昏迷很长时间，出现高热、电解质紊乱、糖尿、肌肉痉挛强直或惊厥等甚至即刻呼吸停止而身亡。

某酿酒厂曾发生过CO$_2$中毒的事件，3名农民工在清洗成品仓库酒池时，相继昏倒，10余分钟后，被依次救出，急送至有关医院抢救，其中2人抢救无效死亡，一人抢救后脱离危险。

根据现场调查和临床资料，确认该起事故系急性职业中毒事故，为高浓度 CO_2 急性中毒伴随缺氧引起窒息。现场调查发现，发生事故的酒池位于地面下，池底有约 4cm 厚的酒泥。对事故现场进行有毒有害气体检测时发现，CO_2 浓度超过国家卫生标准 6.2 倍。当 CO_2 浓度较高时，可引起人的意识模糊，接触者如不移至正常空气中或给氧复苏，将因缺氧而致死亡。当 CO_2 达到窒息浓度时，人不可能有所警觉，往往尚未逃走就已中毒和昏倒。

发酵工厂的发酵生产区和仓储区易产生高浓度 CO_2，易发生 CO_2 中毒事故。如果工人缺乏劳动安全卫生保障，也未采取任何防护措施，很容易导致事故的发生。

为了防范 CO_2 中毒，发酵工厂一般都制定《进入封闭空间安全规定》。按照规定，如需进入发酵罐等含有高浓度 CO_2 场所，应该先进行通风排气，通风管应该放到底层；或者戴上能供给新鲜空气或氧气的呼吸器，才能进入。

发酵工厂的"封闭空间"，如厂内的仓、塔、器、罐、槽、机和其他封闭场所，原料仓库、发酵罐等进出口受限制的密闭、狭窄、通风不良的空间。这些场所隐蔽，不易被发现；不通畅，逃生、施救困难，易发生中毒事故。进入封闭空间的安全规定一般为：

（1）进入封闭空间作业前必须办理工作许可证；

（2）进入封闭空间作业前必须分析掌握设备状况，做好防护工作，穿戴好防护用品；

（3）保证封闭空间与其他设备、管道可靠隔离，防止其他系统中的介质进入封闭空间，严禁堵塞封闭空间通向大气的阀门；

（4）保持足够通风，排除封闭空间内易挥发的气体、液体、固体沉积物等有毒介质，或采用其他适当介质进行清洗置换，确保各项指标在规定范围内；

（5）必须在封闭空间的控制部位悬挂安全警示牌；并在封闭空间外指定 2 名监护人随时保持有效联系；若发生意外，应立即将作业人员救出。

讨论：1. 发酵车间里哪些位置容易聚积 CO_2？

2. 发酵过程中产生 CO_2 的原因有哪些？

3. CO_2 会对发酵生产产生什么影响？

CO_2 是微生物在生长繁殖过程中的代谢产物，也是合成某些产物的基质。通常二氧化碳对菌体生长有直接影响。

一、 CO_2 对发酵的影响

（一）CO_2 对菌体的影响

在发酵过程中，CO_2 的浓度对微生物生长和合成代谢产物具有刺激或抑制作用的现象称为 CO_2 效应。生产中不同微生物或某一生长阶段对二氧化碳有着特殊的要求（促进或必须）。

产生这种效应的原因是，CO_2 作用于膜脂质核心部位，改变膜流动性及表面电荷密度，影响膜运输效率，导致细胞生长受限制，形态改变；（HCO_3^- 影响细胞膜的膜蛋白）也可产生反馈作用，使 pH 下降，与其他物质反应，与生长必需金属离子形成碳酸盐沉淀，过分耗氧，引起溶解氧下降等，影响菌体生长和产物合成。

例如，当空气中存在约1%的CO_2时，可刺激青霉素产生菌孢子发芽，当排出的二氧化碳浓度高于4%时，即使此时溶解氧浓度在临界溶解氧浓度以上，也会对产生菌的呼吸、摄氧率和抗生素合成产生不利影响。用扫描电子显微镜观察二氧化碳对产黄青霉生长状态的影响，发现菌丝随着二氧化碳含量不同而发生变化。当二氧化碳含量在0%~8%时，菌丝主要显丝状；上升到15%~22%时，显膨胀、粗短的菌丝；二氧化碳分压继续提高到8kPa时，则出现球状或酵母状细胞，使青霉素合成受阻。

（二）CO_2对产物的影响

CO_2需占一定的比例（或分压），过高、过低的分压都会使发酵产物的产量下降。另外，CO_2对某些发酵产生抑制作用。

例如，当空气中二氧化碳分压达8kPa时青霉素的比生产速率下降40%，红霉素产量减少60%；四环素的合成也有一个最适二氧化碳分压（0.42kPa），在此分压下产量才能达到最高；牛链球菌发酵生产多糖，最重要的发酵条件是提供的空气中要含有5%的CO_2；精氨酸发酵，需要一定量的CO_2，才能得到最大产量，其最适CO_2分压为$0.12×10^5Pa$，高于或低于此分压，产量都会降低。

（三）CO_2对pH的影响

二氧化碳可能使发酵液pH下降，进而影响细胞生长、繁殖及产物合成，二氧化碳可能与其他物质及生长必需的金属离子发生化学反应形成碳酸盐沉淀，或造成氧的过量消耗使溶解氧下降，从而间接地影响发酵产物的合成。

二、CO_2浓度的控制

（一）影响CO_2浓度的因素

1. 细胞的呼吸强度 在发酵过程中，微生物在吸收氧气的同时，也呼出CO_2废气，它的生成与菌体的呼吸作用密切相关。菌体进入到生长期之后，代谢非常旺盛，呼吸强度较高，会消耗大量的氧气，同时也会产生较多的CO_2。在相同压力下，CO_2在水中的溶解度是氧溶解度的30倍。由于氧气和CO_2的运输都是靠胞内外浓度差进行的被动扩散，由浓度高的地方向浓度低的地方扩散，发酵培养基中会很快的积累CO_2。

2. 通气与搅拌程度 通气和搅拌速率的大小，不但能调节发酵液中的溶解氧，还能调节CO_2的溶解度，在发酵罐中不断通入空气，既可保持溶解氧在临界点以上，又可随废气排出所产生的CO_2，使之低于能产生抑制作用的浓度。因而通气搅拌也是控制CO_2浓度的一种方法，降低通气量和搅拌速率，有利于增加CO_2在发酵液中的浓度；反之就会减小CO_2浓度。

3. 罐压大小 CO_2的溶解度大，比氧气大，所以随着发酵罐压力的增加，其含量比氧气增加的更快。如果当CO_2浓度增大时，CO_2如果及时排出，则会产生较高的罐压，增加氧浓度同时大大增加CO_2的溶解度，使pH下降，进而影响微生物细胞的呼吸和产物合成。

如果为了防止"逃液"而采用增加罐压消泡的方法，会增加CO_2的溶解度，不利于细胞的生长。

4. 设备规模 由于CO_2的溶解度随压力增加而增大，大发酵罐中的发酵液的静压可达$1×10^5Pa$以上，又处在正压发酵，致使罐底部压强可达$1.5×10^5Pa$。因此CO_2浓度增大，如不改变搅拌转数，CO_2就不易排出，在罐底形成碳酸，影响到微生物的生长和产物的合成。

（二）CO₂浓度的控制

CO₂浓度的控制应随它对发酵的影响而定。如果CO_2对产物合成有抑制作用，则应设法降低其浓度；若有促进作用，则应提高其浓度。

1. 通过搅拌与通气控制 CO₂浓度 通气量大，搅拌速度快CO_2浓度就会减小。例如，四环素发酵前40h采用较小的通气量和较低的搅拌速度，增加发酵液中CO_2的含量，40h后再降低CO_2的浓度，可提高四环素产量25%～30%。

加强搅拌也有利于降低二氧化碳的浓度。因此，生产上一般采取调节搅拌速率及通气量的方法控制调节液相中二氧化碳浓度。

2. 通过控制罐压调节 CO₂浓度 罐压升高发酵液中的CO_2浓度会增加，罐压降低CO_2浓度会随着下降。对CO_2浓度敏感的发酵生产不宜采用大高径比的反应器。罐内的CO_2分压是液体深度的函数，10m高的发酵罐中，在1.01×10^5Pa 的气压下，罐底CO_2分压是顶部的2倍。

3. 通过补料调节 CO₂浓度 补料加糖会使液相、气相中CO_2含量升高。因为糖用于菌体生长、菌体维持和产物合成三方面都产生二氧化碳。同时，CO_2的生成，会引起发酵液pH降低等一系列的反应。对补糖速度和数量的控制，可以起到调节CO_2浓度的作用。

任务八　泡沫对发酵的影响及控制

在需氧发酵过程中，要通入大量的无菌空气，由于培养基中存在糖、蛋白质和代谢物菌体等稳定泡沫的物质，在通气发酵和微生物呼出CO_2的共同作用下，发酵液会产生泡沫。含蛋白质较高的培养基最易发泡，糖类物质发泡能力较差，但会增加培养基的黏度，使形成的泡沫稳定。

一、泡沫对发酵的影响

泡沫在发酵过程中不可避免的会出现，而且无法完全产生的泡沫，尤其是过多的泡沫会给发酵产生较多的影响，主要包括以下几方面。

（一）装料系数下降

发酵罐在设计时考虑到传质溶氧的效果、发酵时泡沫所占的空间，发酵罐不能装满。发酵罐实际装量与总容量之比称为装料系数或装填系数。装料系数是衡量发酵罐生产能力的一个重要指标，较高的装料系数可以充分利用发酵罐的体积，提高产量并降低生产成本。当发酵罐的装料系数低于60%时，发酵产品的成本会快速上升，从而失去量产的价值。因此，大量的泡沫使得发酵罐在设计时必须要留出较多的空余体积以防止逃液和渗漏，必然会降低发酵罐的装料系数，大大降低生产效率。

（二）氧传递系数减少

大量的泡沫会降低搅拌的效果，减少气体在发酵液中的分布，从而使得氧传递系数减少。直接的影响是降低发酵液中的溶氧浓度，长时间的产生大量泡沫就会干扰菌体的生长和产物的合成。

（三）造成逃液损失和染菌

泡沫过多时，影响较为严重，造成大量逃液，发酵液从排气管路或轴封逃出而增加染菌机会等，严重时通气搅拌也无法进行，菌体呼吸受到阻碍，导致代谢异常或菌体自溶。

（四）造成部分菌丝黏壁

菌丝黏壁会使发酵液中的菌丝浓度减少，最后可能形成菌丝团，降低发酵的质量。同时，黏附在发酵罐壁上的菌丝会失去作用，不能够继续生长或生成产物，对发酵来讲是一种损失，最终导致了发酵效率的降低。

因此，控制发酵过程中产生的泡沫是保证发酵正常进行的关键。

二、发酵过程中泡沫的变化

（一）泡沫的性质与类型

泡沫是气体被分散在少量液体中的胶体体系，气液之间被一层液膜隔开，彼此不相连通。形成的泡沫有两种类型。

一种是发酵液液面上的泡沫，气相所占的比例特别大，与液体有较明显的界限，如发酵前期的泡沫，称为机械性泡沫。这类泡沫气相所占比例特别大，泡沫与它下面的液体之间有明显的界线，故泡沫消长不稳定，可在某些稀薄的前期发酵液或种子培养液中见到。

另一种是发酵液中的泡沫，又称流态泡沫（fluid foam），分散在发酵液中，比较稳定，与液体之间无明显的界限。这种泡沫分散在发酵液中，泡沫细小、均匀，且较稳定。泡沫与液体间没有明显的液面界线，当泡沫增长到一定高度，即使停止搅拌，泡沫也不易下落，这种泡沫对发酵极为不利。

（二）泡沫形成的条件

1. 同时存在气、液两相 这是产生泡沫的首要条件。当发酵液中有气体产生或有气体通入时，气相和液相就同时出现在发酵体系当中，也就具备了产生泡沫的必要条件。

然而，仅有气液两相还不足以引起大量的泡沫，所以并不是所有的通气反应都会产生大量的泡沫。由于需氧发酵对氧气的需求和氧气反应之后产生的 CO_2，使得这种类型的发酵特别容易产生泡沫，并且对其自身的生产产生较大的影响。

2. 存在有表面张力大的物质 产生的泡沫会不会留在发酵液中，跟泡沫的稳定性有很大的关系。泡沫的稳定性主要与液体表面性质，如表面张力、表面黏度和机械强度等有关。液体表面张力低，泡沫越稳定。

凡能够明显降低液体表面张力的物质叫表面活性剂，表面活性剂在气泡周围形成坚固的保护膜，大大增强了泡沫的机械强度。

此外，发酵液的温度、pH、基质浓度以及泡沫的表面积对泡沫的稳定性也有影响。

（三）泡沫的变化规律

发酵过程中泡沫的消长受许多因素的影响，一方面与培养基的成分有关，玉米浆、蛋白胨、花生饼粉、黄豆饼粉、酵母粉、糖蜜等是主要的发泡因素。其起泡能力与品种、产地、贮存方法、加工条件和配比有关；另一方面与发酵过程中培养液的性质变化有关。发酵初期的泡沫稳定性与高的表面黏度和低的表面张力有关，以霉菌发酵为例，随着发酵的进行，表面黏度下降和表面张力上升，泡沫寿命逐渐缩短，这说明在蛋白酶、淀粉酶等作用下，把造成泡沫稳定的蛋白质等逐步降解，造成液体黏度降低，泡沫减少。

此外，培养基的通气搅拌、灭菌方法、灭菌温度和时间等，也会改变培养基的起泡能力。泡沫变化的规律如下。

1. 通气量 通气量越大，搅拌越剧烈，则产生的泡沫越多，而且搅拌所引起泡沫比通气来得大。反之，产生的泡沫较少。

2. 培养基的灭菌时间 在培养基的灭菌过程中，由于高温的作用，一些营养成分分解变质，产生新的物质，而且各成分之间会发生化学反应，生成副产物。灭菌时间越长，培养基中产生的杂质和副产物就越多，这些物质会增加泡沫界面的表面张力，使得泡沫的寿命延长。

3. 培养基中蛋白质含量 蛋白质含量越多,发酵液的黏度、浓度越大,则生成的泡沫稳定性就越高。

4. 菌体生长阶段 菌体旺盛生长时,产生的泡沫多,当发酵液中营养基质被菌体大量消耗时,浓度下降,则气泡的稳定性减弱;在发酵后期,伴随菌体的自溶,使发酵液中蛋白质浓度上升,则发酵液的起泡性增强。

总之,影响泡沫的消长因素是复杂的,很难把发酵过程中泡沫的形成归结于某种单独的因素。

三、 泡沫的控制

泡沫的控制可以从两方面着手,一是设法减少泡沫的生成,二是采取措施消除已经产生的泡沫。对于前一种措施,可以通过调整培养基中的成分,如少加或缓加易起泡的原材料;改变某些参数,如 pH、温度、通气和搅拌,或者改变发酵工艺,如采用分次投料来控制,以减少泡沫形成的机会,但这些方法的效果有限。另外,近年来,从微生物本身的特性着手,防止泡沫的形成,如单细胞蛋白生产中,筛选生长期不产生泡沫的微生物突变株,来消除起泡的内在因素。

对于已经产生的泡沫,可以采用机械消泡或消泡剂消泡这两类方法来消除,这是公认的比较好的方法。

(一) 机械消泡

气体在纯水中鼓泡,生成的气泡只能维持瞬间。这是由于其不稳定和气泡的液膜强度很低所致。而机械消泡的原理正是针对于此,它利用一定的机械能量破坏泡沫稳定性,降低其液膜强度,从而达到破碎气泡的目的。

1. 消泡桨消泡 机械消泡法中,最简单的是在搅拌轴的上层安装消泡桨,利用外力将泡沫击碎,达到消泡的目的。但消泡浆的消泡能力有限,不能有效阻止泡沫外溢,同时又受到主轴转速的限制。

2. 离心消泡 利用离心力来破碎发酵过程产生的泡沫,使气液分离,分离出的泡沫液可重新回到发酵罐,减少逃液损失,并结合尾气冷凝系统,可以更有效减少大通气量条件下发酵液损失。

3. 分离回流法 利用特殊的装置,将逃逸泡沫中的气体和料液、菌体分离,经过过滤除菌的气体排入大气,而料液和菌体通过回流装置回流入罐。这种设备称为尾气处理装置。本法适用于通气量大、易产生泡沫的发酵生产,在需要严禁菌株外逃的场合,如基因工程菌的生产,则必须使用尾气处理装置。

机械消泡的优点在于不需要引入消泡剂,可以减少污染杂菌的机会,节省原材料和不会增加下游工段的负担。但消泡效果不理想,不如消泡剂迅速可靠,它需要一定的设备,并消耗一定动力,因此仅可作为消泡的辅助方法。

(二) 消泡剂消泡

1. 消泡机理 消泡剂能使泡沫破裂。由于泡沫形成的因素很多,消泡剂消泡的机理有以下两种。

(1) 当泡沫的表面层存在着极性的表面活性物质而形成双电层时,可以加另一种具有相反电荷的表面活性剂,以降低其机械强度,或加入某些具有强极性的物质,与发泡剂争夺液膜的空间,并使液膜的机械强度降低,进而促使泡沫破裂。

(2) 当泡沫的液膜有较大的表面黏度时,可加入某些分子内聚力较小的物质,以降低液膜的表面黏度,从而促使液膜的液体流失而使泡沫破裂。

好的消泡剂同时能具有上述两种性能，即能同时降低液膜的机械强度和降低液膜的表面黏度。此外，为了使消泡剂易于散布在泡沫面上，消泡剂要有较小的表面张力和水溶性等特性，但是消泡剂使用不当时，对微生物的代谢会有干扰，影响生物合成。

2. 常用消泡剂 常用的消泡剂，主要有天然油脂类、高碳醇或酯类、聚醚类以及硅酮类。其中以天然油酯类和聚醚类在微生物药物发酵中最为常用。

（1）天然油脂类 常用的有豆油、玉米油、棉籽油、菜籽油和猪油等。油不仅用作消泡剂还可作为发酵的碳源。它们的消泡能力和对产物合成的影响也不相同。例如：土霉素发酵，豆油、玉米油较好，而亚麻油则会产生不良的作用。油的质量还会影响消泡效果，碘价或酸价高的油脂，消泡能力差，产生不良的影响。所以，要控制油的质量，并要通过发酵进行检验。油的新鲜程度也有影响。油越新鲜，所含的天然抗氧剂越多，形成过氧化物的机会少，酸价也低，消泡能力强，副作用也小。植物油与铁离子接触能与氧形成过氧化物，对四环素、卡那霉素等的生物合成不利，故要注意油的贮存与保管。

（2）聚醚类 聚醚类消泡剂的品种很多。由氧化丙烯与甘油聚合而成的聚氧丙烯甘油（GP 型）是一种重要的聚醚类消泡剂；由氧化丙烯、环氧乙烯及甘油聚合而成的聚氧乙烯氧丙烯甘油（GPE 型）是另一种聚醚类消泡剂，又称为泡敌。它们的分子结构如下：

$$CH_2-O(C_3H_6O)_m-H \qquad\qquad CH_2-O(C_3H_6O)_m-O(C_2H_4O)_n-H$$
$$CH_2-O(C_3H_6O)_m-H \qquad\qquad CH_2-O(C_3H_6O)_m-O(C_2H_4O)_n-H$$
$$CH_2-O(C_3H_6O)_m-H \qquad\qquad CH_2-O(C_3H_6O)_m-O(C_2H_4O)_n-H$$
聚氧丙烯甘油（GP） 　　　　聚氧乙烯氧丙烯甘油（GPE）

GP 的亲水性差，在发泡介质中的溶解度小，所以用于稀薄发酵液中要比用于黏稠发酵液中的效果好，适宜用在基础培养基中，抑制泡沫的产生。如用于链霉素的基础培养基中，消泡效果明显，可全部代替食用油，也未发现不良影响，消泡效力一般相当于豆油的 60 ~ 100 倍。

GPE 的亲水性好，在发泡介质中易铺展，消泡能力强，作用又快，而溶解度相应也大，所以消泡活性维持时间短，因此，用于黏稠发酵液的效果比用于稀薄的好。GPE 用四环素类抗生素发酵中，消泡效果很好，用量为 0.03% ~ 0.035%，消泡能力一般相当于豆油的 10 ~ 20 倍。

（3）高碳醇酯类 此类消泡剂有十八碳醇、聚乙二醇等。此外在青霉素发酵中还用苯乙酸月桂醇酯，苯乙酸月桂醇酯可以被菌体逐步分解释放出月桂醇和苯乙酸。月桂醇可作为消泡剂，苯乙酸作为青霉素生物合成的前体。

聚乙二醇适用于霉菌发酵液的消泡，其相对分子质量大致相当于 2000 个乙二醇的聚合物，是一种透明的稍为黏稠的液体。

（4）硅酮类 较适用于微碱性的细菌发酵，常用的是聚二甲基硅氧烷。聚二甲基硅氧烷是无色液体，不溶于水，有不寻常的低挥发性和低的表面张力。纯的聚二甲基硅氧烷由于不易溶于水，因而不容易分散在发酵液中，消泡效果较差，因此常加分散剂（微晶二氧化硅）来提高消泡性能。

$$CH_3-\underset{\underset{CH_3}{|}}{\overset{\overset{CH_3}{|}}{Si}}-O\left[\underset{\underset{CH_3}{|}}{\overset{\overset{CH_3}{|}}{Si}}-O\right]_n\underset{\underset{CH_3}{|}}{\overset{\overset{CH_3}{|}}{Si}}-CH_3$$

聚二甲基硅氧烷的化学结构

3. 消泡剂的增效   为了克服一些消泡剂的分散性能差、作用时间短等弱点，常常采用一些措施来提高消泡剂的消泡性能，主要包括：

（1）加载体增效   用"惰性载体"（如矿物油、植物油）将消泡剂溶解分散，达到增效的目的。如将 GP 与豆油 1∶1.5（V/V）混合，可提高 GP 的消泡性能。

（2）消泡剂并用增效   取各个消泡剂的优点进行互补，达到增效。如 GP 和 GPE 按 1∶1 混合用于土霉素发酵，结果比单用 GP 的效力提高 2 倍。

（3）乳化增效   用乳化剂（或分散剂）将消泡剂制成乳剂，以提高分散能力，增强消泡能力。一般只适用于亲水性差的消泡剂。如用吐温–80 制成乳剂，用于庆大霉素发酵，效力可以提高 1～2 倍。

4. 选择消泡剂的依据   选择消泡剂时要慎重考虑以下几点：①具有较小的表面张力及较小的溶解度；②在气–液界面上具有足够大的铺展系数，才能迅速发挥消泡作用，这就要求消泡剂有一定的亲水性；③在低浓度时具有消泡活性；④具有持久的消泡性能，以防止形成新的泡沫；⑤无毒性；⑥不影响产物的提取；⑦不会在使用和运输中引起危害；⑧来源广，成本低，添加装置简单；⑨不干扰分析系统，如溶解氧、pH 测定仪的探头，且不影响氧传递；⑩能耐高压蒸汽灭菌而不变性，在灭菌温度下对设备无腐蚀性。

5. 消泡剂的使用

（1）消泡剂的用量   各种消泡剂在不同发酵液中的消泡效果各不相同，使用量也各有不同，如以谷氨酸发酵为例，产酸 10% 的发酵水平，每生产每吨谷氨酸就要使用 5kg GPE 消泡剂；产酸 12% 以上的发酵水平，就要采用更大量消泡剂。消泡剂用量的增加，不但抑制微生物的活力，造成溶氧系数下降，还会影响发酵产物的质量。

（2）消泡剂的加入   ①消泡剂大多数需要分批加入，也有一次性加入的。由于消泡剂对产量有影响，如果一次性加入过多，消泡剂会聚集在微生物细胞表面及气泡液膜，增加传质阻力，大大降低氧的传递速率。一般原则是少量多次。②应尽可能减少消泡剂的用量，通过比较性实验，找出对微生物影响最小，消泡效率最大的消泡剂，同时还应考虑成本及对产物的影响。③消泡剂的添加量与转速有关系。

（三）消泡的具体措施

（1）要根据品种的特性，分析原因，选择具体的消泡方法。

（2）发酵前期罐内菌丝大都较弱，染色浅，黏度偏稀，此时不能强行带放，以免造成焖罐；发酵后期，可采用适当降低温度，降低搅拌转速，或停止搅拌等待放罐，以及提高罐压、降低通气量等方法。但有的发酵产品对中途降低流量和提高罐压较敏感，可能造成不好的效果。

（3）污染噬菌体易造成逃液，如菌丝已断裂，罐内 pH 异常，只能马上停止发酵，将发酵罐的进、排气阀关闭，并在逃液处附近撒漂白粉，等待下一步的处理。

（4）当溶解氧浓度很低，而泡沫又大时，首先需要加入消泡剂，如果消泡剂不起作用时，应增加压力（如加大空气流量等），在一定程度上可以减小泡沫，防止逃液。发酵前期可加大转速和通气量让顶部的泡沫跑掉，等液面正常后恢复工艺转速和罐压，这样可避免长时间溶解氧浓度低影响菌体生长繁殖；发酵后期则可降低转速，因为后期的需氧量减少。

（5）有时后期泡沫特别大，主要是靠流加消泡剂来控制，但是消泡剂对微生物有毒性，因此，应合理控制消泡剂的使用。

任务九　发酵终点的判断

　　微生物发酵终点的判断，对提高产物的生产能力和经济效益是很重要的，生产能力是指单位时间内单位罐体积的产物积累量而言，其单位为 g/（L·h）。生产不能只单纯要求高生产力，而不顾及产品的成本，必须把两者结合起来，既要有高产量，又要有低成本。

　　不同类型的发酵要求达到目的不同，对发酵终点的判断也不同，判断发酵终点有多种方法：例如，从工艺指标来看，当温度开始下降，pH 不再变化时即是发酵终点。也可以用检验试剂进行滴定，测得发酵终点。或者在发酵液中加入石灰至 pH 12 以上时加热至沸，澄清看其色号，色号越浅说明离发酵终点越近。

　　在发酵过程中的产物形成，有的是随菌体生长而产生，如初级代谢产物氨基酸等；有的代谢产物的产生与菌体生长无明显的关系，生长阶段不产生产物，直到生长末期，才进入产物分泌期，如抗生素的合成就是如此。但是无论是初级代谢产物还是次级代谢产物发酵，到了末期，菌体的分泌能力都要下降，使产物的生产能力下降或停止。有的产生菌在发酵末期，营养耗尽，菌体衰老而进入自溶，释放出体内的分解酶会破坏已形成的产物。

　　要确定一个合理的放罐时间，须要考虑下列几个因素。

一、考虑经济因素

　　发酵产物的生产能力是实际发酵时间和发酵准备的综合反应。实际发酵时间，须要考虑经济因素，也就是，要以最低的成本来获得最大生产能力的时间为最适发酵时间，但在生产力速率较小（或停止）的情况下，单位体积的产物产量增长就有限，如果继续延长时间，使平均生产能力下降，而动力消耗，管理费用支出，设备消耗等费用仍在增加，因而产物成本增加。所以，需要从经济学观点确定一个合理时间。

二、产品质量因素

　　发酵时间长短对后续工艺和产品有很大的影响。如果发酵时间太短，势必有过多的尚未代谢的营养物质（如可溶性蛋白质、脂肪等）残留在发酵液中。这些物质对后处理的溶酶萃取或树脂交换等工序都不利，因为可溶性蛋白质易于在萃取中产生乳化，也影响树脂交换容量。如果发酵时间太长，菌体会自溶，释放出菌体蛋白或体内的酶，又会显著改变发酵液的性质，增加过滤工序的难度，这不仅使过滤时间延长，甚至使一些不稳定的产物遭到破坏。所有这些影响，都可能使产物的质量下降，产物中杂质含量增加。故要考虑发酵周期长短对产物提取工序的影响。

三、特殊因素

　　在个别特殊发酵情况下，还要考虑个别因素。对老品种的发酵来说，放罐时间都已掌握，在正常情况下，可根据作业计划，按时放罐。但在异常情况下，如染菌、代谢异常（糖耗缓慢等），就应根据不同情况，进行适当处理。为了能够得到尽量多的产物，应该及时采取措施（如改变温度或补充营养等），并适当提前或拖后放罐时间。

　　合理的放罐时间是由实验来确定的，就是根据不同的发酵时间所得产物产量计算出的发酵罐的生产力和产品成本，采用生产力高而成本又低的时间，作为放罐时间。确定放罐的指标有：产物的产量、过滤速度、氨基氮的含量、菌丝形态、pH、发酵液的外观和黏度等。发酵终点的掌握，就要综合考虑这些参数来确定。

任务十　发酵工艺的放大

案例导入

案例：青霉素是人类历史上发现的第一种抗生素，且应用非常广泛。早在唐朝时，长安城的裁缝会把长有绿毛的糨糊涂在被剪刀划破的手指上来帮助伤口愈合，就是因为绿毛产生的物质（青霉素）有杀菌的作用，也就是人们最早使用青霉素。

近代，1928 年英国细菌学家弗莱明首先发现了世界上第一种抗生素——青霉素，亚历山大·弗莱明由于一次幸运的过失而发现了青霉素，但由于当时技术不够先进，认识不够深刻，弗莱明并没有把青霉素单独分离出来。1929 年，弗莱明发表了他的研究成果，遗憾的是，这篇论文发表后一直没有受到科学界的重视。另外遗憾的是弗莱明一直未能找到提取高纯度青霉素的方法，于是他将点青霉菌菌株一代代地培养，并于 1939 年将菌种提供给准备系统研究青霉素的弗洛里和钱恩。

1938 年，德国化学家厄恩斯特·钱恩在旧书堆里看到了弗莱明的那篇论文，于是开始做提纯实验。弗洛里和钱恩在 1940 年用青霉素重新做了实验。1940 年冬，钱恩提炼出了一点点青霉素，这虽然是一个重大突破，但离临床应用还差得很远。1941 年，青霉素提纯的接力棒传到了澳大利亚病理学家瓦尔特弗洛里的手中。在美国军方的协助下，弗洛里在飞行员外出执行任务时从各国机场带回来的泥土中分离出菌种，使青霉素的产量从每立方厘米 2 单位提高到了 40 单位。

1941 年前后弗洛里与钱恩实现对青霉素的分离与纯化，并发现其对传染病的疗效。所用的抗生素大多数是从微生物培养液中提取的，有些抗生素已能人工合成。

通过一段时间的紧张实验，弗洛里、钱恩终于用冷冻干燥法提取了青霉素晶体。之后，弗洛里在一种甜瓜上发现了可供大量提取青霉素的霉菌，并用玉米粉调制出了相应的培养液。在这些研究成果的推动下，美国制药企业于 1942 年开始对青霉素进行大批量生产。

1943 年 10 月，弗洛里和美国军方签订了青霉素生产合同，青霉素在二战末期横空出世，战后，青霉素更得到了广泛应用，拯救了数以千万人的生命。因这项伟大发明，1945 年，弗莱明、弗洛里和钱恩因"发现青霉素及其临床效用"而共同荣获了诺贝尔生理学或医学奖。

讨论：1. 青霉素从发现到量产的关键是什么？
　　　　2. 发酵工艺的放大对工业生产有哪些重要意义？

微生物发酵过程的工业研究有各种大小不同的规模，一般分为三种规模或三个阶段，包括实验室规模、中试工厂规模、工厂生产规模。实验室规模进行菌种的筛选和培养基的研究。中试工厂规模，确定菌种培养的最佳操作条件。工厂生产规模，进行大规模生产，取得经济效益。如何将小型规模的试验所取得的结果在大生产规模上能得到中试，这是一个很重要的课题。实验室和中间试验车间所取得的结果，应用到工业性大规模生产中去，这种转移过程叫做放大，例如摇瓶的试验条件放大到生产罐或小发酵罐的试验条件转移到大发酵罐，但是通常情况下，它们所得产物的产量往往不完全一致，特别是产抗生素的新菌株，差异更大，因此，摇瓶的试验条件放大到生产罐或小发酵罐的试验条件转移到大发酵罐，需要按照一定的工艺放大标准在充分实验的基础上，才可实行。

一、实验室研究

实验室研究的内容包括菌种的选育和保藏、研究菌种在固体液体培养基上培养繁殖条件、确定培养基的组成、研究实验室研究的实验设备等。

实验室研究所用的一般培养仪器设备，如培养皿、培养箱等，微生物药物发酵，绝大多数是需氧发酵，需要不断地通入空气，因此经常用到的有气体自然交换的摇瓶机和强制通气的发酵罐，摇瓶机有往复式和旋转式两种。实验室内进行发酵罐培养，常用大小不同的发酵罐，有的发酵罐体是玻璃制作的，有的是不锈钢制作的，它们附有温度、溶氧、氧化还原电位、泡沫等传感器，有的还有微型电子计算机，用于监测和自动控制发酵过程。

二、摇瓶实验

摇瓶实验就是在一定大小体积的锥形烧瓶中装入一定量的培养基（一般为瓶体积的 10% ~20%）配上瓶塞，经灭菌后，在摇瓶上进行恒温振荡培养。培养一段时间后，分析测定培养液中的有关参数和产物用量。

摇瓶实验具有在有限空间和一定量的人力条件下，短期内可获得大量数据等特点，但该法是自然通气的小规模培养，因此需考虑一些影响微生物生长的物理因素。

（一）瓶塞对氧传递的影响

为了保证瓶内是纯种培养，必须在瓶口配有一定厚度或多层纱布等过滤介质，以杜绝外界空气中的杂菌或杂质进入瓶内，瓶外的氧气通过过滤介质，一定有传递阻力，不同物质的瓶塞产生的阻力也不同，因此在实际工作中，在保证除去杂菌的前提下，尽量选用传递阻力小的瓶塞材质和厚度。

（二）水蒸发的影响

摇瓶在振荡期间，其中的水分经由瓶塞而蒸发的问题不能忽视。由于水分的蒸发，往往产生各种不同的影响，既影响培养液的体积和摇瓶体积的比值，继而改变氧传递速率，又改变菌体产物的浓度。水蒸发量与发酵温度、周围空气的相对湿度和水汽的传递系数等因素有关。

（三）比表面积的影响

摇瓶发酵所需的氧是由表面通气供给的，它的氧传递速率的大小由摇瓶机的振荡频率和振幅大小、摇瓶内培养基体积与摇瓶体积的比率、摇瓶的形式等三方面的因素所决定的。氧的传递速率在一定程度上与培养基装液量成反比关系，装液量越大，氧的传递速率就愈小，反之就大。

三、不同规模发酵间的差异

摇瓶和发酵罐培养的差异可能有以下三方面。

1. 体积氧传递系数（$K_L a$）和溶解氧的差异 由于微生物发酵多数是需氧发酵，而表示氧溶入培养液速度大小的溶氧系数（K_d），在摇瓶发酵和发酵罐中的差异很大，摇瓶装料系数不同，K_d 值也可能差好几倍。罐中的 K_d 一般都大于摇瓶。由于 K_d 值不同，使各自培养液的溶氧浓度也不同，因而对菌体代谢就会产生重要的影响。特别是对溶氧要求较高而又敏感的菌株，在罐中发酵的生产能力就可能比在摇瓶中高。

2. CO_2 浓度的差异 发酵液中的 CO_2 既可随空气进入又是菌体代谢产生的废气。CO_2 在水中的溶解度随外界压力的增大而增加。发酵罐处于正压状态，而摇瓶基本上是常压状态，

所以罐中培养液的 CO_2 浓度明显大于摇瓶。已知 CO_2 对细胞呼吸和某些微生物代谢产物（如抗生素、氨基酸）的生物合成有较大的影响。

3. 菌丝受机械损伤的差异　摇瓶培养时，菌丝只受到液体的冲击或沿着瓶壁滑动的影响，机械损伤很轻。罐发酵时，菌丝，特别是丝状菌，却受到搅拌叶的剪切力的影响而受损。其受损程度远远大于摇瓶发酵，并与搅拌时间的长短成比例。增加培养液的黏度，即能使损伤程度有所减轻。丝状菌受损伤以前，菌体内的低分子核酸类物质就出现漏失，高分子核酸的量也相对减少进而影响菌体代谢。核酸类物质的漏出率与搅拌转速、搅拌持续时间、搅拌叶的叶线速度、培养液单位体积吸收的功率以及体积氧传递系数（K_La）等成正比关系，也就是说，这些发酵参数的数量增加，其漏出率也增加，菌体受损伤的程度也增加。而漏出率还与菌丝对搅拌的敏感程度有关，如果菌丝的机械强度较大，则漏出率较小反之则大。搅拌还可造成胞内质粒的流失。但漏出率与通气量大小无关。摇瓶发酵也有低分子核酸类物质漏出。其漏出率与摇瓶转速、挡板和 K_La 有明显的关系。但远远低于罐的漏出量。

综上所述，上述三个原因就可能造成摇瓶发酵和发酵罐结果之间存在着差异。如果菌株要求较高的 K_La 值和溶解氧时，罐中生产能力就有可能高于摇瓶并随 K_La 和溶氧水平上升而提高。如果菌株对机械损伤是比较敏感的，则罐中生产能力就会低于摇瓶，并随搅拌强度的增强而降低。有时菌株对溶氧和搅拌强度都敏感，其结果就随发酵罐的特性而不同。

消除这两种规模发酵结果的差异，使摇瓶发酵结果能反映罐上的结果，是一个很重要的问题。根据已有的实验经验，可以在摇瓶试验中从上述三个方面模拟罐上发酵的条件。为提高摇瓶的 K_d 值和溶氧水平，可以增加摇瓶机的转速和减少培养基的装量。国外已有 $500r/min$ 转速的摇瓶机，就是为了模拟发酵罐的通气状况。减少培养基的装量也是为此目的，但要注意水分蒸发所引起的误差。还可以直接向摇瓶中通入无菌空气或氧气等措施。

四、 发酵罐规模变化的影响

发酵罐的规模变化，无论是绝对值或相对值的变化都会引起许多物理和生物参数的改变。其中改变的主要因素有：①菌体繁殖代数；②种子的形成；③培养基的灭菌；④通气和搅拌；⑤热传递。现简述如下：

1. 菌体繁殖代数的差异　发酵到达最后，菌体浓度所需的繁殖代数与发酵液体积的对数呈直线关系，体积愈大，菌体需要进行的繁殖代数也愈多。在菌体子代繁殖过程中有可能出现突变株，繁殖代数愈多，出现的机率也愈多，特别不稳定，或不纯的菌株更是如此。所以发酵液中变株的最后比例是随发酵规模增大而增加，这就可能引起发酵结果的差异。

2. 培养基灭菌的差异　培养基热灭菌的基本技术是分批灭菌和连续灭菌。分批灭菌的过程分为三个明显时期：预热期、维持期和冷却期。培养基体积愈大，预热期和冷却期也愈长。整个灭菌所耗的时间也因规模增大而延长，致使灭菌后的培养基的质量发生改变，特别是热不稳定的物质更易遭到破坏，最终也会引发发酵结果的差异。

3. 通气与搅拌的差异　发酵规模的改变，发酵参数仍按几何相似放大，其单位体积消耗的功率、搅拌叶的顶端速度（即最大剪切速率）和混合时间均不能在放大后仍保持恒定不变，因而也产生影响。

4. 热传递的差异 发酵过程中，菌体代谢要释放出热能，输入的机械功（含搅拌和气体喷射）也要产生热能，由于这两种主要产热机制，使整个发酵过程总是不断地产生热能。所以释放出的总热量，又随着发酵罐线形尺寸的立方而增加。罐的面积又随线性尺寸平方而增加。因此罐规模几何尺寸的放大，也会出现热传递的差异。

5. 种子形成的差异 发酵罐接种的种子液必须要有一定的体积和菌浓。规模愈大，所需种子液体积也愈大。因此，发酵规模的放大，必须要涉及种子培养的级数和菌种繁殖的代数，规模愈大、种子培养液级数也愈多。因而有可能引起种子质量的差异。

综上所述，发酵放大过程，不仅是单纯发酵液体积的增大，菌种本身的质量和其他发酵工艺条件也会引起改变。从实验室到工厂要考虑发酵罐罐压、接种量、接种浓度、装液量、放大后的发酵液理化性质的改变等，如果不设法消除上述的差异，放大前后的结果就会发生明显的差异。因此，无论在进行发酵设备规模的放大，或者在新菌种（或新工艺）的放大转移中，都必须考虑上述的内在差异，寻找引起差异的主要原因，设法缩小其差异，才能获得良好的结果。

五、 发酵规模的放大

放大过程所必需的前提是在大型设备和小型设备中的菌体所处的整个环境条件，包括化学因素（基质浓度、前体浓度等）和物理因素（温度、黏度、功率消耗、剪切力等），必须是完全相同的，这样才能构成这两种规模产物积累类型相同。化学因素可以通过人为控制来保持恒定。但物理因素却与设备规模的大小关系很大，随着规模的不同而发生改变。然而环境条件完全相同，有时也不能保证微生物的生理活性完全相同。这一问题一时还很难解决，因为微生物的生化代谢还受很多生物因素的影响，无法用简单的物理因素来消除。因此，这个问题就不完全和化学工程的放大相同，有其特殊的困难。现只简单介绍发酵工艺放大的有关基本问题。发酵罐设备的放大是属于生化工程。

（一）放大的过程

发酵工艺的放大，一般要经过三个步骤：实验室、中间工厂和生产工厂。就大多数情况而言，实验室实验就是利用前述的设备尽可能得到培养新菌株或实施新工艺的最佳发酵条件。中间工厂实验，是使用一定数量的 10 ~ 15L 容积的小发酵罐，进行实际的发酵研究。如果用于抽提产物，还要有几个 3 ~ 4m³ 的中型罐。中间工厂实验往往要有有经验的技术人员来担当，以保证能够得到最好的效果。中间工厂的设备最好要配有高度自动化和计算机化的装置，以考察各种不同的问题，提供相当广泛的控制参数。对中试效果来说，利用超过 3m³ 的大罐较之"微型"发酵罐更为有利，特别是在放线菌发酵中更是如此。这对确证菌株和培养基的改进上是必不可少的。工厂生产规模，一般是 15 ~ 50m³，有的达 150m³ 或更大。这样规模的试验就是将中、小型实验结果成功地用于大生产的放大实验过程。放大的理论基础如上所述。放大（或缩小）必须要使菌体在大、中、小型的罐中所处的外界环境完全一致。

（二）放大的方法

1. 以单位体积输入功率相等为基础进行放大 早期，大多数产品的发酵（如有机酸和青霉素等）均采用几何相似发酵罐和单位体积功率相等来进行放大以求得搅拌器的转速与直径。

在已有的大型生产发酵罐和中间工厂实验罐中进行实验研究，也可以采用这个参数来进行实验。即利用现有的几何形状相同的大型生产罐和几个中试罐。生产罐中的通气速度和搅拌速度是固定的而中试罐的通气速度和生产罐一样保持恒定不变，但搅拌器的转速，可利用变速电机来调节，在一定范围内能够任意变动。利用改变搅拌器的速度来调节中试罐的功率输入的大小。中试罐中，也可安装和使用 pH、温度、消泡等控制装置。为了保证大、中发酵罐的发酵培养基的组成、灭菌条件和接种量绝对相同，可将接种后的一部分的生产罐培养基立即输入各个中试罐中，同时开始发酵运转。

利用单位发酵液体积输入功率相等为基础，也能成功地进行放大。例如在青霉素发酵的放大中，成功地利用了这个参数，先在中试罐中试验，求得产物浓度与功率输入之间的关系，青霉素的效价就达到最高值，在放大 10 倍的发酵罐中，单位体积输入功率超过该值时，青霉素的产率仍然能够达到最大，低于该值，则效价急剧下降。这个方法用于许多微生物发酵的放大，都取得了成功，但这个方法并不适用于所有发酵。从理论和实践经验来看，单位体积等功率放大方法并不完全满意，目前倾向于采用溶氧系数相等的方法。

2. 以保持相等 $K_L a$ 或溶解氧浓度为基础进行放大　对于需氧发酵，溶氧系数是所有需氧发酵的主要指标，因此，氧的供给能力往往成为产物形成的限制性因素，以保持相等 $K_L a$ 或溶解氧浓度为依据进行工艺，设备的放大主要考虑微生物的生理活动条件的一致性，而不考虑发酵罐几何形状是否相似。事实上，只要 $K_L a$ 保持在一定数值上，就能获得较好的结果。如维生素 B_{12} 发酵的放大，就使用了这个方法，得到了比较好的结果。

利用以溶解氧为基础进行的工艺放大，可通过改变发酵罐的形状，或调节工艺条件如菌丝浓度、黏度、消泡剂、罐压、补料，以及培养基的组成等来达到大、小罐溶氧相同的目的。

拓展阅读

发酵过程的自动控制

生物产品的发酵生产过程是一个非常复杂的化学变化和生理变化的综合过程。随着发酵工业的迅速发展，人们在结合改进发酵工艺和设备的同时越来越重视发酵过程的监测和控制，通过计算机、传感器、智能仪表、执行器组成的发酵生产工艺参数在线监测与自动控制系统，能够准确、自动地控制发酵过程在最适当的状态，从而减少发酵生产成本、增加产量、提高产品质量。

发酵生产工艺参数的在线监测与自动控制整个系统主要由上位机、智能仪表、远程 I/O 模块、测量变送器、执行器构成，通过过程总线取得联系。智能仪表和远程 I/O 模块主要完成各参数的实时测量和控制。智能仪表和远程 I/O 模块通过测量变送器对发酵过程搅拌电流、罐温、罐压、进气流量、pH、溶氧、泡沫进行实时测量，所有数据通过现场总线送上位机分析、贮存。同时上位机根据控制要求按用户设定的设定值进行连续控制，主要被控制量有：罐温、罐压、进气流量、pH、溶氧、消泡、补料。

岗位对接

本项目是药品生产技术、药品生物技术等专业学生必须掌握的内容，为成为合格的生物药品制造人员、生物发酵工程技术人员、制药工程技术人员打下坚实的基础。

本项目对接岗位的工种包括生化药品制造工、发酵工程制药工、疫苗制品工、血液制品工、基因工程产品工、药物制剂工、淀粉葡萄糖制造工等各工种药品生产、质量相关岗位的职业工种。

上述从事生物药品、发酵药品生产岗位的工作人员，需要具备基本的微生物发酵的理论知识和对发酵工艺参数的调控能力，具备本岗位的操作技能，例如在线参数的检测，溶氧、pH、泡沫的控制能力等。能够及时发现发酵过程中出现的问题，并冷静分析问题，提出解决的方法。

重点小结

本项目重点讲授了发酵过程中各种影响微生物生长和产物合成的参数以及各参数的调节控制。

各种常见的物理化学因素　对温度、搅拌、pH、溶氧等因素有充分的认识和了解，并能够体会到参数的变化对发酵产生的影响。

控制参数的方法和控制要点　能够采用搅拌、通气、加入生理性酸碱物质、加入消泡剂、控制罐压等方法来调控发酵过程中的影响因素，要注意控制方法的选择和时机的把握。

发酵工艺参数控制中出现的问题和解决方法　发酵过程中常出现满罐、逃液、染菌、发酵单位过低等问题，要学会分析出现问题的原因和解决的办法。

使学生学会参数检测设备、补料速度、通气量、搅拌速度等基本操作技能。

目标检测

一、名词解释

1. 发酵热　2. 生物热　3. 最适菌体浓度　4. 气泛现象　5. 机械性泡沫　6. 流态泡沫
7. 相对溶氧浓度　8. 呼吸强度

二、单选题

1. 目前工业上通常用将发酵罐的压力控制在是（　　　）。
   A. 1.0 ~ 5.0MPa　　　　　　　　　　B. 0.02 ~ 0.05MPa
   C. 0.2 ~ 0.5MPa　　　　　　　　　　D. 0.01 ~ 0.02MPa
2. 发酵过程中，菌体处于生长初期时，菌丝的特征为（　　　）。
   A. 单根菌丝　　　B. 分枝状菌丝　　　C. 网状菌丝　　　D. 菌丝团
3. 发酵过程中形成的泡沫里面，比较稳定，与液体之间无明显的界限的是（　　　）。
   A. 机械泡沫　　　B. 气相泡沫　　　C. 液相泡沫　　　D. 流态泡沫

4. 青霉素发酵生产中，产生青霉素的最适温度是（　　　）。

　　A. 37℃　　　　　　　B. 30℃　　　　　　　C. 24.7℃　　　　　　　D. 22℃

5. 每一类菌都有其最适的和能耐受的 pH 范围，细菌和放线菌在（　　　）。

　　A. 6.5～7.5　　　　B. 4～5　　　　　　　C. 5～7　　　　　　　D. 7～8

三、多选题

1. 引起发酵液中 pH 下降的因素有（　　　）。

　　A. 碳源不足　　　　　　　　　　　　　B. 碳、氮比例不当

　　C. 消泡剂加得过多　　　　　　　　　　D. 生理酸性物质的存在

　　E. 温度过高

2. 在发酵工艺控制中，反映发酵过程代谢变化的工艺参数中，物理参数包括（　　　）。

　　A. 温度　　　　　B. 罐压　　　　　C. 菌体接种量　　　D. 空气流量

　　E. 溶氧浓度

3. 在发酵工艺控制中，反映发酵过程中代谢变化的工艺参数中，化学参数包括（　　　）。

　　A. 基质浓度　　　　B. pH　　　　　C. 产物浓度　　　　D. 菌体量

　　E. 溶氧浓度

4. 选择合适的化学消泡剂来消除泡沫，需要考虑的因素有（　　　）。

　　A. 较小的表面张力及溶解度　　　　　B. 有一定的亲水性

　　C. 来源广，成本低　　　　　　　　　D. 能耐高压蒸汽灭菌

　　E. 消泡效率高

5. 工业上常用的控制 pH 的方法有（　　　）。

　　A. 选择适当培养基成分和配比　　　　B. 加入适量缓冲溶剂

　　C. 直接加酸加碱进行控制　　　　　　D. 通过补料控制 pH

　　E. 通过通气量来控制

6. 发酵过程中产生的热量导致温度上的有（　　　）。

　　A. 生物热　　　　B. 搅拌热　　　　C. 蒸发热　　　　D. 辐射热

　　E. 发酵热

四、简答题

1. 在发酵整个过程，初期、中期、末期它们温度如何变化？

2. 发酵产品生产中控制的参数有哪些？生产上如何实现最优化控制？

3. pH 是如何影响微生物的生长繁殖和代谢产物形成的？

4. 以霉菌发酵为例，说说发酵过程中泡沫的消长规律？

5. 生产上常用的消泡剂有哪些？

6. 影响发酵过程中供氧的因素有哪些？

7. 菌体浓度对发酵有何影响？如何控制菌体浓度？

8. 形成泡沫的原因有哪些？

9. 发酵过程中搅拌的作用有哪些？

10. 原电池型溶氧电极测定溶氧浓度的原理是什么？

实训一　红芝液体发酵生产多糖

一、　实验目的

1. 掌握实罐灭菌技术。
2. 掌握丝状菌发酵过程中工艺控制参数。

二、　实验原理

灵芝多糖由三股单糖链构成，其构型与 DNA、RNA 相似，是一种螺旋状立体构型物，螺旋层之间主要以氢键固定。灵芝多糖体对温度很敏感，是热敏性物质，大多不溶于高浓度乙醇，而溶于热水。温度升高，会引起灵芝多糖的降解，现在提取灵芝多糖多采用膜分离法，整个过程在密闭系统中进行，无需加热，避免和减轻了热和氧对灵芝多糖营养成分的影响。灵芝结构紧密，具有较好的维持力，灵芝多糖存在于细胞壁内，较难渗出。研究人员利用超声波高频振荡产生"空化效应"能破坏灵芝结构的维持力，使灵芝的结构层发生变化，扩大透析膜径，使细胞壁上的多糖尽快释放。灵芝多糖具有免疫调节作用，经腹腔注射或经口服灵芝多糖，能增强对蛋白质抗原延迟超过敏化。灵芝多糖可以通过促进白细胞介素-2 的生成，通过促进单核巨噬细胞的吞噬功能，通过提升人体的造血能力尤其是白细胞的指标水平，以及通过其中某些有效成分对癌细胞起到抑制作用，成为抗肿瘤以及癌症辅助治疗的优选药物。灵芝多糖能促进血清、肝脏和骨髓的核酸及蛋白质的生物合成，因此可以有效地抗病毒；灵芝多糖可显著提高超氧化物歧化酶（SOD）活性，有效清除机体产生的自由基，从而阻止自由基对机体的损伤，防止机体的过氧化，保护了细胞组织，延缓了细胞衰老。

灵芝多糖可以通过液体深层发酵法得到，在大型的发酵罐内，通过调节培养基的组成，发酵工艺条件等，在短时间内得到大量的菌丝体和多糖。实践表明，通过液体深层培养能得到生物功能活性都与子实体相似，其中菌丝体中的粗多糖和多糖含量均高于子实体，被广泛地用于许多药用真菌的生产，因此具有很好的发展前景。

灵芝菌丝体液体深层发酵的发酵工艺流程基本包括菌种制备、种子扩大培养、培养基配制与灭菌、发酵过程工艺控制等工序。

三、　实验器材及材料

1. 菌种　红芝。

2. 培养基　斜面活化培养基：马铃薯汁 20%、葡萄糖 2%、酵母膏 0.75%、三水磷酸二氢钾 0.3%、七水硫酸镁 0.075%、琼脂 1.5%，pH 为 5.5。

液体种子培养基：玉米粉 1%、葡萄糖 2%、麸皮 0.5%、三水磷酸二氢钾 0.015%、七水硫酸镁 0.075%，pH 为 5.5。

发酵培养基：黄豆饼粉 2%、蔗糖 4%、三水磷酸二氢钾 0.015%、七水硫酸镁 0.075%。

3. 仪器　发酵罐、摇瓶机、锥形瓶、试管。

四、　实验内容

（一）种子扩大培养

1. 斜面活化　将菌种接种到试管斜面，28℃培养，至白色菌丝体布满整个斜面。

2. 摇瓶培养　将经试管斜面活化的菌种接入灭菌的锥形瓶培养基中，置于摇床上振荡培养，摇床速度 200r/min，培养温度 28℃，时间 48h。

3. 种子罐扩大培养 将摇瓶种子接入种子罐，接种量为 5%~10%，培养温度为 28℃，时间 48h。

（二）发酵工艺的控制

1. 发酵前准备 发酵罐检查与准备：发酵罐及管路系统清洁干净，检查发酵罐和管路系统的密闭性。

2. 培养基的实罐灭菌 将配制好的培养基输入发酵罐内，经过间接蒸汽预热，然后直接通入饱和蒸汽加热，使培养基和设备一起灭菌，达到要求的温度和压力后维持一定时间，再冷却至发酵要求的温度。

3. 发酵工艺的控制

（1）温度、pH 控制 温度控制在 28℃，灵芝菌丝体最适生长 pH 为 5.5，而最适产物形成的 pH 为 4.5，因此发酵过程中采用分段控制 pH，不同阶段控制不同的 pH，以提高发酵的产量。

（2）压力 为了避免染菌，发酵过程中一定要正压发酵，罐内的压力控制在 0.02~0.05MPa。

（3）溶解氧 溶解氧的控制是通过通气和搅拌来实现的，通过通气和搅拌使溶解氧控制在饱和溶氧浓度 20% 以上即可。

（4）泡沫控制 通过加入 0.03% 泡敌控制。

（5）染菌控制 从种子制备开始，每级种子转移的同时要做种子是否无菌的减产，从锥形瓶接到种子罐的种子一般采用火圈接种法，从种子罐到发酵罐一般采用压差接种。发酵至残糖 1% 以下或菌丝体开始自溶前放罐，发酵液经提取得到灵芝多糖产品。

> **知识链接**
>
> **染菌的防治**
>
> 杜绝种子带菌，严格执行接种、移种的无菌操作规范，不断提高无菌操作技能。加强空气净化，防治空气带菌。消灭设备和管道的死角。防治设备渗漏，严格操作规范，减少操作失误。

五、 实验结果

灵芝多糖含量测定。

【重点提示】

1. 种子罐装料系数为 60%~75%，通气量为 1∶1。

2. 当 pH 较低时，可加氨水或低浓度氢氧化钠来调节，当 pH 较高时，可加低浓度的盐酸调节。

实训二 纳豆激酶固体发酵条件的优化

一、 实验目的

1. 熟悉单因素试验。

2. 掌握固体发酵生产纳豆激酶的方法。

二、 实验原理

一直以来，血栓性疾病严重危害人类的健康，不仅病率高而且死亡率及致残率也很高。随着人们生活水平的提高和生活习惯的改变，以及人口老龄化的加速，血栓性疾病的发病率也在逐渐提高。据统计，全球每年约有 1500 万人患有血栓性疾病，且每年有 1200 万人死于心脑血栓疾病。

纳豆是日本的一种传统发酵食品，以蒸煮熟的大豆为原料，经过纳豆芽孢杆菌发酵而制成的，具有特有的风味，含有多种营养物质及生物活性物质，因而具有很好的保健功能。纳豆除了具有溶栓抗栓及抗菌抑菌的作用外，还有多种功能，如：降血压、抗肿瘤、抗癌防癌及防止骨质疏松和调整肠胃功能等营养保健功能。

纳豆激酶（nattokinase, NK）是一种在纳豆发酵过程中由纳豆菌产生的丝氨酸蛋白酶。纳豆激酶具有很强的纤溶活性，不但能直接作用于纤溶蛋白，而且还能激活体内纤溶酶原，从而增加内源性纤溶酶的量与作用。由于 NK 具有安全性好、成本低、作用迅速、经口服后可迅速入血，纤溶活性强，可由细菌发酵生产、作用时间长等优点，有望被开发为新一代的口服抗血栓药物用于血栓性疾病的预防治疗。

国内外生产纳豆激酶的方式主要有两种：固体发酵和液体发酵。固体发酵主要是以大豆为主要原料，大豆进行清洗除杂，然后用 2.5 ~ 3 倍的清水浸泡过夜，沥去水分，进行高温蒸煮灭菌，当大豆的温度降低到 50 ~ 60℃ 的时候，接种纳豆菌。放于生化培养箱中静止培养 24h 以上，于 4℃ 冰箱中后熟 1d。固体发酵历史悠久，且具有操作简单易行、设备简单、投资少、无"三废"排除，环境污染少等优点而被广泛应用于纳豆激酶的发酵生产。

三、 实验器材及材料

1. 菌种 纳豆枯草芽孢杆菌。

2. 培养基和溶液 牛肉膏蛋白胨培养基（g/L）：牛肉膏 3.0、蛋白胨 10.0、NaCl 5.0，蒸馏水 1000ml，pH 7.2 ~ 7.4，琼脂 1.8% ~ 2%，121℃ 蒸汽灭菌 20 min。

发酵培养基（g/L）：葡萄糖 30、酵母膏 15、$MgSO_4$ 1、$CaCl_2$ 0.4、Na_2HPO_4 2、NaH_2PO_4 1，pH7.5，112℃ 蒸汽灭菌 30min。

pH 7.2 磷酸盐缓冲液（0.2 mol/L）：A：0.2mol/L 磷酸氢二钠溶液；B：0.2mol/L 磷酸二氢钠溶液。取 72.0ml A 液与 28.0ml B 液混合均匀。

凝血酶溶液：取凝血酶，加 pH7.8 三羟甲基氨基甲烷缓冲液溶解并稀释至每 1ml 中含 5U 的溶液。

纤维蛋白原溶液：取纤维蛋白原，加 pH 7.8 磷酸盐缓冲液溶解并定量稀释至每 1ml 中含可凝固蛋白约 5.0mg 的溶液。

3. 仪器 恒温培养箱、超净工作台、分光光度计、恒温式水浴锅、超净工作台、高速台式冷冻离心机、冷藏柜、pH 计。

四、 实验内容

（一）种子液培养

接一环活化后的纳豆芽孢杆菌于种子培养基中，装液量 50ml/250ml，37℃，150r/min 摇床培养，12h 作为发酵的种子培养液。

（二）纳豆固体发酵最佳接种量

称取黄豆 50g，洗净、浸泡过夜；115℃ 高压灭菌蒸煮 30min，自然冷却接上培养种子液，接种量分别 4%、6%、8% 和 10%；放置培养箱 39℃ 培养 48h，保持相对湿度 85% ~ 90%；4℃ 冰箱后熟 24h；分别测定酶活力。

（三）纳豆固体发酵最佳时间

称取黄豆 50g，洗净、浸泡过夜，115℃高压灭菌蒸煮 30min，自然冷却，接 6% 种子液，39℃培养 16、24、32h 和 40h，相对湿度 85%～90%，4℃冰箱后熟 24h，分别测定样品酶活力。

（四）不同金属离子对发酵产酶的影响

通过实验得知，Mg^{2+} 是纳豆激酶的激活剂，实验中考察了 Ca^{2+}、Mg^{2+}、Fe^{3+}、Zn^{2+} 对发酵产酶的影响。本试验按照《中国药典》对营养强化剂的限量标准进行添加金属离子，用以浸泡大豆，考察不同的离子对发酵产酶的影响。

（五）大豆的破碎程度对纳豆菌生长和纳豆酶活力的影响

精选大豆，浸泡 14h，除去多余的水分，分别切成 2、4 瓣和 8 瓣；115℃高压灭菌 30min，自然冷却，按 6% 比例接种菌液，39℃培养 24h，相对湿度 85%～90%，4℃冰箱后熟 24h。

知识链接

纳豆激酶的药理学研究

纳豆激酶在体外和体内均具有很好的溶解血栓作用。纳豆激酶（NK）的体外溶栓作用十分明显。NK 最早就是因为其具有显著体外溶栓效果而被发现的，NK 是一种丝氨酸蛋白酶，将酶提取液滴加到纤维蛋白平板上，即出现透明的溶解圈，酶活性越大，溶解圈越大，用纤维蛋白平板法和溶解时间，标准曲线法测定 NK 的比活力是纤溶酶的 4 倍。纳豆激酶的体内溶栓作用通过动物血栓模型研究 NK 的溶栓活性，发现 NK 不仅抑制血栓的形成，同时还有很强的溶栓作用，并在一定范围内成量效关系。用狗作为实验动物，从狗的股大静脉注入血清纤维蛋白原和牛凝血酶，使其形成体内静脉血栓，纳豆激酶可使其血栓完全溶解，血液循环畅通。用小鼠做实验动物，研究发现 NK 对小鼠血栓模型也有明显的溶栓作用。

五、实验结果与分析

1. 测定纳豆激酶酶活力。
2. 最佳的发酵条件确定。

【重点提示】

1. 高压灭菌蒸煮后，自然冷却接种，防止菌种烫死。
2. 接种后要摇匀。
3. 培养后，放冰箱中后熟，再测酶活力。

项目七
发酵下游过程简介

学习目标

知识要求　**1. 掌握**　发酵下游过程的特点及操作要点。
　　　　　2. 熟悉　发酵产物分离纯化原则。
　　　　　3. 了解　发酵下游过程的前沿发展。

技能要求　1. 熟练掌握发酵下游过程中提取、精制步骤。
　　　　　2. 学会对发酵液预处理及保存；会运用基本知识对发酵下游产物进行提取，同时解决操作中出现的一些常见问题。
　　　　　3. 了解常见发酵技术下游产物的分离纯化工艺。

任务一　下游加工过程的特点

案例导入

案例：蛋白酶——碱性蛋白酶提取工艺

　　蛋白酶是水解蛋白质及肽链等一类酶的总称。按照其水解多肽的形式可分为内肽酶与外肽酶两种。工业上生产的主要为内肽酶。蛋白酶分布广泛，存在于动物内脏、植物茎叶、果实和微生物中，由于动植物资源有限及现今人类环保意识的日益增长，从动植物资源中提取蛋白酶类已经较少，主要是使用微生物发酵获取蛋白酶，微生物蛋白酶具有较大生产价值，现今获取的蛋白酶已有上百种，广泛应用于皮革工业、医药及食品等行业。根据蛋白酶生产菌所需 pH 的不同，可将微生物蛋白酶分为酸性蛋白酶、中性蛋白酶和碱性蛋白酶。

　　提取碱性蛋白酶时，由于碱性蛋白酶发酵生产时，发酵液通常黏度较大，采取常规离心或板框过滤法无法进行固-液分离，不能够获得澄清滤液。为获取微生物蛋白酶，通过几次改良下游发酵技术，从直接离心或过滤，改良成使用盐析法，盐析法虽然能除去菌体，但是过滤速度依旧较慢，蛋白酶本身为生物活性物质，对外界条件比较敏感，长时间的下游提取过程会大大降低蛋白酶活性及蛋白酶的产量；现今通过再次改良下游分离技术，使用絮凝法处理发酵液，即在发酵液中先加入碱性物质，调节pH 至 8.5 左右，然后加入聚丙烯酰胺，调节终质量浓度到 80mg/L，搅拌 10min 后，静置，真空抽滤，再向滤液中加入硫酸钠，静置 24h 后，加入硅藻土压滤干燥，获得成品碱性蛋白酶。

一、 概述

微生物把发酵产物分泌到微生物细胞外（发酵液中），或者微生物细胞内，无论目的发酵产物在发酵液内还是细胞内，大多数情况下产物浓度都是比较低，杂质含量却很高，而且生理活性越高的物质，通常其含量越低。将发酵目的产物从发酵液中分离、纯化、精制相关生物制品的过程称为发酵下游加工过程，发酵产物存在于多相体系中，体系成分复杂。通过下游加工过程实现发酵产物的分离，获得纯化的产品。下游加工过程可分为三个阶段：①发酵液预处理和固-液分离；②发酵目的产物的提取（初步纯化）；③发酵目的产物的精制（高度纯化）。发酵目的产品的性质和使用要求达到的纯度决定了下游加工过程的工艺过程。

现阶段下游加工过程的特点可以概括为以下四个方面。

1. 成分复杂多样 微生物发酵液是复杂的多相系统，其中含有微生物细胞、未用完的培养基、微生物的其他代谢产物，还有在发酵液预处理过程中加入的促进分离纯化的物质，例如草酸、硫酸锌、黄血盐等，现阶段，由于发酵广泛应用于医药行业中，一些医药行业使用的产品还需要无菌操作，由于发酵液通常黏度大，成分复杂多样，从中分离固体物质十分困难。

2. 发酵目的产品收率低 发酵目的产品提取和精制过程其实就是浓缩和纯度提高的过程。发酵液体积庞大，生物活性物质浓度相对就很低，然而发酵成品要求达到的纯度又较高，因此，仅仅一步的提取操作远远不能满足要求，通常都需要好几步操作才能获取发酵目的产品，从而使发酵产物的下游加工过程成本显著增加。

3. 产品性质不稳定 发酵液中得到的生物活性物质很不稳定，如温度改变、极端 pH、有机溶剂等都会引起产品失活或分解，微生物自身的活性酶也可能分解产品。

4. 提取、纯化、精制过程具有一定的灵活性 发酵过程是分批操作，与化学合成过程相比，生物变异性大，各批次发酵液均有差别的特点，这就决定了下游加工过程要有一定的弹性，针对不同批次的发酵产物虽然整个工艺流程没有太大的区别，但在放罐时间等方面都要以实际情况决定，特别是对部分染菌的批号，同样可以进行处理，可以采取提前放罐的操作，以避免更大的损失。发酵液的放罐时间、发酵过程中消泡剂的加入及反应条件的改变都对提取有较大影响。

发酵下游工程操作中因提取、分离和精制的过程中，会用到有机溶剂，经常使用大量的易燃、易爆、腐蚀性或有毒的试剂，故在操作过程中需要操作人员对防爆、防火、防腐、劳动保护、操作方法及安全生产等方面有特殊要求，同时对发酵下游工程工艺流程和设备等也需要特别注意，技术操作人员需经严格岗前培训，培训合格后持证上岗，同时对下游工程技术中产生的"工业三废"进行处理，以避免污染环境。

二、 下游加工过程及技术

发酵产物的分离纯化方法多种多样，即使是同一种发酵产物，不同的技术路线和生产工艺流程对最终发酵产物的质量都有较大的影响。但是不管发酵产物以胞内还是胞外形式出现，发酵下游加工过程的一般操作流程一般包括以下几个方面。

（一） 发酵液的预处理和固-液分离

1. 发酵液的预处理 发酵液中的微生物细胞通常体积较小，发酵液黏度很大，一般不能够直接过滤，如果直接过滤，由于菌体自溶、自身代谢产物、核酸、蛋白质等原因，导致滤液浑浊，不容易分离出发酵产物，所以要对发酵液进行预处理。

发酵液的预处理是采用物理或者化学的方法，增大悬浮液中固体粒子的大小、或降低黏度，以利于过滤同时去掉可能影响后续提取的高价无机离子。发酵液预处理的主要目的就是在于改变发酵液的性质，在保持发酵产物（一般为生物活性物质）稳定性的范围内，通过酸化、加热等方式降低发酵液的黏度，以便去除大部分杂质；降低发酵液的黏度有利于进一步的分离纯化处理。发酵液预处理的方法包括三个方面：高价无机离子的去除；杂蛋白质的去除；发酵液的凝聚和絮凝。高价无机离子主要包括钙离子、镁离子、铁离子等，去除钙离子时主要使用草酸，去除镁离子使用三聚磷酸钠，去除铁离子主要使用黄血盐（亚铁氰化钾），形成普鲁士蓝沉淀以便去除。杂质蛋白通常采用热变性法对杂质蛋白进行去除，同时可兼并采用沉淀、改变发酵液 pH 的方法进一步去除杂质蛋白。

发酵液最常用的预处理方法是絮凝或凝聚的方法，原理是增大发酵悬浮液中固体粒子的大小，以加快微生物细胞沉降速度；除了絮凝和凝聚，也可以使用稀释、加热的方法降低发酵液整体黏度，便于发酵产物的分离。

2. 发酵液的固−液分离 发酵液的固−液分离常规采用过滤和离心的方法，如果发酵产物在微生物细胞内，在收集微生物细胞后还需要进行细胞破碎以获取发酵产物，现阶段细胞破碎的方法主要有物理法（包括匀浆法、反复冻融法、超声波法等）；化学法（包括渗透法、脂溶法等）；生物法（包括酶溶法等）。发酵液中杂质种类多种多样，其中对后期提纯影响较大的是高价态的金属离子（如 Ca^{2+}、Fe^{3+} 等）和杂蛋白等，杂质的存在增大了发酵液的黏度，降低固−液分离速度，不利于后期提纯。

过滤主要是将悬浮在发酵液中的固体物质提取出来，由于发酵产物在处理的过程中容易出现失活、降解等现象，所以过滤的时间要尽可能的短，同时保证滤液澄清。影响发酵液的过滤速度与不同的菌种及发酵时具体的发酵条件有关。真菌的菌丝比较粗大，发酵液较容易过滤，同时滤渣容易刮下来；放线菌菌丝细而交织成网状，又富有多糖类物质，黏性强，一般过滤较为困难，通常都需要进行预处理。除去菌体自身因素，培养基的组成对过滤速度影响较大，使用颗粒直径小的营养物质（例如花生粉、淀粉等）会使过滤困难。除去以上两种原因，选择合适的时间放罐对过滤的影响也较大，一般原则是在菌体自溶前必须放罐，原因在于菌体自溶后的分解产物一般难过滤，延长发酵周期虽然可以使发酵总产量上升，但是发酵后期色素等杂质增多，过滤困难。

发酵液的预处理中，针对动、植物或微生物细胞培养液，对其预处理通常包括去除可溶性的黏性物质，还有就是无机盐的去除。常用的技术包括加入絮凝剂、变性沉淀、吸附、细胞破碎等方法。常使用的设备包括高压匀浆机、高速珠磨机、超声波振荡器等。

发酵液的固−液分离是将悬浮液中固体和液体分离的过程，是获取生物产品不可缺少的步骤。固−液分离中常使用的设备包括板框压滤机、真空鼓式过滤机及离心机等。板框式压滤机主要由固定板、滤框、滤板、压紧板和压紧装置组成，有过滤面积大并能够承受较高压力差的特点，同时结构简单、价格相对较低，缺点是不能够连续操作、人员劳动强度大；真空鼓式过滤机占地面积小、能够自动化是一种理想的过滤装置，但由于其承受压差较小、能耗较大等缺陷，现阶段主要应用于霉菌发酵液的过滤。

（二）发酵目的产物的提取（初步纯化）

发酵液经固−液分离后，生物活性物质主要存在于滤液中，通常来讲，滤液体积大，浓度较低，下游加工过程就是浓缩和纯化的过程，为获取发酵产物常需多步操作。其中第一步操作最为重要，称为初步纯化或提取，主要目的在于浓缩，也有部分纯化作用。产品初步纯化常使用的技术包括溶剂萃取法、吸附法、离子交换法、沉淀法及超滤法等。下面介绍几种常用的初步纯化技术。

1. 吸附法 利用适当的吸附剂（如活性炭、白土、氧化铝等），在一定的 pH 条件下，使用吸附剂将发酵液中的生物活性物质吸附出来，之后改变 pH，采用适当的洗脱剂（多数为有机溶剂）把生物活性物质从吸附剂上解吸下来收集，以达到浓缩和提纯的目的。

2. 沉淀法　利用某些微生物药物具有两性的性质，使其在等电点时从溶液中游离沉淀出来；或在一定 pH 条件下，能与某些酸、碱或金属离子形成不溶性或溶解度较小的复盐，使发酵产物从发酵液滤液中沉淀析出，之后通过再次改变发酵液 pH 等条件，利用此种复盐又易分解或重新溶解的特性获取发酵产物。

3. 离子交换法　离子交换法是利用交换剂与溶液中的离子发生交换进行分离的方法；利用交换剂中的可交换基团与溶液中各种离子间的离子交换能力的不同来进行分离的一种方法。

4. 溶剂萃取法　利用发酵产物在不同的 pH 条件下以不同的化学状态（游离或成盐状态）存在时，在水与水互不相溶的溶剂中溶解度不同的特性，使微生物药物从一种溶液转移至另一种溶剂中，以达到浓缩和提纯的目的，此种提取方法称为溶剂萃取法。

5. 超滤法　超滤法是使用加压膜分离技术，在一定的压力下，使小分子物质和溶剂穿过一定孔径的超滤膜，而大分子溶质不能透过，留在膜的另一边，从而使大分子物质得到了部分的纯化。超滤是以压力为推动力的膜分离技术之一，以分离大分子与小分子物质为目的。

常见发酵下游产物初步分离方法比较如表 7-1 所示。

表 7-1　常见纯化方法比较

	吸附法	沉淀法	离子交换法	溶剂萃取法	超滤法
优势	成本较低	设备简单 原料易得 节省溶剂 成本低 收率高	设备简单 操作方便 成本低 较少使用有机溶剂	浓缩倍数大 产品纯度高 连续生产 生产周期短	简单 不发生相变化 无需化学试剂
不足	吸附性能 不稳定	难过滤 质量较差 杂质较多	生产周期较长 pH 变化大 不适合稳定性较差 的发酵产物	溶剂耗量大 设备要求高 成本较高 需要整套溶剂回收 装置和相应的防 火、防爆措施	浓差极化和膜的污 染，膜的寿命较短

（三）初步纯化的影响因素

发酵产物提取过程一般持续较长，所分离的发酵产物容易分解或降解，外界环境因素对发酵产物品质影响较大，温度、酸碱度、盐浓度、重金属离子等因素都是提取时要考虑的因素。

多数物质的溶解度随提取温度的升高而增加，较高的温度能够降低发酵液的黏度，有利于分子扩散和机械搅拌，所以对发酵液中一些耐热的成分，如多糖类，可使用浸煮法提取。加热温度一般控制在 50～90℃之间。但是大多数的发酵产物都是不耐热生物活性物质，不适合使用浸煮法，通常提取温度在 0～10℃之间。对一些耐热的发酵产物，如细胞工程中常用的胰蛋白酶可在 20～25℃提取。而有些发酵产物在提取时，如胃蛋白酶的提取，首先需要激活，温度可以控制在 30～40℃；除发酵产物本身性质的原因，也要充分考虑使用提取发酵产物的溶剂，多数情况下，要考虑溶剂的（特别是有机溶剂）挥发及安全性，通常控制在较低的温度下进行提取。

盐离子的存在同样能够降低生物分子间离子键及氢键的作用力。稀盐溶液对蛋白质等生物大分子有助溶解作用，盐离子作用于生物大分子表面，增加了表面电荷，使之极性增加，水合作用增强，促使形成稳定的双电层，此现象称为"盐溶"作用，例如一些不溶于水的球蛋白在稀盐中能增加溶解度。而重金属离子的存在时，会促进某些发酵产物的氧化，活性物质受到抑制，所以在提取过程中，通常使用金属离子螯合剂与其他溶解法联用，在提取过程中保证生物活性物质的稳定性。

pH影响发酵产物的生物活性，多数活性物质在中性pH条件下稳定，原则上提取使用的溶剂系统应避免过酸或过碱，pH一般应控制在4~9之间。而且为了加大发酵产物的溶解度，通常避免在发酵产物的等电点附近进行提取。选择适宜的pH不但直接影响欲提取物与杂质的溶解度，还可以抑制部分酶类的水解破坏作用，防止发酵产物降解，提高收率。一些小分子脂溶性物质调节适当的溶剂pH还可使其转入有机相中，便于与水溶性杂质分离。同时为了保持某些发酵产物的活性，操作环境要注意避免日光直射，同时避免剧烈搅拌等操作，对于一些容易氧化的发酵产物也要注意提取条件，例如含有疏基的发酵产物，易被氧化，提取时常加某些还原剂，如半胱氨酸等。

（四）发酵目的产物的精制（高度纯化）

经初步纯化后，体积虽缩小较大，但发酵产物纯度依旧很低，需要进行进一步的精制。精制的方法很多，初步纯化中的某些操作，如沉淀、吸附法等也可应用于产品精制中。此外在精制中还常用结晶、重结晶、蒸发浓缩、干燥、脱色和去热原、色层分离法等。大分子（蛋白质）和小分子物质的精制方法有类似之处，但侧重点不同，大分子物质的精制依赖于色层分离，而小分子物质的精制常常利用结晶操作。现阶段常用的高度纯化的方法包括结晶、凝胶层析、离子交换法、亲和纯化、膜分离技术等。

结晶操作多数应用于小分子物质的精制纯化中，结晶是指固体溶质从（过）饱和溶液中析出的过程。高度纯化中常用的纯化方法是色层分离法又称色谱法，是实现物理和化学性质非常相近的组分间分离的方法，属于传质分离过程，现已作为一种单元操作应用。由固定相和流动相组成，填充柱是分离装置的主体，柱内充填多孔性固体颗粒，如吸附剂，离子交换树脂，或浸渍于载体上的萃取剂或吸收剂，称为固定相。流过填充柱的多组分料液或混合气体，称为流动相。流动相流过填充柱时，物料中各组分因溶解度、吸附性等方面的差异，经历多次差别分配。易分配于固定相的组分，在柱中的移动速度慢，难分配于固定相的组分，移动速度快，从而使各组分逐步分开，最后可实现较完全的分离。

任务二 下游加工技术的选择

发酵液成分复杂，发酵液通常可达吨级，所以对选择合适的发酵下游加工技术也是重中之重。通常根据实际生产中具体的条件，先通过实验确定常规条件，然后再经过中间试验和扩大实验后，才能确定具体的提取工艺路线，实际生产中对发酵下游技术的选择也不尽相同，主要从以下几方面考虑。

一、根据发酵产物自身性质

根据发酵产物自身性质，综合考虑产品的纯度和疗效，选择下游加工技术的考虑因素又分以下四点。

（一）化学结构

任何发酵产物的性质都与其化学结构密切相关，而化学结构的不同是选择合适的不同提取方法的重要原因。发酵产物种类多样，包括抗生素、酶、蛋白质、核酸、维生素等，均具有不同的结构类型，在理化性质上有较大的差异。

（二）溶解性

发酵产物在特定溶剂中溶解度大小取决于该物质得到分子结构及溶剂的性质。一般来说，极性物质易溶于极性溶剂，非极性物质易溶于非极性有机溶剂中；碱性物质易溶于酸性溶剂，酸性物质易溶于碱性溶剂；温度升高时，发酵产物溶解度相应增大，远离等电点时亦溶解度增加。提取时一般利用同一种溶剂对不同物质溶解度的不同，从混合物中分离出一种或几种组分。

（三）极性

选择提取溶剂时，应充分考虑发酵产物的极性。常用的溶剂有水、稀盐、稀碱、稀酸等溶液，也有用不同比例的有机溶剂进行提取，如乙醇、丙酮、三氯甲烷、四氯化碳等。对一些分子中非极性侧链较多的蛋白质和酶，常用丁醇提取效果好，丁醇亲脂性强，兼具亲水性，可取代与蛋白质结合的脂质的位置，还可阻止脂质重新与蛋白质分子结合，使蛋白质在水中溶解能力增加。丁醇提取法所要求的 pH、温度范围较广。

（四）稳定性

不同发酵产物的化学稳定性直接影响提取方法的选择。在提取过程中应充分考虑欲提取物的活性，对蛋白质类药物特别要防止其高级结构的破坏，避免高热、剧烈搅拌、大量泡沫、强酸、强碱及重金属离子的作用；酶类药物的提取要防止辅酶丢失和其他失活因素的干扰；多肽类及核酸类药物需注意避免酶的降解作用，提取过程中，应在低温下操作，并添加某些酶抑制剂；对脂类药物提取时应特别注意产品的氧化，减少与空气的接触，如添加抗氧化剂、通氮气及避光等。

现阶段抗生素类药物大多数由发酵得来，抗生素类药物因其性质与作用的特殊性，对此类发酵产物要特别注意，在提取前分析抗生素类药物在不同的 pH、温度、时间条件下抗生素的稳定性，掌握其分解速度及降解产物的一般特性，一般抗生素的稳定性较合成药物差，要注意在整个提取过程中，要尽量使抗生素保持稳定。

二、 根据分离、 纯化、 精制获得发酵产物需要的成本

发酵下游加工技术中主要是发酵产物的分离纯化工艺。传统发酵工业中，发酵下游加工技术所需要的费用占发酵工程总费用的 60%，在现今的发酵工业中，由于基因工程、细胞工程技术等大量应用于发酵技术中，所获取的发酵产物更是对纯度、精度有了更高的要求，所以发酵下游加工技术的成本又有所上升，大约占发酵工程总费用的 80%~90% 之间。国际上对发酵工程下游加工技术的发展也给予了很大的关注，从 1983 年开始，英国政府工业部发起生物分离计划，专门研究发酵下游加工技术，我国也在 1989 年召开了第一次专门针对发酵下游加工技术的专门会议，发展至今，发酵下游加工技术已有较大的发展。

发酵下游加工技术费用在分离纯化工艺流程中，纯化加工的成本一般是随着工艺流程的增加而递增。所以在实验过程确定初步纯化工艺后，整合整个工艺流程都要考虑成本。在整个工艺流程中，应将涉及发酵产物处理体积大、加工成本低的工序尽量前置，而层析介质较为昂贵，使用层析精制纯化工序宜放在工艺流程的后段，同时进入层析阶段的发酵产物体积应尽量小，以减少层析介质的使用量，节约成本。

三、 具有环保意识

发酵下游加工技术中使用的有机溶剂多数都是有一定毒性或腐蚀性的试剂，同时在发酵生产过程中应用的菌种可能对环境有污染，所以在设计下游加工工艺流程时要具有环保意识，充分考虑废弃物对环境的影响，尽量减少"工业三废"的排放。同时考虑生产的安全性（注意防腐、防毒、防爆、防火等措施）以及环境污染等问题。

综合以上三点，就可大体决定采用何种方法进行下游产物加工。如对极性较强的微生物药物可考虑用离子交换法；能形成沉淀的可考虑用沉淀法。如以上方法都不适用或进行小规模提取实验时，也可以使用吸附法，究竟选用何种方法，应通过小规模预实验，将各种方法进行比较，并不断改进。现有各种微生物药物的提取方法，一般是这样逐步决定的。简而言之，在整个微生物发酵下游加工技术中要抑制宿主细胞或分泌产物中相应的酶活性，以防止其降解待纯化产物，同时注意每个环节的时效性，对每个步骤都进行质量监控，以保证发酵产物的安全、有效；尽可能缩减分离步骤，降低生产成本。

课堂互动

讨论"工业三废"的危害及防治措施。

青霉素是纯化工艺较成熟的发酵产品，在其整个提取过程要考虑到青霉素化学性质不稳定，发酵液预处理、提取和精制过程要满足条件温和、提取时间短等特点，以防止青霉素产物降解。以下就青霉素的提取工艺进行简单介绍。

1. 发酵液的预处理 发酵工艺结束后，目标产物青霉素主要存在于发酵液中，但是浓度较低，同时含有大量杂质，杂质大大影响后续工艺的有效提取，所以必须对其进行预处理，目的在于浓缩目的产物，去除大部分杂质，改变发酵液的流变学特征，利于后续的分离纯化过程。是进行分离纯化的第一个工序。

2. 过滤 发酵液在萃取之前需预处理，发酵液加少量絮凝剂沉淀蛋白，然后经真空鼓式过滤或板框过滤，除掉菌丝体及部分蛋白。青霉素易降解，发酵液及滤液应冷至 10 ℃ 以下，过滤收率一般 91% 左右。具体操作方法如下：由于菌丝体大约 $10\mu m$ 左右，采用鼓式真空过滤机过滤，滤渣形成紧密饼状，容易从滤布上刮下。此时蛋白质含量在 0.05% ~ 0.20%。下一步骤为去除杂质蛋白质。改善过滤和除去杂质蛋白质的措施：使用硫酸缓冲液调节 pH 至 4.5 ~ 5.0 之间，加入 0.07% 溴代十五烷基吡啶（PPB），0.7% 硅藻土为助滤剂。再使用板框式过滤机，此时滤液澄清透明，方便进行下一步萃取。

3. 萃取 青霉素的提取主要采用溶媒萃取法。青霉素游离酸易溶于有机溶剂，但青霉素盐易溶于水。利用这一性质，首先在酸性条件下将青霉素转入有机溶媒中，调节 pH，再转入中性水相，反复几次萃取，即可提纯浓缩。通常选择对青霉素分配系数高的有机溶剂。工业上最常使用的是醋酸丁酯和戊酯，具有分配系数高、价格相对较低、环保等特点，萃取 2 ~ 3 次发酵液可进行结晶。从发酵液萃取到乙酸丁酯时，pH 选择 1.8 ~ 2.0，从乙酸丁酯反萃到水相时，pH 选择 6.8 ~ 7.4。发酵滤液与乙酸丁酯的体积比为 1.5∶1 ~ 2.1∶1，即一次浓缩倍数为 1.5 ~ 2.1。为了避免 pH 波动，采用硫酸盐、碳酸盐缓冲液进行反萃。发酵液与溶剂比例为 3∶1 ~ 4∶1。几次萃取后，浓缩 10 倍，浓度几乎达到结晶要求。萃取总收率在 85% 左右。所得滤液多采用二次萃取，用 10% 硫酸调 pH2.0 ~ 3.0，加入醋酸丁酯，用量为滤液体积的三分之一，反萃取时常用碳酸氢钠溶液调 pH7.0 ~ 8.0。在一次丁酯萃取时，此时滤液含有大量蛋白，还要加入破乳剂防止乳化。第一次萃取，存在蛋白质，加0.05%～0.10%乳化剂 PPB。整个萃取过程中为减少青霉素降解，萃取罐使用冷冻盐水冷却，要保持低温下进行（10℃以下）。

4. 脱色 萃取液中添加活性炭，以除去色素、热原等物质，之后使用过滤的方法，再除去活性炭。

5. 结晶 青霉素萃取液一般通过结晶进行提纯。由于青霉素钾盐在醋酸丁酯中溶解度很小，在二次丁酯萃取液中加入醋酸钾-乙醇溶液，就会结晶析出青霉素钾盐。然后采用重结晶方法，进一步提高纯度，将钾盐溶于氢氧化钾溶液，调 pH 至中性，加无水丁醇，在真空条件下，共沸蒸馏结晶得纯品。也可以采用直接结晶的方法，即在两次乙酸丁酯萃取液中加醋酸钠-乙醇溶液反应，得到结晶钠盐。再加入醋酸钾-乙醇溶液，得到青霉素钾盐。

共沸蒸馏结晶：萃取液，再用 0.5mol/L NaOH 萃取，pH4.8～6.4 条件下得到钠盐水浓缩液。加 2.5 倍体积丁醇，16～26℃，0.67～1.3kPa 条件下蒸馏。水和丁醇形成共沸物而蒸出。钠盐结晶析出。结晶经过洗涤、干燥后，得到青霉素产品。

总之在选择微生物药物提取工艺路线时，要同时考虑原料的来源和成本、生产的安全性（注意防腐、防毒、防爆、防火等措施）以及环境污染等问题。

任务三　下游加工技术的发展趋势

下游加工技术是发酵工程中关键性的操作单元，直接影响发酵产物的质量和产量，主要特点是各种学科技术交叉，新型的提取、分离、纯化技术不断涌现，同时在操作过程中注重新型材料的研制，分离纯化设备推陈出新，发展迅速。

发酵工程中，由于膜分离技术随着膜本身质量的改进和膜装置性能的改善，在下游加工过程的各个阶段，将会越来越多地使用膜技术。膜分离技术是利用具有一定孔径、化学特性及物理结构的膜，对相关性质的生物大分子或小分子进行分离的方法，其分离过程是以选择透过性膜作为分离介质，通过在膜两侧施加某种推动力（如渗透压差、压力差等），使待分离体系中的相关组分有选择性地透过膜，从而达到分离。例如，Millipore 公司进行研究的提取头孢菌素 C 的过程，利用微孔滤膜进行发酵液的过滤；利用超滤去除一些蛋白质杂质和色素；利用反渗透进行浓缩，最后结合高效液相色谱法（HPLC）进行精制，就可得到成品，其纯度可达到 93%。亲和技术的广泛推广使用也是下游加工技术的重要趋势之一，利用生物亲和力可使分离的选择性大大提高，在下游加工过程的各个阶段，都正在使用，除经常使用的亲和层析外，还有亲和分配、亲和沉淀等。

除了新型材料的使用，发酵上游技术对下游过程的影响同样不可忽视，改变发酵上游技术对提高产品质量有明显的提高。过去上游技术的发展经常不考虑下游方面的困难，致使发酵液浓度提高，却得不到产品。下游方面经常强调要服从上游方面的需要，比较被动。现以发酵工程发展的要求，作为一个整体，上、下游工程技术互相配合，发酵上游技术方面已为下游提取方便创造条件，包括改良培养基配方、改变发酵条件，尽量降低发酵液的黏度及发酵液中重金属离子的浓度，以降低下游工程技术中的提取难度。

可采用发酵与提取相结合的方法，即在发酵过程中，把产物除去，以避免反馈抑制作用，其方法很多，如利用半透膜的发酵罐，在发酵罐中加入吸附树脂等。

拓展阅读

细胞内不溶性表达产物包涵体的分离纯化

　　基因工程与细胞工程技术应用到发酵工程中，人们可以通过几种方法联合获取重组蛋白，包涵体就是重组蛋白的一种重要的外源表达形式，包涵体是外源基因在原核细胞中表达时，特别是大肠杆菌中高效表达时，形成的由膜包裹、高密度的不溶性蛋白质聚合物；由于包涵体不溶，所以能够比较容易地与胞内一些可溶性的杂质蛋白进行分离，重组蛋白的纯化也容易完成。但是重组蛋白错误的空间折叠，需要变性复性后才能够投入后续生产中，所以对包涵体的分离及纯化首先要对细菌的收集与破碎，包涵体的分离、洗涤、溶解，蛋白的纯化，重组蛋白的复性几个步骤处理之后才可以投入后续使用。

岗位对接

　　本项目是药品生产技术、药品生物技术等专业学生必须掌握的内容，为成为合格的生物药品制造人员、生物发酵工程技术人员、制药工程技术人员打下坚实的基础。

　　本项目对接岗位的工种包括生化药品制造工、发酵工程制药工、疫苗制品工、血液制品工、基因工程产品工、药物制剂工、淀粉葡萄糖制造工等各工种药品生产、质量相关岗位的职业工种。

　　上述从事生物药品、发酵药品生产岗位的工作人员，具备基本发酵液预处理及保存；会运用基本知识对发酵下游产物进行提取，同时解决操作中出现的一些常见问题。

重点小结

　　现阶段下游加工过程的特点包括成分复杂多样、发酵目的产品收率低、产品性质不稳定、提取、纯化、精制过程具有一定的灵活性。

　　发酵产物初步纯化技术通常包括吸附法、沉淀法、离子交换法、溶剂萃取法、超滤法等。

目标检测

一、名词解释

1. 发酵下游加工过程　　2. 超滤法

二、单选题

1. 发酵下游加工过程的三个阶段不包括（　　　）。

　　A. 发酵目的产物的提取　　　　　　　　B. 发酵液预处理和固–液分离

C. 发酵目的产物的精制　　　　　　　　D. 微生物细胞纯化

2. 分离纯化比较微量的发酵产物，对最初发酵液的处理是（　　　）。

  A. 分离量小、分辨率高的方法　　　　B. 分离量大、分辨率低的方法

  C. 分离量小、分辨率低的方法　　　　D. 结合实际情况确定

3. 吸附法不常使用的吸附剂有（　　　）。

  A. 活性炭　　　　B. 黏土　　　　C. 氧化铝　　　　D. 白土

4. 能够较好除去发酵液中金属离子的方法是（　　　）。

  A. 吸附法　　　　B. 盐析法　　　　C. 超滤法　　　　D. 离子交换法

5. 区别其他发酵产物提取，包涵体提取不同之处在于（　　　）。

  A. 需要进行固–液分离　　　　　　　B. 需要采取保温方式提取

  C. 需要进行复性　　　　　　　　　　D. 需要进行纯化

三、多选题

1. 发酵下游加工技术的特点有（　　　）。

  A. 成分复杂多样　　　　　　　　　　B. 提取过程费用低

  C. 提取、纯化、精制过程具有一定的灵活性

  D. 发酵目的产品收率低

  E. 产品性质不稳定

2. 常用的细胞破碎方法有（　　　）。

  A. 反复冻融法　　　B. 珠磨法　　　C. 机械破碎法　　　D. 超声波破碎法

  E. 压力法

3. 选择提取工艺流程从发酵产物（　　　）自身性质考虑。

  A. 化学结构　　　B. 极性　　　　C. 反应条件　　　D. 溶解性

  E. 稳定性

4. 选择下游加工技术的考虑因素包括（　　　）。

  A. 发酵产物自身性质　　　　　　　　B. 湿度

  C. 根据分离、纯化、精制获得发酵产物需要的成本

  D. 具有环保意识

  E. 温度

5. 从发酵液中提取生物活性物质，常采用的保护措施有（　　　）。

  A. 添加防腐剂　　　B. 添加去垢剂　　　C. 添加保护剂　　　D. 采用缓冲体系

  E. 抑制水解酶

四、简答题

1. 发酵液的预处理和固–液分离常用的方法及原理。

2. 常见纯化方法有哪些？各自优缺点是什么？

📝 实训一　纳豆激酶粗酶液的制备及活性测定

一、 实验目的

  1. 熟悉单因素试验。

2. 掌握固体发酵生产纳豆激酶的方法。

二、实验原理

纳豆激酶，一种丝氨酸蛋白酶，是一种单链多肽酶，纳豆激酶的等电点 8.6±0.3，纳豆激酶在 pH 6.0～12.0 区间内比较稳定，pH 低于 5.0 时很不稳定，40℃ 保温 30min 酶活无损失，温度超过 50℃ 时活力逐渐丧失，温度超过 60℃ 时则因蛋白质变性而迅速失活，甘油、丙二醇、牛血清白蛋白和海藻酸钠等的添加有利于提高酶的热稳定性。纳豆激酶在体外和体内均具有很好的溶解血栓作用。目前，纳豆激酶溶栓活力的测定方法主要有纤维蛋白平板法、纤维蛋白块溶解时间法（CLT）、血清板法、四肽底物法、酶联免疫吸附试验法等，这些纳豆激酶溶栓活力的测定方法各有优缺点，最常用的是纤维蛋白平板法。

纤维蛋白平板法是最早用于纳豆激酶活性测定方法之一，此法的原理是用琼脂糖作为固体支持，以凝血酶和纤维蛋白原制作人工血栓平板，注入纳豆激酶，用溶解圈垂直直径的乘积表示纤溶酶活力，以尿激酶为标准品作标准曲线，计算出纳豆激酶的活性相当于标准品的单位数。

三、实验器材及材料

1. 试剂 尿激酶、纤维蛋白原、凝血酶、生理盐水。

2. 仪器 恒温培养箱、超净工作台、分光光度计、恒温式水浴锅、超净工作台、高速台式冷冻离心机、冷藏柜、pH 计。

四、实验内容

1. 纳豆激酶粗酶液的制备 将发酵后熟的纳豆按一定体积加入 0.9% 的生理盐水，4℃ 浸提 30min，4000r/min 离心 20min，取上清液的纳豆激酶粗品。

2. 纤维蛋白平板的制备 称取琼脂糖 0.5g，溶于 4ml 0.01mol/L 的磷酸盐缓冲液中，沸水浴煮沸，使其完全融化。设其为（Q），另取纤维蛋白原 11mg，溶于 5ml 0.01mol/L 的磷酸盐缓冲液中，45℃ 温浴，设其为（F），称取凝血酶 10 IU 溶于磷酸盐缓冲液中，45℃ 温浴，设其为（T），当（Q）温度降为 50℃ 左右时，把（Q）倒入（T）中，然后倒入（F）迅速混匀，倒入平板，然后在每个平板上打孔 6 个。

3. 标准曲线的制备 在每隔平板上选定 5 个孔，每孔加入磷酸盐缓冲液 10μl，将稀释好的标准品尿激酶（1IU/ml）依次加入 6 个孔中，分别加入 0、0.2、0.4、0.6、0.8、1.0μl 混匀后，置于 37℃ 培养 16～18h。测定溶解圈的垂直直径，计算各溶解圈面积。以溶解圈面积为纵坐标，以标准酶活力为横坐标，根据标准曲线计算样品活力。

4. 纳豆激酶活性测定 取发酵液上清 5μl，点样于纤维蛋白平板上，于各孔加入磷酸盐缓冲液，将纤维蛋白平板与培养箱中 37℃ 培养 16h，取出测得各自溶解圈直径，根据标准曲线计算样品相当于尿激酶的单位。

知识链接

Folin–酚法检测纳豆激酶活力

以枯草芽孢杆菌产蛋白酶活力测定方法为依据设计。Folin–酚试剂在碱性条件下极不稳定，可被酚类化合物还原产生蓝色（钼蓝与钨蓝的混合物）酪蛋白经蛋白酶水解作用后产生的含有酚的氨基酸（如酪氨酸、色氨酸等）与 Folin–酚反应产生蓝色化合物，通过测定蓝色化合物 680nm 波长处的光密度可以推断酶活力的大小。此法简单易行，可以同时测多个样品，成本低，但需要严格控制酶解时间，且不能完全表示为纤溶酶活力，有实验证明此法测得的蛋白酶活力与纤溶活力之间存在一定的相关性。

五、 实验结果

1. 纳豆激酶粗提液的制备及活力测定。
2. 确定最佳的发酵条件。

【重点提示】

1. 生理盐水提取纳豆激酶。
2. 注意倒平板并防止气泡产生。
3. 凝血酶和纤维蛋白原作用生成交联纤维蛋白。
4. 以尿激酶活力为横坐标，以溶解圈面积为纵坐标，绘制标准曲线。
5. 每个孔之间距离要均匀。
6. 酶活力与溶解解面积成正比，用溶解解面积来表示纳豆激酶的纤溶酶活力。

实训二 考马斯亮蓝法测定发酵液中蛋白质含量

一、 实验目的

1. 掌握考马斯亮蓝 G250 染色法测定蛋白质的原理和操作。
2. 熟悉分光光度计的使用。
3. 了解分光光度法测定蛋白质的方法。

二、 实验原理

蛋白质含量测定法是生物化学研究中最常用、最基本的分析方法之一。目前常用的有四种经典方法：定氮法、双缩脲法（Biuret 法）、Folin–酚试剂法（Lowry 法）和紫外吸收法。另外还有一种近十年才普遍使用起来的新的测定法，即考马斯亮蓝法（Bradford 法）。其中 Bradford 法和 Lowry 法灵敏度最高，比紫外吸收法灵敏 10～20 倍，比 Biuret 法灵敏 100 倍以上。定氮法虽然比较复杂，但较准确，往往以定氮法测定的蛋白质作为其他方法的标准蛋白质。四种方法并不能在任何条件下适用于任何形式的蛋白质，因为一种蛋白质溶液用这四种方法测定，有可能得出四种不同的结果。每种测定法都不是完美无缺的，都有其优缺点。在选择方法时应考虑：①实验对测定所要求的灵敏度和精确度；②蛋白质的性质；③溶液中存在的干扰物质；④测定所要花费的时间。考马斯亮蓝法，由于其突出的优点，正得到越来越广泛的应用。

考马斯亮蓝染色法的突出优点是：①灵敏度高，据估计比 Lowry 法约高四倍，其最低蛋白质检测量可达 1mg。这是因为蛋白质与染料结合后产生的颜色变化很大，蛋白质–染料复合物有更高的消光系数，因而光吸收值随蛋白质浓度的变化比 Lowry 法要大的多。②测定快速、简便，只需加一种试剂。完成一个样品的测定，只需要 5min 左右。由于染料与蛋白质结合的过程，大约只要 2min 即可完成，其颜色可以在 1h 内保持稳定，且在 5～20min 之间，颜色的稳定性最好。因而完全不用像 Lowry 法那样费时和严格地控制时间。③干扰物质少。如干扰 Lowry 法的 K^+、Na^+、Mg^{2+}、Tris 缓冲液、糖和蔗糖、甘油、巯基乙醇、乙二胺四乙酸（EDTA）等均不干扰此测定法。

目前世界上最常用的蛋白质浓度检测方法是蛋白质定量试剂盒，是根据考马斯亮蓝 G250 法研制而成，实现了蛋白质浓度测定的快速、稳定和高敏感度，其原理与考马斯亮蓝 G250，在酸性条件下和蛋白质结合，使得染料最大吸收峰波长从 465nm 变为 595nm，染料主要是与蛋白质中的碱性氨基酸（特别是精氨酸）和芳香族氨基酸残基相结合。在一定的线性范围内，反应液在 595nm 波长处的光密度的变化量与蛋白质含量成正比，测 595nm 波长处的光密度的增加即可进行蛋白质定量。

三、 实验器材及材料

（一） 试剂

考马斯亮蓝试剂：考马斯亮蓝 G250 100mg 溶于 50ml 95% 乙醇中，加入 100ml 85% 磷酸，用蒸馏水稀释至 1000ml。

（二） 标准和待测蛋白质溶液

1. 标准蛋白质溶液 结晶牛血清白蛋白，预先经微量凯氏定氮法测定蛋白氮含量，根据其纯度用 0.15mol/L NaCl 配制成 1mg/ml 蛋白质溶液。

2. 磷酸盐缓冲液（phosphate buffered saline，PBS） NaCl 8.0g，KCl 0.2g，KH_2PO_4 0.24g，$Na_2HPO_4 \cdot 12H_2O$ 3.628g，溶于 800ml 蒸馏水中，用盐酸调 pH 为 7.4，蒸馏水定容至 1000ml，高压灭菌，室温保存，待用。

四、 实验内容

（1） 待测样品处理 ①沉淀用 PBS 洗涤两次；②超声波破碎。

（2） 将 0、20、40、60、80、100、120μl 牛血清白蛋白标准溶液分别加入试管中，再加入 PBS 补足至 300μl。

（3） 将适当体积的样品加入试管中，并用 PBS 补足到 300μl。

（4） 向各管中加入考马斯亮蓝染液，5700μl 室温放置 10min。

（5） 用分光光度计测定 595nm 波长处的光密度值，并记结果，以不含 PBS 的样品的光密度值为空白对照。

（6） 绘制标准曲线，计算样品中的蛋白质浓度，如果所得到蛋白质浓度不在标准曲线范围内，稀释样品重新测定。

五、 实验结果

绘制标准曲线并查出被测样品的蛋白质浓度。

【重点提示】

1. 在试剂加入后的 5～20min 内测定光密度，因为在这段时间内颜色是最稳定的。

2. 测定中，蛋白质–染料复合物会有少部分吸附于比色杯壁上，测定完后可用乙醇将蓝色的比色杯洗干净。

3. 利用考马斯亮蓝法分析蛋白质必须要掌握好分光光度计的正确使用，重复测定光密度值时，比色杯一定要冲洗干净，制作蛋白质标准曲线时，蛋白质标准品最好是从低浓度到高浓度测定，防止误差。

项目八
发酵工业与环境保护

知识要求　**1. 掌握**　发酵工业废气处理的常用技术分类；衡量污水水质的指标；生物法处理发酵工业污水的种类和原理。

　　　　　2. 熟悉　发酵废气、污水和废渣的来源和特点；厌氧生物法和好氧生物法处理发酵工业污水的优缺点；堆肥化技术的概念及特点；沼气化技术的概念及特点。

　　　　　3. 了解　发酵工业环境污染的种类及含义；发酵工业三废的危害。

技能要求　1. 学会按照发酵工业废气、污水和废渣的特点，选择合适的废气、污水和废渣处理方法。

　　　　　2. 掌握污水理化指标的测定技术，能够对污水水质进行初步评价；能够运用相关知识提高活性污泥法处理污水的效果。

任务一　发酵工业废气的处理

案例导入

案例：味精生产工艺及污染物排放

　　味精工业是指以碳水化合物（淀粉质、糖质等）为原料，经微生物发酵、提取、结晶等工艺生产谷氨酸及精制生产味精的工业部门。味精生产工艺为：原料→处理→淀粉→液化→糖化→发酵→分离与提纯→精制→产品，主要包括水解糖制备、谷氨酸发酵、谷氨酸提取和味精精制等工序。味精生产工艺产生的污染包括大气污染、水污染、固体废物污染和噪声污染，其中水污染是主要环境问题。

　　味精生产产生的大气污染物主要来源于尾液综合利用，当采用喷浆造粒制取复合肥时将会产生废气，其中含有颗粒物和VOCs（挥发性有机物）/SVOCs（半挥发性有机物），废气产生量约为20000～25000 Nm^3/t 复合肥，其中水蒸气（含少量有机物）约为50～70g/Nm^3 废气；味精废水有机污染物浓度高，易于生化降解，其中含有残糖、菌体蛋白、氨基酸、铵盐及硫酸盐等，综合废水产生量约为50～60m^3/t 味精；味精生产固体废物产生较少，在水解糖制备过程会产生少量的糖渣；谷氨酸精制生产味精过滤过程会产生废活性炭滤饼；味精末端废水处理站会产生污泥。

　　味精生产大气污染治理技术主要针对尾液喷浆造粒制取复合肥过程产生的颗粒物和VOCs/SVOCs有机废气，一般采用湿法喷淋技术去除颗粒物，采用静电处理器去除VOCs/SVOCs有机废气；水污染治理技术主要针对味精生产过程及尾液综合利用过程产生的废水。由于从原料（玉米或小麦）生产淀粉水解糖过程产生的废水 COD_{Cr} 浓度高、可生化性好，一般先进行预处理，通常采用厌氧生物处理为主体的处理工艺回收沼气并降低废水 COD_{Cr} 浓度，经预处理后的出水再和其他废水一起进入一级处理及二级处理系统，若达不到排放指标则需要进行三级处理，最终实现达标排放；原料处理及水解糖制备过程会产生极少量的粉渣或米渣，一般作为饲料出售。味精精制生产过程所产生的废活性炭滤饼一般由原活性炭生产厂家回收。末端废水处理中所产生的剩余污泥经浓缩、离心脱水后可与尾液合并，经喷浆造粒制造复合肥。其中的厌氧污泥也可压滤形成泥饼后直接作为肥料出售。

发酵工业行业众多，同时也都是能耗、水耗较高、排放量较大的行业。发酵工业的主要污染源是来自生产原料中未被利用的部分以及微生物发酵中产生的副产物，它们富含蛋白质、氨基酸、糖类和酸碱物质等，生产结束进入环境后，便成为了废气、污水和废渣的主要成分。

这些发酵工业废弃物中，有机质含量丰富，如果未经任何处理而排放，不仅会对环境造成严重污染，还会造成资源浪费。为了防止环境污染以及充分利用这些发酵工业废弃物中尚有价值的物质，我们必须选择科学合理的方法处理这些废弃物，使之既符合国家排放标准，又能减少浪费节省资源。

讨论：1. 与味精工业相似的其他发酵工业是不是也存在上述污染呢？
　　　 2. 其他发酵工业（如酿酒、抗生素生产、乳类生产等）的污染物类型有哪些，分别有什么特点？
　　　 3. 针对发酵工业的特点，哪些技术或方法可以治理发酵工业产生的污染？

人类工业生产活动发生的废气称为工业废气，工业废气包括燃料燃烧废气和生产工艺废气。发酵工业废气是指在发酵工业生产活动中发生的废气，其中一部分来自供气系统燃料燃烧排出的废气，主要含有一定量的粉尘和有毒性气体；另一部分主要是发酵罐排出的废气，其中夹带部分发酵液和微生物。狭义上讲，发酵工业废气是指后者。

一、发酵工业废气的来源和特点

发酵工业废气比较复杂，主要包括发酵罐废气、发酵菌渣干燥废气、提取贮罐废气、发酵液预处理废气和板框过滤的废气、有机溶剂废气、污水站废气。在这些废气中最主要的是未被利用的空气，还有生产菌在初级代谢和次级代谢中的各种中间物和产物，以及发酵过程中的酸碱废气。例如，在青霉素和头孢等药品的生产过程中废气主要为二氧化碳、水蒸气、醋酸丁酯、正丁醇和苯乙酸等物质；异维生素 C 钠的生产过程中有机废气主要是甲醇；味精生产过程中主要废气是硫化氢和二氧化碳；苯丙氨酸生产过程主要废气为氨废气等。这些废气的产生严重地恶化了生产条件，甚至对生产人员的身心健康造成伤害，对环境造成污染。因此，有效治理发酵工业废气污染具有重要意义。

二、发酵工业废气处理常用技术

一般废气处理技术有吸收法、吸附法、催化法、燃烧法、冷凝法、生物法等。生物法因其投资少、运行费用低、性能可靠、易于管理、处理效果好、二次污染小等特点而成为近年来废气处理的主要方法。

（一）吸收法

吸收法是指采用适当的液体作为吸收剂，使含有有害物质的废气与吸收剂接触，废气中的有害物质被吸收于吸收剂中，使气体得以净化的方法。吸收剂的选择将直接影响吸收效果，因此，吸收剂的选择有如下标准。

(1) 吸收容量大，即在单位体积的吸收剂中吸收有害气体的数量要大。

(2) 饱和蒸气压低，以减少因挥发而引起的吸收剂的损耗。

(3) 选择性高，即对有害气体吸收能力强。

(4) 沸点要适宜，热稳定性高，黏度及腐蚀性要小。

(5) 价廉易得，对设备无腐蚀。

在实际应用中，任何一种吸收剂不可能同时达到以上要求，所以要根据实际情况筛选优化合适的吸收剂。

常用的吸收剂类型包括微乳液、油类和表面活性剂的水溶液。油类吸收剂易燃，易挥发造成二次污染，在实际应用中受到限制；微乳液制备方法较复杂，而且依赖于压力、温度和吸收剂种类等因素；水是最廉价，最易获取最安全最理想的吸收剂，但是有机废气在水中的溶解度很小，为了增加有机废气在水中的溶解度，可以采用向水中添加表面活性剂的方法，增强有机化合物在水溶液中的分散程度，从而增大溶解度，提高吸收效率。

吸收主体设备为吸收塔，吸收塔的类型有填料塔、湍球塔、板式塔、喷淋塔等多种形式，吸收塔的主要功能是使废气与吸收剂液体充分接触，废气分子通过扩散进入吸收剂溶液中达到相平衡，废气从气相转化到吸收剂的液相中，从而实现分离的目的。一般采用逆流操作，被吸收的气体由下向上流动，吸收剂由上而下流动，在气、液逆流接触中完成传质过程。

吸收工艺流程有非循环和循环过程两种，前者吸收剂不予再生，后者吸收剂封闭循环使用。

吸收法因设备简单、捕集效率高、应用范围广、一次性投资低等特点，已被广泛用于有害气体的治理。但吸收法是将气体中的有害物质转移到了液相中，因此必须对吸收液进行处理，否则容易引起二次污染。此外，低温操作下吸收效果好，在处理高温气体时，必须对排气进行降温处理，可以采取直接冷却、间接冷却、预置洗涤器等降温手段。

(二) 吸附法

吸附法是指使废气与大表面多孔性固体物质相接触，使废气中的有害组分吸附在固体表面上，使其与气体混合物分离，从而达到净化目的的一种方法。被吸附的气体组分称为吸附质，具有吸附作用的固体物质称为吸附剂，一般对吸附剂的选择有如下标准。

(1) 具有大的比表面积和孔隙率。

(2) 有良好的选择性。

(3) 吸附能力强，吸附容量大。

(4) 具有一定的颗粒度，较好的机械强度、化学稳定性和热稳定性。

(5) 易于再生，耐磨损，寿命长。

(6) 价廉易得。

除了以上的标准外，还应考虑吸附质的性质、吸附质分子的大小、吸附质浓度，以及净化要求等因素。

目前常用的吸附剂有活性炭、沸石、分子筛、活性氧化铝、多孔黏土、吸附树脂、矿石和硅胶等，其中活性炭因其更大的吸/脱附容量和更快的吸附动力学性能而应用最广。

吸附法主要适用于低浓度、高通量有机废气；能量消耗比较小，处理效率高，而且可以彻底净化有害有机废气。但吸附过程是可逆的，在吸附质被吸附的同时，部分已被吸附的吸附质分子还可因分子的热运动而脱离固体表面回到气相中去。另外。由于吸附剂需要重复再生利用，以及吸附剂的容量有限，使得吸附法的应用受到一定的限制，如对高浓度废气的净化，一般不宜采用该法，否则需要对吸附剂频繁进行再生，即影响吸附剂的使用寿命，同时会增加操作费用及操作上的繁杂程序。

（三）催化法

催化法是指利用催化剂的催化作用，将废气中的有害物质转化为无害物质或易于去除的物质的一种废气治理技术。由于催化剂具有以下特点。

（1）催化剂只能缩短反应到平衡的时间，而不能使平衡移动，更不可能使热力学上不可发生的反应进行。

（2）催化剂性能具有选择性，即特定的催化剂只能催化特定的反应。

（3）每一种都有它的特定活性温度范围。低于活性温度，反应速度慢，催化剂不能发挥作用；高于活性温度，催化剂会很快老化甚至被烧坏。

（4）每一种催化剂都有中毒、衰老的特性。

因此，根据活性、选择性、机械强度、热稳定性、化学稳定性及经济性等来筛选催化剂是催化净化有害气体的关键。

常用的催化剂一般为金属盐类或金属，如钒、铂、铅、镉、氧化铜、氧化锰等物质。载在具有巨大表面积的惰性载体上，典型的载体为氧化铝、铁矾土、石棉、陶土、活性炭和金属丝等。

催化法无需将污染物与主气流分离，可直接将有害物质转变为无害物质，这不仅可避免产生二次污染，而且可简化操作过程。此外，所处理的气体污染物的初始浓度都很低，反应的热效应不大，一般可以不考虑催化床层的传热问题，从而大大简化催化反应器的结构。但是催化剂价格较高，并且废气在催化反应前需要添加一定的附加能量预热。

（四）燃烧法

燃烧法是指对含有可燃有害组分的混合气体加热到一定温度后，组分与氧气反应进行燃烧，或在高温下氧化分解，从而使这些有害物质组分转化为无害物质的一种方法。该方法主要应用于碳氢化合物、一氧化碳、恶臭、沥青烟、黑烟等有害物质的净化治理。

燃烧法可分为直接燃烧、热力燃烧和催化燃烧三种方式。

1. 直接燃烧　将废气中的可燃有害组分当作燃料直接烧掉，此法只适用于净化含可燃性组分浓度较高或有害组分燃烧时热值较高的废气。

2. 热力燃烧　利用辅助燃料燃烧放出的热量将混合气体加热到要求的温度，使可燃的有害物质进行高温分解变为无害物质。

3. 催化燃烧　此法是在催化剂的存在下，废气中可燃组分能在较低的温度下进行燃烧反应，这种方法能节约燃料的预热，提高反应速度，减少反应器的容积，提高一种或几种反应物的相对转化率。

燃烧法工艺简单，操作方便，净化程度高，并可回收热能。但不能回收有害气体，有时会造成二次污染。

（五）冷凝法

冷凝法是指利用物质在不同温度下具有不同饱和蒸气压这一性质，采用降低废气温度或提高废气压力的方法，使处于蒸汽状态的污染物冷凝并从废气中分离出来的过程。特别适用于处理污染物浓度在 $10000cm^3/m^3$ 以上的较高浓度的废气，污染物的去除率与其初始浓度和冷却温度有关。在给定的温度下，污染物的初始浓度越大，污染物的去除率越高。冷凝法在理论上可达到很高的净化程度，但是当处理低浓度废气时，须采取进一步的冷冻措施，使运行成本大大提高，所以冷凝法不适宜处理低浓度的废气，而常作为吸附法、燃烧法和吸收法等其他方法净化高浓度废气的前处理，以降低这些方法的负荷。

（六）生物法

生物法是指利用微生物的降解过程把废气中的污染物去除，转化为低害甚至无害物资的处理方法。

根据处理过程中微生物的种类不同，生物法可分为需氧生物氧化和厌氧生物氧化两大类。根据处理过程中工艺的不同，生物法可分为生物吸收法和生物过滤法两种。

生物吸收法是将待处理废气从吸收器底部通入，与吸收剂逆流接触，废气被吸收剂吸收，净化后的气体从顶部排出，含污染物的吸收液从吸收器的底部流出，送入生物反应器经微生物的生物化学作用使之得以再生，然后循环使用。

生物过滤法是将待处理的废气由湿度控制器进行加湿后通过生物滤床的布气板，沿滤料均匀向上移动，在停留时间内，气相物质通过平流效应、扩散效应、吸附等综合作用，进入包围在滤料表面的活性生物层，与生物层内的微生物发生好氧反应，进行生物降解，最终生成 CO_2 和 H_2O。过滤材料通常是可供微生物生长的培养基，如纤维状泥炭、固体废弃物、麦秸秆、活性污泥等。

生物法因设备简单，运行维护费用低，无二次污染等优点，尤其在处理低浓度、生物可降解性好的气态污染物时表现出的经济性，使其成为发酵废气处理工艺选择中的一种主要方法。但是，体积大和停留时间长是生物法的主要问题，同时该法对成分复杂的废气或难以降解的废气去除效果较差。

任务二　发酵工业污水的处理

在我国，发酵工业早已成为国民经济的主要支柱产业。众所周知，发酵生产过程的每个环节中都必不可少地需要大量的水，这些水在使用之后其成分就变得极其复杂从而便丧失了使用价值，最终被废弃排放。发酵工业污水就是指在发酵工业生产活动中产生的不清洁水的总称。由于发酵工业自身特点，发酵工业污水中仍然包括相当大一部分可被利用的资源，如果这些污水不经处理直接排放，不但严重污染环境，而且会造成极大浪费。

一、发酵工业污水的来源和特点

发酵工业是利用微生物生命活动产生的酶对无机或有机原料进行加工获得产品的工业。它的主要原料包括玉米、大米、秸秆、薯干等农副作物，它的主要生产过程包括原料处理、糖化、发酵及分离提纯等步骤。发酵工业污水来自于加工和生产过程中的各种冲洗水、洗涤水、冷却水、原料处理后剩下的废渣水、分离与提取主要产品后的废母液与废糟水及厂内生活污水等。

发酵工业行业繁多、原料广泛、产品种类也多，因此，排出的污水水质差异非常大，如抗菌素类发酵污水，其成分复杂，有机物浓度高，溶解性和胶体性固体浓度高，pH 变化大，温度较高，带有颜色和气味，悬浮物含量高，含有难降解物质和有抑菌作用的抗生素，并且具有生物毒性等；乳品类发酵污水含有大量乳脂肪、酪蛋白等有机物质，并在水中呈可溶性或胶体悬浮状态，pH 接近中性或略显碱性，污水浊度相对较高；味精生产污水中有机物和悬浮物菌丝体含量高、酸度大，氨氮和硫酸盐含量高，对厌氧和好氧生物具有直接和间接毒性作用。

发酵工业污水不同行业水质虽然差异大，但也有相同之处，主要共同特点是有机物质和悬浮物含量较高、易腐败、重金属含量低、一般无毒，但会导致受纳水体富营养化，造成水体缺氧，水质恶化。

二、 衡量污水水质的指标

水体污染主要表现为水质在物理、化学、生物学等方面的变化特征。所谓水质指标就是指水中杂质具体衡量的尺度，通常以下列指标来衡量污水水质。

1. 色度 水的感官性状指标之一。当水中存在着某种物质时，可使水着色，表现出一定的颜色，即色度。规定 1mg/L 以氯铂酸离子形式存在的铂所产生的颜色，称为 1 度。

2. 浊度 表示水因含悬浮物而呈浑浊状态，即对光线透过时所发生阻碍的程度。水的浊度大小不仅与颗粒的数量和性状有关，而且同光散射性有关。我国采用 1L 蒸馏水中含 1mg 二氧化硅为一个浊度单位，即 1 度。

3. 硬度 水的硬度是由水中的钙盐和镁盐决定的。硬度分为暂时硬度（碳酸盐）和永久硬度（非碳酸盐），两者之和称为总硬度。水中的硬度以"度"表示，1L 水中的钙和镁盐的含量相当于 1mg/L 的氧化钙时，叫做 1 度。

4. 溶解氧 溶解在水中的分子态氧，叫溶解氧。在 20℃，0.1MPa 条件下，饱和溶解氧含量为 9×10^{-6}。它来自大气和水中化学、生物化学反应生成的分子态氧。

5. 化学需氧量（COD） 在一定的条件下，采用一定的强氧化剂处理水样时，所消耗的氧化剂量。它是表示水中还原性物质多少的一个指标，以 mg/L 表示。目前应用最普遍的是酸性高锰酸钾氧化法与重铬酸钾氧化法，但两种氧化剂都不能氧化稳定的苯等有机化合物。它是水质污染程度的重要指标，COD 的数值越大表明水体的污染情况越严重。

6. 生化需氧量（BOD） 在好氧条件下，微生物分解水中有机物质的生物化学过程中所需要的氧量。用它来间接表示废水中有机物的含量。目前，国内外普遍采用在 20℃ 条件下，五昼夜的生化耗氧量作为指标，即用 BOD_5 表示，单位 mg/L。

7. 总有机碳 水体中所含有机物的全部有机碳的数量。其测定方法是将所有有机物全部氧化成 CO_2 和 H_2O，然后测定所生成的 CO_2 量。

8. 总需氧量 氧化水体中总的碳、氢、氮和硫等元素所需之氧量。测定全部氧化所生成的 CO_2、H_2O、NO 和 SO_2 等的总需氧量。

9. 残渣和悬浮物 在一定温度下，将水样蒸干后所留物质称为残渣。它包括过滤性残渣（水中溶解物）和非过滤性物质（沉降物和悬浮物）两大类。悬浮物就是非过滤性残渣。

10. pH 指水溶液中，氢离子浓度的负对数，即：$pH = -\lg [H^+]$，为了便于书写，如 $pH=7$，实际上是，$[H^+] = 0.0000001 = 10^{-7} mol/L$，pH 的范围从 0 到 14。pH 等于 7 时表示中性，小于 7 时表示酸性，大于 7 时，则为碱性。天然的水体的 pH 一般在 6~9 之间。

三、 发酵工业污水处理常用技术

工业污水的处理方法很多，按其处理原理可分为物理法、化学法、物理化学法和生物处理法。发酵工业污水因其富含有机物，可为多种好氧或厌氧微生物提供多种营养源，而多以生物处理法为主。工业污水不论采用何种处理方法，在进入处理流程前端，都会设置一些格栅、沉砂池或调节池等设施，用以去除污水中较大的悬浮物、漂浮物、纤维物质和固体颗粒物质，从而保证后续处理流程的正常运行，减轻后续处理流程的处理负荷。

（一）物理法

物理法是指通过物理作用和机械力分离或回收废水中不溶解悬浮污染物质，并在处理过程中不改变其化学性质的方法。主要包括沉淀、气浮、过滤和离心等技术。

1. 沉淀 指利用重力沉降将比水重的悬浮颗粒从水中去除的操作。沉淀是污水处理用途最广泛的操作之一。通常在污水处理的不同位置设置相应的沉淀池。

2. 气浮 指在水中通入或产生大量的微细气泡，使其附着在悬浮颗粒上，造成密度小于水的状态，利用浮力原理使它浮在水面，从而获得固、液分离的方法。根据污水水质、处理要求及各种具体条件，可以设计不同形式的气浮池。

3. 过滤 指通过粒状滤料层截留水中悬浮杂质，从而使水获得澄清的工艺过程。过滤能有效去除沉淀技术不能去除的微小粒子和细菌等。

4. 离心 指利用快速旋转所产生的离心力使污水中的悬浮颗粒进行分离的一种技术。当含悬浮颗粒的污水进行快速旋转时，质量大的固体颗粒被甩到外围，质量小的则留在内圈，从而使废水与悬浮颗粒得到分离。

（二）化学法

化学法是利用化学作用处理废水中的溶解物质或胶体物质，可用来去除废水中的金属离子、细小的胶体有机物、无机物、植物营养素（氮、磷）、乳化油、色度、臭味、酸、碱等，对于废水的深度处理也有着重要作用。主要包括混凝、中和、氧化还原和电解等技术。

1. 混凝 指通过向污水中投加药剂，使污水中难以沉淀的胶体颗粒能相互聚合，形成大颗粒絮体，从而从水中分离去除的方法。混凝法是废水处理中一种经常采用的方法，它处理的对象是废水中利用自然沉淀法难以沉淀除去的细小悬浮物及胶体微粒，可以用来降低废水的浊度和色度，去除多种高分子有机物、某些重金属和放射性物质；此外，混凝法还能改善污泥的脱水性能。

2. 中和法 指通过向污水中加入或混入中和剂，去除污水中过量的酸或碱，使其 pH 达到中性左右的过程。对于中和处理，首先应当考虑以废治废的原则，例如将酸性污水与碱性污水相互中和，既简便又经济。

3. 氧化还原法 指通过药剂与污染物的氧化还原反应，将废水中有害的污染物转化为无毒或低毒物质的方法。污水处理中最常采用的氧化剂是空气、臭氧、二氧化氯、氯气、高锰酸钾等。常用的还原剂有硫酸亚铁、亚硫酸盐、氯化亚铁、铁屑、锌粉、硼氢化钠等。

4. 电解法 指污水在电流的作用下，发生电化学反应，污水中的有毒物质在阳极失去电子（或在阴极得到电子）而被氧化（或还原）成新的产物。这些新的产物可能沉淀在电极表面或沉淀到反应槽底部或者以气态形式逸出，从而降低污水中有毒物质浓度的方法。

（三）物理化学法

物理化学法是指利用物理化学的方法和原理去除污水中有害或有毒物质的过程。主要包括吸附、电渗析、反渗透和超滤等技术。

1. 吸附 利用多孔固体吸附剂的表面活性，吸附废水中的一种或多种污染物，达到废水净化的目的。根据固体表面吸附力的不同，吸附可分为物理吸附、化学吸附和离子交换吸附三种类型。

2. 电渗析 在直流电场的作用下，利用阴、阳离子交换膜对溶液中阴、阳离子选择透过性，而使溶液中的溶质与水分离的一种物理化学过程。显然，离子交换膜的选择透过性是整个过程的关键，离子交换膜的选择透过性又主要是膜的结构所决定的。电渗析在处理污水方面具有显著的效果，不仅可以大量去除污水中的盐类，还可以将污水中有用的电解质进行回收再利用。在采用该法处理污水时，除了应注意选择合适的膜外，还应对污水进行必要的预处理。

3. 反渗透 利用半渗透膜进行分子过滤来处理废水的一种新的方法，又称膜分离技术。

因为在较高的压力作用下，这种膜可以使水分子通过，而不能使水中溶质通过，所以这种膜称为半渗透膜。利用它可以除去污水中比水分子大的溶解固体、溶解性有机物和胶状物质。因其具有无相变、能耗低、工艺简单、不污染环境等优点，近年来该技术得到快速发展，应用领域也不断扩大。

4. 超滤法 在压力的推动下利用半透膜对溶质分子大小的选择透过性而进行的膜分离过程。超滤法所需的压力较低，一般为 0.1~0.5MPa，而反渗透的操作压力则为 2~10MPa。因工业污水中含有各种各样的溶质物质，所以只采用单一的超滤方法，不可能去除不同分子量的各类溶质，一般多是与反渗透法联合使用，或者与其他处理法联合使用。

（四）生物处理法

生物处理法是利用微生物的代谢作用，使废水中呈溶解、胶体状态的有机物转变为稳定、无害的物质；使一些有毒物质转化分解或者吸附沉淀从而达到净化污水的目的。按起作用的微生物对氧的要求不同，可分为好氧生物处理、厌氧生物处理和厌氧-好氧生物处理。

1. 好氧生物处理 主要利用好氧菌的生化作用处理废水的一类方法。该法又分为活性污泥法和生物膜法两种。

向富含有机物并有微生物的污水中不断打入空气，使其中的微生物生长繁殖，一定时间之后就会出现絮状泥粒，它具有很强的分解有机物的能力，称之为活性污泥。利用活性污泥处理污水的方法就是活性污泥法。发生好氧生物氧化过程的反应器称为曝气池，这是活性污泥法的核心部分；污水经曝气池后的混合液进入二次沉淀池，分成沉淀的生物固体和经处理后的废水两部分；沉淀的生物固体经污泥回流系统重新进入曝气池。活性污泥法工艺的基本流程如图 8-1。

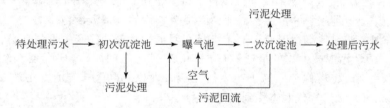

图 8-1 活性污泥法工艺的基本流程

活性污泥是曝气池的净化主体，通常为黄褐色絮绒状颗粒，也称为菌胶团或生物絮凝体，其直径一般为 0.02~2mm，含水率一般为 99.2%~99.8%，密度因含水率不同而异，一般为 1.002~1.006g/cm³，活性污泥具有较大的比表面积，一般为 20~100cm²/ml。

活性污泥中有机成分主要有生长在其中的微生物组成，这些微生物群体构成了一个相对稳定的生态系统和食物链，其中以各种细菌及原生动物为主，也包括真菌和轮虫。细菌起同化污水中绝大部分有机物的作用，即把有机物转化成细胞物质的作用，而原生动物及轮虫则吞食分散的细菌，使它们不在二次沉淀池水中出现。

对于活性污泥来说，通常采用污泥浓度指标和污泥沉降性能指标来评价其性能。

（1）污泥浓度指标 混合液悬浮固体浓度（MLSS），也称混合液污泥浓度，表示活性污泥在曝气池混合液中的浓度，其单位为 mg/L。混合液挥发性悬浮固体浓度（MLVSS），表示有机悬浮固体的浓度，其单位为 mg/L。在一定条件时，MLVSS/MLSS 比值是比较稳定的，但不同污水的 MLVSS/MLSS 值有差异。

（2）污泥沉降性能指标 该指标包括污泥沉降比（SV）和污泥体积指数（SVI），污泥沉降比是指从曝气池中取出 100ml 混合液于量筒中静置 30min 后，立即测得的污泥沉淀体积与原混合液体积的比值，一般以%表示。SV 值能相对反映出污泥浓度、污泥的凝聚和沉降性能，是评定活性污泥质量的重要指标之一；污泥体积指数是指曝气池出口处的混合液经 30min 静置沉淀后，1g 干污泥所形成的沉淀污泥体积，其单位 ml/g。其计算式为：SVI = SV/MLSS，SVI 值一般为 50 ~ 150ml/g。

SVI 值比 SV 值更能准确地评价污泥的凝聚性能及沉降性能。一般来说，若 SVI 值过低，表明污泥粒径小、密实、无机成分含量高；若 SVI 值过高，则表明污泥沉降性能不好。

为了强化和提高活性污泥处理系统的净化效果，必须考虑影响活性污泥反应的各项影响因素，充分发挥活性污泥微生物的代谢功能，影响活性污泥净化污水的因素主要包括以下几个方面。

（1）BOD 负荷率　也称有机负荷率，是影响活性污泥增长、有机基质降解的重要因素。它表示曝气池里单位质量的活性污泥（MLSS）在单位时间里承受的有机物（BOD_5）的量，单位是 kg/（kg·d）。

提高该值可加快活性污泥增长速率及有机基质的降解速率，缩小曝气池容积，有利于减少基建投资；但过高，往往难以达到排放标准的要求。反之，若过低，则有机质的降解速率过低，从而处理能力下降，曝气池的容积加大，导致基建费用升高。因此，应控制在合理的范围内。一般取 0.15 ~ 0.40kg/（kg·d）。

（2）溶解氧　在用活性污泥法处理污水的过程中应保持一定浓度的溶解氧，溶解氧浓度过低，就会使活性污泥微生物正常的新陈代谢活动受到影响，净化能力降低，且易于滋生丝状菌，产生污泥膨胀。根据经验，在曝气池出口处的混合液中的溶解氧浓度保持在 2mg/L 左右，即能够使活性污泥保持良好的净化功能。

（3）水温　污水进入处理系统前，应考虑调温措施。水温上升有利于混合、搅拌、沉淀等物理过程，但不利于氧的传递，活性污泥中微生物的最适温度范围是 15 ~ 30℃。水温过高应采取降温措施。一般水温低于 10℃，即可对活性污泥功能产生不利影响。

（4）pH　活性污泥微生物的最适 pH 介于 6.5 ~ 8.5 之间。如 pH 降至 4.5 以下，原生动物全部消失，真菌将占优势，易于产生污泥膨胀现象，严重影响活性污泥的处理效果。当 pH 大于 9.0 时，微生物代谢将受到影响。

（5）营养物质　污水中应含有足够的维持微生物细胞生命活动的各种营养物质，如碳、氧、氮、磷等，并保持一定的比例关系。如果没有或不够，必须考虑投加适量的氮、磷等物质，保持营养平衡。微生物对氮、磷的需要量可按 BOD：N：P = 100：5：1 来计算。但实际上微生物对氮、磷的需要量还与剩余污泥量有关，即与污泥龄和微生物的增殖速度有关。

（6）有毒物质　有些化学物质肯定对微生物生理功能有毒害作用，如：重金属及其盐类均可使蛋白质变性或使酶失活；某些醇、醛、酚可使微生物致死；残留抗生素可影响微生物的生长繁殖等。

好氧生物处理中的生物膜法是靠生物膜反应器实现的，如生物滤池、生物转盘和生物流化床等。普通生物滤池的工作原理是：污水通过布水器均匀地分布在滤池表面，滤池中装满滤料，污水沿滤料向下流动，到池底进入集水沟、排水渠并流出池外。在滤料表面覆盖着一层黏膜，在黏膜上长着各种各样的微生物，这层膜被称为生物膜。生物滤池的工作实质，主要靠滤料表面的生物膜对污水中有机物的吸附氧化作用。

生物膜法的基本流程是：污水经初次沉淀池进入生物膜反应器，污水在生物膜反应器中经好氧生物氧化去除有机物后，再通过二次沉淀池出水。初次沉淀池的作用是防止生物膜反应器受大块物质的堵塞，对空隙小的填料是必要的，但对空隙大的填料也可以省略。

二次沉淀池的作用是去除从填料上脱落入污水的生物膜。生物膜法系统中的回流并不是必不可少的，但回流可稀释进水中的有机物浓度，提高生物膜反应器中水力负荷。

生物膜法与活性污泥法的主要区别在于生物膜法是微生物以膜的形式或固定或附着生长于固体填料的表面，而活性污泥法则是活性污泥以絮状体方式悬浮生长于处理构筑物中，与传统活性污泥法相比，生物膜法运行稳定，抗冲击力强，更为经济节能，无污泥膨胀问题，能处理低浓度污水等。但生物膜法也存在需要较多填料和支撑结构、出水常常携带较大的脱落生物膜片及细小的悬浮物，启动时间长等缺点。

2. 厌氧生物处理 主要利用厌氧菌的生化作用处理废水的一类方法。它是一种有效去除有机污染物并使其矿化的技术，能将有机化合物转变为甲烷和二氧化碳。

与好氧生物处理相比，厌氧生物处理有许多优点：对于高/中浓度污水，厌氧比好氧处理不仅运转费用要低很多，而且可以回收沼气，是一种产能工艺；采用现代高负荷厌氧反应器，处理污水所需反应器的体积更小；厌氧处理能耗低，约为好氧处理工艺的 10% ~ 15%；厌氧处理污泥产量小，约为好氧处理工艺的 10% ~ 15%；厌氧处理对营养物质的需求低，尤其是处理过程不需要氧，不受传氧限制。但厌氧处理后的出水 COD、BOD 值较高，只能视其为一种预处理工艺，一般还要需要后处理以去除水中残留的有机物，另外，其处理周期较长并会产生恶臭。

有机物在厌氧条件下的降解过程可分成三个反应阶段：第一阶段是废水中的可溶性大分子有机物和不溶性有机物水解为可溶性小分子有机物；第二阶段为产酸和脱氢阶段；第三阶段即为产甲烷阶段。在厌氧生物处理过程中，尽管反应是按三个阶段进行的，但在厌氧反应器中，它们应该是瞬时连续发生的。其中，产甲烷阶段一般是厌氧处理过程中的限速阶段，在较低温度下第一阶段的水解也可能是限制阶段。此外，工程上将水解和产酸、脱氢阶段合并统称为酸性发酵阶段，将产甲烷阶段称为甲烷发酵阶段。厌氧降解的三个阶段和 COD 的转化率见图 8-2。

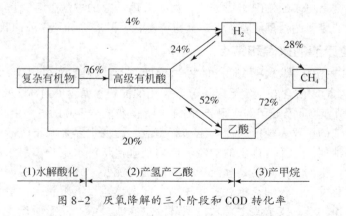

图 8-2 厌氧降解的三个阶段和 COD 转化率

厌氧生物处理像其他生物处理工艺一样受温度影响很大，当温度低于最优下限温度时，每下降 1℃ 消化速率下降 11%；厌氧反应器中 pH 和其稳定性是非常重要的，产甲烷菌 pH 范围为 6.5 ~ 8.0，最适 pH 范围为 6.8 ~ 7.2。如果 pH 低于 6.3 或高于 7.8，甲烷化速率都降低。产酸菌的 pH 范围为 4.0 ~ 7.0，在超出甲烷菌的最佳 pH 范围时，酸性发酵可能超过甲烷发酵，结果反应器内将发生"酸化"；除氢离子浓度外，有其他多种化合物可能影响到厌氧处理的速率，例如重金属、氯代有机物即使在很低的浓度下也影响消化速率，硫酸盐和硫化氢在较高浓度时也会引起对厌氧菌的抑制；毫无疑问，各种微生物所需的营养物和微量元素也应该以足够的浓度和可利用的形式存在于污水中。

3. 厌氧-好氧生物处理 针对高浓度有机污水,先用厌氧处理,然后再用好氧处理的一种联合处理工艺。其最为显著的特点是利用水解和产酸菌的反应,将不溶性有机物水解成溶解性有机物、大分子物质分解成小分子物质,大大提高了污水的可生化性,并减少了后继好氧处理构筑物的负荷,使得污泥和污水同时得到处理,可以取消污泥消化。典型的处理工艺流程见图8-3。

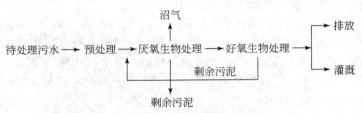

图8-3 典型厌氧-好氧生物处理法工艺流程

厌氧-好氧生物处理工艺作为传统活性污泥工艺的替代工艺,具有能耗低、运转费用低、停留时间短和污泥产量少的特点。特别是厌氧消化池具有改善污水可生化性的特点,使得本工艺更加适合处理不易生物降解的某些工业污水。

任务三 发酵工业废渣的处理

发酵工业生产过程中,会有多种固体、半固体废弃物产生,其种类繁多、成分复杂,因在一定时间和地点无法被利用而被丢弃,这些物质统称为发酵工业废渣。随着发酵工业的发展,必然会带来更多的发酵工业废渣,如果采用堆存的方法处理,可能会造成二次污染,因此发酵工业废渣的处理应首先考虑其再资源化,开展综合利用或回收循环利用。

一、 发酵工业废渣的来源和特点

发酵工业是以农副产品为主要原料的生产活动,它对原料的需求用量大、种类多。生产活动结束之后产生的废渣含有一定量未被分解利用的淀粉、糖、蛋白质、脂肪、维生素、纤维素、钙、磷等营养物质及残留的代谢产物,它们是一种安全性高的可利用的宝贵再生资源。

发酵工业废渣的主要表现形式为污泥和废菌渣,污泥主要来源于沉砂池、初次沉淀池排出的沉渣及隔油池、气浮池排出的油渣等,均是直接从污水中分离出来的,有的则是在污水处理过程中产生的,如生物处理法产生的活性污泥和生物膜等。污泥的特点是有机物含量高,容易腐化发臭,较细,相对密度较小,含水率高而不易脱水,呈胶状结构的亲水性物质,便于管道输送。废菌渣主要来自发酵液过滤或提取产品后所产生的菌渣。菌渣含水量一般为80% ~90%,干燥后的菌丝粉中含多种营养物质,可被植物、动物和微生物再次利用。

二、 发酵工业废渣的处理技术

(一) 堆肥化技术

堆肥化技术是一种最常用的有机废渣生物转化技术,是对固体、半固体废渣进行稳定化、无害化处理的重要方式之一,也是实现发酵工业废渣资源化、能源化的系统技术之一。依靠自然界广泛分布的细菌、放线菌、真菌等微生物,人为地促进可生物降解的有机物向稳定的腐殖质生化转化的微生物学过程叫堆肥化。堆肥化的产物叫做堆肥。利用这种处理工业废渣的技术叫堆肥化技术。由于发酵工业废渣具有堆肥化微生物赖以生存、繁殖的物质条件，所以堆肥化技术是有效处理发酵工业废渣的手段之一。

根据处理过程中起作用的微生物对氧气要求不同，可以把堆肥化分为好氧堆肥化和厌氧堆肥化。前者是在通风条件下，有游离氧存在时进行的分解发酵过程，后者是利用厌氧微生物发酵造肥。由于好氧堆肥化具有发酵周期短、无害化程度高、卫生条件好、易于机械化操作等优点，故国内外利用堆肥化技术处理发酵工业废渣制造堆肥时，均采用好氧堆肥化。

好氧堆肥化是在有氧条件下，依靠好氧微生物的作用进行的。在堆肥化过程中，有机废渣中的可溶性有机物质可透过微生物的细胞壁和细胞膜被微生物直接吸收；而不溶性的胶体有机物质，先被吸附在微生物体外，依靠微生物分泌的胞外酶分解为可溶性物质，再渗入细胞。微生物通过自身的生命代谢活动分解代谢废渣和合成代谢堆肥。

对于发酵工业废渣的堆肥化处理工艺来说，影响因素很多，其中通风供氧、堆料含水率和温度是最主要的处理条件。通风供氧是好氧堆肥化处理的基本条件之一，在机械堆肥生产系统里，要求至少有50%的氧渗入到堆料各部分，以满足微生物氧化分解有机物的需要；微生物需要从周围环境中不断吸收水分以维持其生长代谢活动，微生物体内水及流动状态水是进行生化反应的介质，微生物只能摄取溶解性养料，水分是否适量直接影响堆肥发酵速度和腐熟程度，所以含水率是好氧堆肥化的关键因素之一，一般以30% ~60%为宜；温度是影响微生物活动和堆肥工艺过程的重要因素，同时为了满足无害化要求，一般最适温度控制在50 ~60℃左右。温度过低，分解反应速率变慢，也无法杀灭堆放过程产生的病原菌、寄生虫和孢子等有害菌。但温度过高也不利，放线菌等有益菌也将全部被杀死，分解速度也相应变慢。

（二）沼气化技术

沼气化技术又称有机废渣厌氧发酵技术，是另一种成熟的生物转换技术。它是将有机废渣在隔绝空气和保持一定水分、温度、酸碱度条件下，经过多种微生物的发酵分解作用产生以甲烷为主的气体混合物（沼气）的一种方法。沼气是一种比较清洁且热值较高的气体燃料，发酵工业废渣的沼气化对节约能源、增加有机肥料、改善环境卫生都有重要作用，因而是一种经济而理想的处理技术。

在沼气发酵过程中，不直接参与甲烷形成的微生物统称为不产甲烷菌，主要为细菌，还有部分真菌和原生动物；直接参与甲烷形成的微生物称为甲烷菌，甲烷菌是因能厌氧代谢产生甲烷而得名的一个独特类群。发酵工业废渣在厌氧条件下，经过这两大类细菌的协同作用，首先分解成简单稳定的物质，继续作用最后生成甲烷和二氧化碳等沼气的主要成分。在排出的残渣中存在有腐殖酸，可做农业生产的肥料。

为了能有效地利用沼气化技术处理发酵工业废渣，必须控制好以下条件：

1. 厌氧条件　沼气化技术的一个显著特点就是产气阶段的产甲烷菌是专性厌氧菌，不仅不需要氧，氧对产甲烷菌反而有毒害作用，因此必须创造厌氧的环境条件。

2. 温度　沼气发酵与温度有密切的关系。一般来讲，在其他条件适合的条件下，温度高于10℃就可以开始发酵，产生沼气。但甲烷菌对温度的急剧变化非常敏感，即使温度只降低2℃，也能产生不良影响，产气下降。因此，厌氧发酵过程要求温度相对稳定。

3. pH　厌氧发酵菌可以在较广的 pH 范围内生长，在 pH5 ~10 范围内均可发酵，不过以 pH7 ~8 为最适。过酸或过碱则开始产气的时间来得缓慢，产气量少。

4. 营养和原料　充足的发酵原料是产生沼气的物质基础。在废渣处理中，要求必须有适于微生物生长的营养成分，比例要均衡，如氮素太少，则构成菌体的量少，同时，发酵液缓冲力减少，pH下降，抑制发酵；相反，氮素太多，由于氨量生成增多，pH上升到8以上，而抑制气体化过程。

5. 添加剂和有毒物质　在发酵液中添加少量有益的化学物质，如硫酸锌、碳酸钙、炉灰等，有助于促进厌氧发酵，提高产气量和原料利用率；相反有许多化学物质能抑制发酵微生物的生命活力，使沼气发酵受阻，如抗生素类、过量的汽油、氟化钠、硫化氢等。

6. 接种物　厌氧发酵中菌种数量的多少和质量的好坏直接影响废渣处理和沼气的产生。由于处理开始时，沼气菌数量比较少，所以开始时必须接种，添加接种物可促进早产气，提高产气量。一般开始发酵时，要求菌种量达到发酵液量的5%以上。

（三）焚烧处理技术

焚烧法是一种高温处理技术，即以一定的过量空气与被处理的有机废物在焚烧炉内进行氧化燃烧反应，废物中的有害有毒物质在高温下氧化、热解而被破坏，是一种可同时实现废物无害化、减量化、资源化的处理技术。

发酵工业废渣含有多种未被利用的营养物质和残留代谢物等，它们大部分属于有机物质，经过焚烧处理后，最终会生产大量的气态产物和少量灰分并释放大量热能。生成的气态产物成分相当复杂，除了无害的二氧化碳及水蒸气外，还含有许多污染物质，必须加以适当处理，将污染物的含量降至安全标准以下，方可排放，以免造成二次污染；产生的灰渣与废气处理系统收集的飞灰合并后可送灰渣掩埋场处置；焚烧过程中释放的热能则可通过废热回收装置回收利用。

（四）污泥的处理

污泥因成分和性质上有别于废菌渣，故一般要进行浓缩和脱水处理。为了合理地处理和利用污泥，必须先摸清污泥的成分和性质，通常要对污泥的以下指标进行分析鉴定。

1. 污泥的含水率、固体含量和体积　污泥中所含水分的质量与污泥总质量之比称为污泥含水率，相应地固体物质在污泥中质量比例称为固体含量。污泥的含水率一般都很大，相对密度接近1。通常固体颗粒越细小，所含有机物越多，污泥的含水率就越高。而含水率越高，污泥体积就会越大，相应的整个污泥处理系统的负荷就越高。

2. 挥发性固体和灰分　挥发性固体能近似地表示污泥中有机物含量，灰分则表示无机物含量。有时需要对污泥中的有机物和无机物成分作进一步的分析，例如有机物质中蛋白质、脂肪及腐殖质各占的百分数，污泥中的氮、磷、钾含量等。污泥中的有机物、腐殖质、氮、磷、钾等可以改善土壤结构，提高保水性能和保肥能力，是良好的土壤改良剂。

3. 污泥的可消化性　污泥中的有机物是消化处理的对象，其中一部分是能被消化分解的，另一部分是不易或不能被消化分解的。常用可消化程度来表示污泥中可被消化分解的有机物数量。

4. 污泥的脱水性能　为了降低污泥的含水率，减少体积，以利于污泥的输送和处理，都必须对污泥进行脱水处理。不同性质的污泥，脱水的难易程度不同，可用脱水性能表示。

含有大量水分的污泥，通过沉淀、压密或其他方法降到某一限度的过程，称为浓缩。如果去除水分达到能用手一捏就紧的程度则称为脱水。

污泥处理指的就是污泥进行浓缩、消化、脱水、稳定、干燥或焚烧的加工过程。目前国内外常用的成熟的处理方法包括土地利用、焚烧、填埋、堆肥和投海等。例如，污泥经焚烧处理后，其体积可以减少85%～95%，质量减少70%～80%。焚烧还可以消灭污泥中的有害病菌和有害物质，根据对污泥焚烧的处理过程不同，焚烧有两种途径：一种是将脱水污泥直接用焚烧炉焚烧；另一种是将脱水污泥先干化、再焚烧。污泥焚烧要求污泥有较高的热值，因此污泥一般不进行消化处理。当污泥不符合卫生要求，有毒物质含量高，不能作为农副业利用时，或污泥自身的燃烧热值高，可以自燃并可利用燃烧热量发电时，可考虑采用污泥焚烧。焚烧所需热量，主要靠污泥含有的有机物燃烧产生的热量提供。焚烧最大优点是可以迅速和较大程度地使污泥减容，并且在恶劣的天气条件下不需存储设备，能够满足越来越严格的环境要求和充分地处理不适宜于资源化利用的部分污泥。污泥的焚烧处置不仅是一种有效降低污泥体积的方法，设计良好的焚烧炉不但能够自动运行，还能够提供多余的能量和电力，因此几乎所有的发达国家均期望通过焚烧处置污泥来解决日益增长的污泥量和以前通过填埋处置的部分污泥。

拓展阅读

污染环境罪

1. 罪名由来 污染环境罪是指违反防治环境污染的法律规定，造成环境污染，后果严重，依照法律应受到刑事处罚的行为。污染环境罪是最高人民法院、最高人民检察院对《中华人民共和国刑法修正案（八）》（以下简称《修正案八》）罪名做出的补充规定，取消原"重大环境污染事故"罪名，改为"污染环境罪"。该罪具体的内容包括：违反国家规定，排放有害物质。

2. 客观要件 本罪在客观方面表现为违反国家规定，向土地、水体和大气排放危险废物，造成环境污染，致使公私财产遭受重大损失或者人身伤亡的严重后果的行为。

（1）实施本罪必须违反国家规定 是指违反全国人大及其常务委员会制定的有关环境保护方面的法律，以及国务院制定的相关行政法规、行政措施、发布的决定或命令。这些法律、法规主要包括《环境保护法》《大气污染防治法》《水污染防治法》《海洋环境保护法》《固体废物污染环境防治法》等法律，以及《放射防护条例》《工业"三废"排放试行标准》等一系列专门法规。

（2）实施排放、倾倒和处置行为 其中排放是指把各种危险废物排入土地、水体、大气的行为，包括泵出、溢出、泄出、喷出、倒出等，倾倒是指通过船舶、航空器、平台或者其他载运工具，向土地、水体、大气倾卸危险废物的行为；处置是指以焚烧、填埋或其他改变危险废物属性的方式处理危险废物或者将其置于特定场所或者设施并不再取回的行为。

（3）必须造成了环境污染，致使公私财产遭受重大损失或者人身伤亡的严重后果 本罪属结果犯，行为人非法排放、倾倒、处置危险废物的行为是否构成犯罪，应对其行为所造成的后果加以认定，如该行为造成严重后果，则以本罪论。否则不能以犯罪论处。至于"严重后果"的标准是什么，有待进一步作出解释。可参照国家环境保护局1987年9月10日发布的《报告环境污染与破坏事故的暂行办法》规定以及国务院1989年3月29日公布的《特别重大事故调查程序暂行规定》。

3. 量刑 根据刑法第三百三十八条及修正案（八）第四十六条的规定，违反国家规定，排放、倾倒或者处置有放射性的废物、含传染病病原体的废物、有毒物质或者其他有害物质，严重污染环境的，处三年以下有期徒刑或者拘役，并处或者单处罚金；后果特别严重的，处三年以上七年以下有期徒刑，并处罚金。

岗位对接

本项目是环境与安全类专业或其他涉及环境保护的相关专业学生必须掌握的内容，为成为合格的环境监测和保护及工业污染处理人员打下坚实基础。

本项目对应岗位的工种包括环境监测工程技术人员、环境监测员、环境影响评价工程技术人员、工业废气处理工、工业废水处理工和工业固体废物处置工等工种。

本项目上述从事发酵工业环境保护及相关所有岗位的从业人员均需接受必要的环境监测、环境影响评价及污染治理等教育和培训，掌握必要知识和理论，熟悉相关规章制度和操作规程，具备本岗位的环境监测和处理操作技能，具备较强的安全环保意识和良好的工作习惯，具备环境安全和处理的评估和处理能力，保证企业能合法的、科学的、可持续的生产和运转。

重点小结

发酵工业废气处理技术有吸收法、吸附法、催化法、燃烧法、冷凝法、生物法等。

衡量污水水质的指标有色度、浊度、硬度、溶解氧、化学需氧量、生化需氧量、总有机碳、总需氧量、残渣和悬浮物以及 pH。

发酵工业污水处理方法有物理法、化学法、物理化学法和生物处理法。

发酵工业废渣处理技术有堆肥化技术、沼气化技术、焚烧处理技术、污泥的处理。

目标检测

一、名词解释

1. 化学需氧量　2. 生化需氧量　3. 污泥沉降比　4. 有机负荷率　5. 污泥浓缩

二、单选题

1. 吸收法处理发酵工业废气时，为了增大有机化合物在水中的溶解度，提高吸收效率可向水中添加（　　）。

　　A. 表面活性剂　　　B. 无机盐类　　　C. 增稠剂　　　　D. 有机溶剂

2. SVI 值能准确地评价污泥的凝聚性能及沉降性能。一般来说，若 SVI 值过低表明（　　）。

　　A. 污泥粒径小、无机成分含量低　　　B. 污泥粒径小、无机成分含量高

　　C. 污泥粒径大、无机成分含量高　　　D. 污泥粒径大、无机成分含量低

3. 厌氧生物处理污水的过程中，（　　）阶段是限速阶段。

　　A. 水解　　　　B. 产酸　　　　C. 脱氢　　　　D. 产甲烷

4. （　　）是一种可同时实现废物无害化、减量化、资源化的处理技术。

　　A. 堆肥化技术　　B. 沼气化技术　　C. 焚烧处理技术　　D. 土地填埋技术

5. 污泥中可被消化分解的有机物数量常用（　　）表示。

A. BOD　　　　　　　B. COD　　　　　　　C. 可消化程度　　　D. 有机负荷率

三、多选题

1. 为了使处于蒸汽状态的污染物冷凝并从废气中分离出来的，可采用的方法包括（　　）。

A. 降低废气温度　　　　　　　　　B. 提高废气温度

C. 降低废气压力　　　　　　　　　D. 提高废气压力

2. 活性污泥中有机成分主要有生长在其中的微生物组成，这些微生物群体构成了一个相对稳定的生态系统和食物链，它们包括（　　）。

A. 细菌　　　　　　B. 原生动物　　　　　C. 真菌　　　　　　D. 轮虫

3. 以下属于厌氧生物法处理发酵工业污水特点的是（　　）。

A. 可生产沼气　　　　　　　　　　B. 处理周期长

C. 出水 BOD 值低　　　　　　　　D. 可作为一种独立工艺处理污水

4. 发酵工业废渣堆肥化处理过程中应满足的处理条件有（　　）。

A. 通风供氧　　　　　　　　　　　B. 控制含水率在 30% ~ 60%

C. 控制温度在 50 ~ 60℃　　　　　D. 隔绝空气

5. 沼气化技术处理发酵工业废渣时应控制（　　）。

A. 厌氧环境　　　　　　　　　　　B. 相对稳定的温度

C. 过碱环境　　　　　　　　　　　D. 添加接种物

四、简答题

1. 催化剂的特点有哪些？

2. 生物法处理发酵工业废气的特点？

3. 什么是污水生物处理？分为哪两类？

4. 简述生物膜法的基本流程。

项目九
发酵工业应用实例

发酵工业是传统发酵技术和现代 DNA 重组、细胞融合等新技术相结合并发展起来的现代生物技术，并通过现代化学工程技术生产有用物质或直接用于工业化生产的一种大工业体系。

按照发酵的特点，可以对发酵工业进行类别划分，具体如下。

（1）根据微生物种类不同分为：好氧性发酵和厌氧性发酵，其中通过厌氧发酵获得食品称为酿造工业。

（2）根据培养基状态不同分为：固体发酵和液体发酵。

（3）根据发酵设备不同分为：敞口发酵、密闭发酵、浅盘发酵和深层发酵。

（4）根据微生物发酵操作方式的不同分为：分批发酵、连续发酵和补料分批发酵。

（5）根据微生物发酵产物的不同分为：微生物菌体发酵、微生物酶发酵、微生物代谢产物发酵、微生物的转化发酵和生物工程细胞发酵。

发酵产物决定发酵工艺，工艺决定设备，所以发酵工厂基本对应以下五种类型。

（1）微生物菌体发酵　这是以获得具有某种用途的菌体为目的的发酵。传统的菌体发酵工业包括用于制作面包的酵母发酵及用于人或动物食品的微生物菌体蛋白（单细胞蛋白）的生产。新的菌体发酵可用来生产一些药用真菌，如香菇类、冬虫夏草及灵芝等。有的微生物菌体还可以用作生物防治剂，如苏云金杆菌、白僵菌。

（2）微生物酶发酵　微生物具有种类多、产酶的品种多、生产容易和成本低等特点，因而工业应用的酶大多来自微生物发酵。微生物酶制剂在食品、轻工业、医药、农业中有广泛的用途。

（3）微生物代谢产物发酵　微生物代谢产物的种类很多，已知的有 37 个大类，其中 16 类属于药物。根据菌体生长与产物形成时期之间的关系，可以将发酵产物分为两类：在微生物对数生长期所产生的产物，如氨基酸、核苷酸、蛋白质、核酸、糖类等，是菌体生长繁殖所必需的。这些产物叫初级代谢产物。在菌体生长静止期，某些菌体能合成在生长期中不能合成的、具有一些特定功能的产物，如抗生素、生物碱、细菌毒素、植物生长因子等。这些产物与菌体生长繁殖无明显关系，称为次级代谢产物。

（4）微生物转化发酵　微生物转化就是利用微生物细胞的一种或多种酶，把一种化合物转变成结构相关的更有经济价值的产物。可进行的转化反应包括：脱氢反应、氧化反应、脱水反应、缩合反应、脱羧反应、氨化反应、脱氨反应和异构化反应等。最突出的微生物转化是甾类转化，甾类激素包括醋酸可的松等皮质激素和黄体酮等性激素，是用途很广的一大类药物。

（5）生物工程细胞的发酵　这是指利用生物工程技术所获得的细胞，如 DNA 重组的"工程菌"，细胞融合所得的"杂交"细胞等进行培养的新型发酵，其产物多种多样。如用基因工程菌产胰岛素、干扰素、青霉素酰化酶等，用杂交瘤细胞生产用于治疗和诊断的各种单克隆抗体。

我国发酵工业目前已发展形成了具有一定规模和技术水平的门类比较齐全的独立工业体系。一部分产品的发酵生产工艺及技术已接近或达到世界先进水平，并且掌握了核心工艺技术拥有知识产权。目前，发酵工业已经广泛渗透到食品、饲料、日化、纺织、医药、造纸、皮革、能源、环保等诸多领域，部分产品甚至替代了化工产品，取得了巨大的经济效益和社会效益。

在医药工业上的应用，传统发酵产品包括抗生素、维生素、动物激素、药用氨基酸、核苷酸（如肌苷）等。常用的抗生素已达 100 多种，如青霉素类、头孢菌素类、红霉素类和四环素类。另应用发酵工程大量生产的基因工程药品有人生长激素、重组乙肝疫苗、某些种类的单克隆抗体、白细胞介素-2、抗血友病因子等。

在食品工业上的应用，主要包括生产传统的发酵产品，如白酒、啤酒、黄酒、果酒、食醋和酱油等；生产食品添加剂、防腐剂、色素、香料和营养强化剂等，如 L-苹果酸、柠檬酸、谷氨酸、红曲素、高果糖浆、黄原胶、结冷胶、赤藓糖醇等。

在化工能源领域的应用，主要包括各种有机酸、长链二元酸、聚合有机物、生物材料、生物塑料、生物多糖、生物氢、燃料乙醇、丙酮、丁醇。

在农业领域的应用，主要包括各种农用、兽用抗生素、维生素、激素、氨基酸、食用菌、酶制剂、微生态制剂和微生物肥料等。

在酶制剂领域的应用，主要包括糖化酶、淀粉酶、蛋白酶、纤维素酶、脂肪酶、植酸酶、葡萄糖异构酶、葡聚糖酶、转苷酶等。

在环境科学领域的应用，主要包括污水处理用微生物。

任务一　抗生素生产工艺

案例导入

案例：2016 年 5 月 26 日，美国微生物学会刊物《抗生素与化疗》报道了美国本土首例人感染携带 *MCR-1* 基因的大肠杆菌（*E. coli* MRSN 388634）病例。该大肠杆菌的质粒上编码了 15 种耐药基因，并且对被称为抗生素"最后一道防线"的粘杆菌素（Colistin）也产生了耐药性。媒体和公众都陷入了对于这类抗药性极强、抗生素无能为力的"超级细菌"的恐慌之中。"超级细菌"主要是指对多种抗生素产生了耐药性的细菌，而不是指其对人体的杀伤力很大，滥用抗生素被公认为是产生超级细菌的一大原因。

事实上，*MCR-1* 基因在 2015 年由华南农业大学联合中国农业大学等国内外科研团队首次报道。研究者从肉类农产品检疫中发现了携带 *MCR-1* 基因的大肠杆菌菌株，研究成果发表在英国《柳叶刀》杂志的传染病子刊上。德国、柬埔寨和瑞士随后在对病人生物样本中的筛查中，都发现了携带 *MCR-1* 基因的大肠杆菌。*MCR-1* 基因研究者、华南农业大学学者在接受媒体采访时表示，"超级细菌"对所有抗生素都耐药的说法不准确。它只是一种多重耐药菌而已，说"超级"则有些夸大。《抗生素与化疗》上的研究指出，*E. coli* MRSN 388634 的质粒上没有发现碳青霉烯酶的基因，因此对于碳青霉烯类抗生素，它无力抵抗。近年来对于超级细菌或者多重耐药菌的报道层出不穷。学者呼吁，公众不必对此过度恐慌，他向媒体指出，就目前来看虽然已有 28 个国家宣布发现了携带 *MCR-1* 基因的细菌，但是超级耐药菌的数量极其有限。

讨论：超级耐药菌对人类健康的影响？

抗生素是生物在其生命活动过程中产生的、在低微浓度下能够选择性地抑制或影响其他种生物功能的低相对分子质量的化学物质。

抗生素的主要来源是土壤微生物，包括各种细菌、放线菌和丝状真菌等。目前，工业生产的抗生素，大多是利用微生物发酵，通过生物合成获得的天然代谢产物。将生物合成法制得的天然代谢产物再经化学、生物或生物化学方法进行分子结构改造，制成各种衍生物，称为半合成抗生素。根据天然抗生素的结构，完全采用化学合成方法制造的化合物，则称为全合成抗生素。

在中国，抗生素的研究历史可概括为以下几个阶段。

（1）抗日战争时期，在国民党统治地区和解放区都曾对青霉素进行过探索。

（2）抗战胜利后，原北平中央防疫处利用联合国救济总署提供的 4 个 40 加仑发酵罐研究了青霉素的发酵、提炼和检定。中华人民共和国成立后，该处发展为抗生素研究所，现改名为医药生物技术研究所。

（3）1950 年，在上海成立了青霉素实验所。利用联合国救济总署提供的 2 个 200 加仑发酵罐和我国自行设计制造的 2 个 200 加仑发酵罐对青霉素生产进行开发，获得成功。

（4）1953 年，我国设计制造了 4 个 5t 发酵罐，建立了上海第三制药厂，开始生产青霉素。

（5）1957 年，建立了规模较大的石家庄华北制药厂。

（6）1958 年后，在全国多处建立了抗生素生产厂。

在 20 世纪 40 年代末到 50 年代初，我国工业尚不发达，在许多原料和设备缺乏的情况下，从青霉素试制到生产的过程中，主要解决了以下几个问题。

（1）成功地设计和制造了发酵罐，并建立了进罐无菌空气的处理方法、掌握了避免发酵染菌的技术。

（2）用不产色素的产黄青霉 133 菌种代替了产黄色色素的菌种 176。

（3）用棉籽饼粉代替当时中国尚不能生产的玉米浆。

（4）采用醋酸丁酯提炼青霉素，在提取液中加醋酸钾制取青霉素钾盐结晶。

（5）采取微粒结晶工艺和气流粉碎技术生产普鲁卡因青霉素。

在进行大规模生产时解决了以下问题。

（1）用紫外光和亚硝基胍等物理化学方法处理菌种获得高产菌种。

（2）用黄豆饼粉代替棉籽饼粉，解决了后者对发酵波动的影响，并提高了产量。

（3）用葡萄糖连续滴加的工艺代替乳糖发酵，解决了乳糖的供应不足并提高了发酵效价。

（4）用共沸蒸馏的结晶方法得到质量较好的青霉素钾盐成品。

表9-1　我国生产的放线菌产生的抗生素

类别	品名
四环类	金霉素、土霉素、四环素
氨基糖苷类	链霉素、新霉素、卡那霉素、庆大霉素、巴龙霉素、核糖霉素、小诺米星、西索米星、妥布霉素、大观霉素
大环内酯类	红霉素、乙酰螺旋霉素、麦白霉素（meleumycin）、柱晶白霉素
安莎类	利福霉素
多烯类抗真菌	制霉素、两性霉素、克念菌素
其他	林可霉素

在放线菌产生的各类抗生素（表9-1）的研究开发当中，主要解决了以下技术关键。

（1）天然孢子培养基的选择及菌种保存。

（2）放线菌噬菌体的分离鉴定及克服噬菌体污染。

（3）用紫外光、亚硝基胍等处理及细胞融合法筛选菌种，提高发酵效价和稳定菌种。

（4）解决培养基的碳源（葡萄糖）、氮源（硝酸盐）的反馈作用。

（5）抗生素生物合成的调控及发酵条件的控制。

（6）根据抗生素物理化学性质的不同，采用最适合的提炼方法和成品干燥方法。

（7）去除与目的抗生素结构相近的微量类似物。

一、 抗生素的分类

20世纪70年代以来，抗生素工业飞速发展，抗生素新品种不断出现。到目前为止，已经用于临床的抗生素品种有120多种。如果把半合成抗生素衍生物及其盐类计算在内，估计不少于350种。其中以青霉素类、头孢菌素类、四环素类、氨基糖苷及大环内酯类为最常用。

抗生素的分类方法很多，可以根据抗生素的生物学来源分类，根据抗生素的化学结构分类，根据其作用分类，根据其作用机制分类和根据抗生素的生物合成途径分类。一般来说，从事发酵工程的人员习惯用前两种方法。

1. 根据抗生素的生物学来源分类　见表9-2。

表9-2　抗生素的生物学来源分类

抗生素的生物学来源	生产的抗生素种类
放线菌	链霉素、四环素、红霉素、庆大霉素和利福霉素
真菌	青霉素、头孢菌素等
细菌	多黏菌素、枯草菌素、短杆菌素等
植物和动物	蒜素和鱼素等

2. 根据抗生素的化学结构分类 见表 9-3。

表 9-3 根据抗生素的化学结构分类

抗生素的化学结构	抗生素种类
β-内酰胺类抗生素	青霉素类、头孢菌素类等
氨基糖苷类抗生素	链霉素、庆大霉素等
大环内酯类抗生素	红霉素、螺旋霉素等
四环类抗生素	四环素、金霉素和土霉素等
多肽类抗生素	多黏菌素、杆菌肽等
蒽环类抗生素	阿霉素、柔红霉素等
喹诺酮类抗生素	环丙沙星、诺氟沙星等

拓展阅读

2016 年 5 月 19 日，英国 Jim O'Neill 爵士在发表的《全球抗生素耐药回顾：报告及建议》中指出，到 2050 年，抗生素耐药每年会导致 1000 万人死亡。如果任其发展，可累计造成 100 万亿美元的经济损失。报告提到，目前每年已有 70 万人死于抗生素耐药。抗生素是现代医学的重要发明，当抗生素失去效用，很多重要的医疗手段都无法安全实施。抗生素的长期使用和滥用除了会直接降低动物免疫机能，还会威胁到人类的健康。通过食用含有残留抗生素的动物产品，人类也会产生耐药菌。5 月 21 日，世界卫生组织发文呼吁全球关注抗生素耐药问题。针对中国目前的抗生素用量，该文指出中国目前抗生素用量约占世界的一半，其中 48% 为人用，其余主要用于农牧业。据估计，如不采取有效措施，到 2050 年，抗生素耐药每年将导致中国 100 万人早死，累计给中国造成 20 万亿美元的损失。

二、青霉素

1929 年，英国细菌学家 Fleming 在培养葡萄球菌的培养皿中，观察到污染的霉菌菌落周围出现透明的抑菌圈，从而导致世界上第一种抗生素——青霉素的发现，其产生菌被命名为点青霉。由于当时微生物大规模培养技术尚未出现，青霉素的化学性质不稳定，难于提纯，加上当时磺胺类抗菌药物的兴起，使青霉素在发现后的相当长一段时间内未能引起足够重视。直到 1940 年，Florey 和 Chain 等自青霉素发酵液中提取得到青霉素结晶，证明其能够控制严重的革兰阳性细菌感染并对机体没有毒性，青霉素在临床上才开始广泛应用，从而开创了抗生素用于抗感染治疗的新时代。

（一）结构与性质

青霉素具有各种不同的类型，其基本结构是由 β-内酰胺环和噻唑环并联组成的，不同类型的青霉素有不同的侧链。目前，已知的天然青霉素的结构和生物活性。其中，只有青霉素 G 和青霉素 V 在临床上使用，它们的抗菌谱相同，均为革兰阳性细菌。青霉素 G 疗效最好，应用很广，但是对酸不稳定，只能通过非肠道给药。青霉素 V 对酸稳定，在胃酸中不会被破坏，可口服给药。

（1）溶解度　青霉素作为一种游离酸，可以跟碱金属或碱土金属及其有机氨类结合成盐类。青霉素的游离酸可以在醇类、酮类及酯类中溶解，在水中的溶解度很小；青霉素的钾盐、钠盐易溶于水和甲醇，微溶于乙醇、丙醇、乙醚、三氯甲烷，在醋酸丁酯或戊酯中难溶。当有机溶剂中含有少量水分时，则青霉素 G 或碱金属盐在其中的溶解度会增加。

（2）吸湿性　青霉素的纯度越高，其吸湿性就会越小，并且容易存放。制成晶体的青霉素比无定型粉末的吸湿性小，各类盐的吸湿性也有所不同，另外吸湿性随着湿度的增加而增大。青霉素的钠盐比钾盐更不容易保存，因此分包装车间的湿度和成品的包装条件要求更高，以免产品变质。

（3）稳定性　纯度、吸湿性、温度、湿度和酸碱度都对青霉素的稳定性产生很大的影响。①青霉素游离酸的无定型粉末吸湿性很强，水分会造成青霉素的快速变质。然而青霉素晶体吸湿性较小，制备一定晶型的青霉素盐可提高其稳定性。②青霉素在 15℃ 以下和 pH5 ~ 7 范围内较稳定，最稳定的 pH 为 6 左右。一些缓冲液，如磷酸盐和柠檬酸盐对青霉素有稳定作用。③醋酸钾有较强的吸湿性，成品中要将残留的醋酸钾除尽，以免因为吸潮变质而影响使用。

（4）酸碱性　苄基青霉素在水中的解离常数 pK_a 为 2.7，即 $K_a = 2.0 \times 10^{-3}$。因此酸化 pH 为 2 时萃取，可以把青霉素解离成游离酸，从水相中转移到有机溶剂中。

（二）制备原理

青霉素是产黄青霉菌在一定的培养条件下产生的。生产菌种经孢子培养，将孢子悬浮液接入种子罐，经一级或二级扩大培养后，移入发酵罐培养。在适当的培养基、温度、pH、通气及搅拌条件下培养 6 ~ 7d，培养时根据需要补加营养成分、前体物质和消沫剂等，发酵结束时发酵液中含有高单位的青霉素。

1. 产生菌培养

（1）菌体生长发育　产黄青霉在液体深层发酵培养当中菌丝可以发育为两种形态：球状菌和丝状菌。在菌丝生长期当中，菌丝浓度明显增多，但青霉素产生较少，处于该时期的菌丝体适用于发酵种子。在青霉素分泌期，此时菌丝体生长缓慢，并产生大量的青霉素。最后会进入菌丝体的自溶期。

（2）菌种培养　种子培养阶段以产生丰富的孢子（斜面和米孢子培养基）或大量健壮菌丝体（种子罐培养）为主要目的。因此，在培养基中应加入比较丰富容易利用的碳源、氮源、作为缓冲剂的碳酸钙以及生长所必需的无机盐，另外保持 25 ~ 26℃ 的最适生长温度以及通气搅拌，使得菌体量增长速度达到对数生长期，在此期间需要控制培养条件和保持种子质量的稳定性。

2. 生物合成　产黄青霉菌在发酵过程中会先合成青霉素的前体即 α-氨基己二酸、半胱氨酸、缬氨酸，然后在三肽合成酶的催化作用下，L-α-氨基己二酸和 L-半胱氨酸形成二肽，之后和 L-缬氨酸形成三肽化合物，得到 α-氨基己二酸-半胱氨酸-缬氨酸。

在这个三肽形成的过程中，三肽化合物必须在环化酶的作用下形成异青霉素 N，异青霉素 N 当中的氨基侧链在酰基转移酶的作用下转换成为其他侧链，形成青霉素类抗生素。

3. 发酵过程　青霉素发酵属于好氧发酵，在发酵过程中需要不断通入空气并搅拌，以维持一定的罐压和溶氧。整个发酵分为生长和产物合成两个阶段。发酵过程中要严格控制发酵温度、发酵液中的残糖量、pH、CO_2 和氧气量等。发酵液中的残糖量可以通过氮源的补加来控制；pH 可通过补加葡萄糖量、酸量和碱量来控制；另外通过调节通气速度、搅拌速度来控制发酵液中的溶氧量。

4. 发酵液的预处理　发酵液经适当的预处理，过滤得到滤液，再经溶剂萃取法提取。发酵液中杂质较多，其中对青霉素的提取影响较大的有 Ca^{2+}、Mg^{2+}、Fe^{3+} 和蛋白质。除去 Ca^{2+} 一般加入草酸，因为草酸的溶解度小，在用量较大时，可以用它溶解盐类如草酸钠，反应生成的草酸钙还能促进蛋白质凝固。除去 Mg^{2+} 可以加入磷酸盐，它和 Mg^{2+} 形成不溶性的络合物。要除去 Fe^{3+} 可以加入黄血盐，形成普鲁士蓝沉淀。除去蛋白质的方法有等电点法、加明矾或絮凝法。在青霉素的发酵液预处理当中采用的是加入酸调节 pH 至蛋白质的等电点，然后加入絮凝剂除去蛋白质。

5. 青霉素的提取　青霉素与碱金属所生成的盐类在水中溶解度很大，而青霉素游离酸易溶解于有机溶剂中。溶剂萃取法提取即利用青霉素这一性质，将青霉素在酸性溶液中转入乙酸丁酯，然后在 pH 中性条件下转入水相。经过这样反复几次萃取，就能达到提纯和浓缩的目的。

青霉素提取液经脱色、脱水、无菌过滤、结晶等步骤，得到青霉素晶体。根据需求，可以制成青霉素钾盐、青霉素钠盐、青霉素普鲁卡因盐。晶体经洗涤、过筛、干燥，得到青霉素成品。

由于青霉素的性质不稳定，整个提取和精制过程应在低温下快速进行，并应注意环境清洁并保持在稳定的 pH 范围。

（三）工艺路线

1. 种子培养和发酵培养

（1）**丝状菌培养**　见图 9-1。

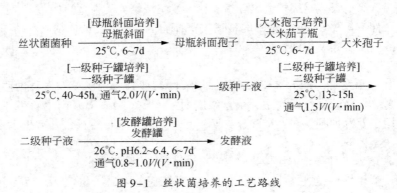

图 9-1　丝状菌培养的工艺路线

（2）**球状菌培养**　见图 9-2。

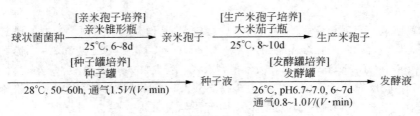

图 9-2　球状菌培养的工艺路线

2. 提取和精制

（1）青霉素钾盐制备　见图9-3。

发酵液 —[鼓式真空过滤] 1/3~1/2发酵液；10℃以下→ 一次滤液和其余发酵液 —[板框过滤] 10% H_2SO_4, 0.07% PPB, 0.7%硅藻土, 28%水；10℃以下，pH4.5~5.0→

二次滤液 —[一次丁酯萃取] 10% H_2SO_4, 1/3体积乙酸丁酯；0.1% PPB, 10℃以下, pH1.8~2.2→ 一次丁酯萃取液 —[缓冲液萃取] 1.6% $NaHCO_3$；pH6.8~7.4, 10℃以下→

缓冲液萃取液 —[二次丁酯萃取] 10% H_2SO_4, 乙酸丁酯；10℃以下, pH1.8~2.2→ 二次丁酯萃取液 —[脱色, 脱水, 过滤] 活性炭；-10℃以下→ 脱色脱水液

—[无菌过滤]→ 结晶液 —[结晶, 过滤] 乙酸钾-乙醇溶液；10~20℃→ 青霉素钾盐湿晶体 —[洗涤] 丁醇, 乙酸乙酯→ 洗涤后湿晶体

—[过筛, 制粒]→ 过筛后颗粒 —[真空干燥] 90~95℃, 20mmHg, 8~10h→ 干燥粉末 —[凉粉] 40℃左右→ 青霉素钾盐成品

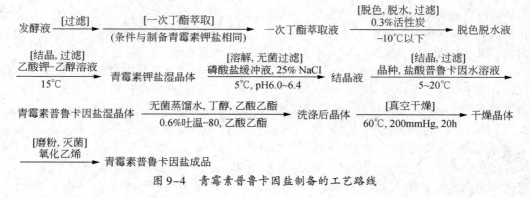

图9-3　青霉素钾盐制备的工艺路线

（2）青霉素普鲁卡因盐制备　见图9-4。

发酵液 —[过滤]→ —[一次丁酯萃取] (条件与制备青霉素钾盐相同)→ 一次丁酯萃取液 —[脱色, 脱水, 过滤] 0.3%活性炭；-10℃以下→ 脱色脱水液

—[结晶, 过滤] 乙酸钾-乙醇溶液；15℃→ 青霉素钾盐湿晶体 —[溶解, 无菌过滤] 磷酸盐缓冲液, 25% NaCl；5℃, pH6.0~6.4→ 结晶液 —[结晶, 过滤] 晶种, 盐酸普鲁卡因水溶液；5~20℃→

青霉素普鲁卡因盐湿晶体 —无菌蒸馏水, 丁醇, 乙酸乙酯；0.6%吐温-80, 乙酸乙酯→ 洗涤后晶体 —[真空干燥] 60℃, 200mmHg, 20h→ 干燥晶体

—[磨粉, 灭菌] 氧化乙烯→ 青霉素普鲁卡因盐成品

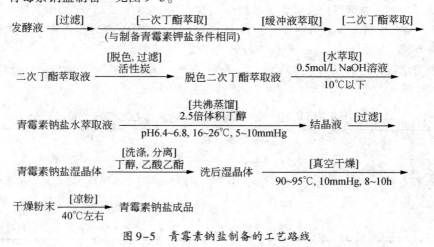

图9-4　青霉素普鲁卡因盐制备的工艺路线

（3）青霉素钠盐制备　见图9-5。

发酵液 —[过滤]→ —[一次丁酯萃取] (与制备青霉素钾盐条件相同)→ —[缓冲液萃取]→ —[二次丁酯萃取]→

二次丁酯萃取液 —[脱色, 过滤] 活性炭→ 脱色二次丁酯萃取液 —[水萃取] 0.5mol/L NaOH溶液；10℃以下→

青霉素钠盐水萃取液 —[共沸蒸馏] 2.5倍体积丁醇；pH6.4~6.8, 16~26℃, 5~10mmHg→ 结晶液 —[过滤]→

青霉素钠盐湿晶体 —[洗涤, 分离] 丁醇, 乙酸乙酯→ 洗后湿晶体 —[真空干燥] 90~95℃, 10mmHg, 8~10h→

干燥粉末 —[凉粉] 40℃左右→ 青霉素钠盐成品

图9-5　青霉素钠盐制备的工艺路线

（四）工艺过程

1. 菌种

（1）青霉素生产菌株一般为产黄青霉菌。目前国内青霉素的生产菌种按菌丝的形态分为丝状菌和球状菌。丝状菌根据孢子颜色又分为黄孢子丝状菌和绿孢子丝状菌。

（2）菌丝形态在长期的菌丝改良中，青霉素产生菌在培养基中分化为丝状生长和结球生长两种形态。前者由于所有丝状体都能够充分与发酵液中的基质接触，因此生长速率较高；后者由于发酵液的黏度显著降低，氧传递速率大大提高，允许更多的菌丝生长，发酵罐的体积产率反而高于前者。

在丝状菌发酵过程中，要控制菌丝形态使其保持适当的分支和长度，并避免结球，这是获得高产的关键因素之一。另外，在球状菌发酵中，要使菌丝球保持适当的大小和松紧，并尽量减少游离菌丝的含量。

（3）菌种保存青霉素生产菌种一般在真空冷冻干燥状态下保存其分生孢子，也可以用甘油或乳糖溶液做悬浮剂，在-70℃冰箱或液氮中保存孢子悬浮液或营养菌丝体。

2. 孢子制备和种子培养

（1）孢子培养以产生丰富的孢子为目的，种子培养以繁殖大量健壮的菌丝体为目的。丝状菌的生产菌种保藏在砂土管内。球状菌的生产种子保藏在冷冻管内。青霉素在固体培养基上具有一定的形态特征。开始生长时，孢子先膨胀，长出芽管并急速伸长，形成隔膜，繁殖成菌丝，产生复杂的分支，交织为网状而成菌落。菌落外观有的平坦，有的褶皱。在营养物质分布均匀的培养基中，菌落一般都是圆形，其边缘或整齐，或为锯齿状，整个形状好似毛笔，称为青霉穗。分生孢子有椭球形、圆柱形和球形等几种形状。分生孢子为黄绿色、绿色或蓝绿色，衰老后变为黄棕色、红棕色以至灰色等。

（2）种子质量控制丝状菌的生产种子由低温保存的孢子移植到小米固体上，25℃培养7d，真空干燥并以这种形式保存备用。生产时它按照一定的接种量移种到含葡萄糖、玉米浆、尿素为主的种子罐内，26℃培养56h左右，菌丝浓度达到6%～8%，菌丝形态正常，按照10%～15%的接种量移入含有花生饼粉、葡萄糖为主的二级种子罐内，27℃培养24h，菌丝体积10%～12%，形态正常，效价在700U/ml左右便可作为发酵种子。

工艺要求将新鲜的生产米（指收获后的孢瓶在10d以内使用）接入含有花生饼粉、玉米胚芽粉、葡萄糖及饴糖为主的种子罐内，28℃培养50～60h当pH由6.0～6.5下降至5.5～5.0，菌丝呈菊花团状，平均直径在100～130μm，每毫升的球数为6万～8万只，沉降率在85%以上，即可根据发酵罐球数控制在8000～11000只/ml范围的要求，计算移种体积，然后接入发酵罐，多余的种子液弃去。球状菌以新鲜孢子为佳，其生产水平优于真空干燥的孢子，能使青霉素发酵单位的罐批差异减少。

3. 发酵培养　在沉没培养条件下，青霉素产生菌细胞的生长发育过程发生明显的变化，按其生长特征可以划分为6个生长期，具体情况见表9-4。

表9-4　青霉素产生菌细胞的生长发育过程状态及特征

青霉素产生菌细胞 生长阶段	青霉素产生菌细胞 生长状态	青霉素产生菌细胞 生长特征
第一期	分生孢子发芽	孢子先膨胀，再形成小的芽管
第二期	菌丝增殖	末期出现类脂肪小颗粒
第三期	形成脂肪粒	原生质嗜碱性强，形成脂肪粒

青霉素产生菌细胞 生长阶段	青霉素产生菌细胞 生长状态	青霉素产生菌细胞 生长特征
第四期	形成中小空胞	原生质嗜碱性减弱，脂肪粒减少
第五期	形成大空胞	脂肪粒消失
第六期	个别细胞自溶	细胞内看不到颗粒

（1）首先要准备好培养基　它是以葡萄糖、花生饼粉、麸质粉、尿素、硝酸铵、硫代硫酸钠、苯乙酰胺和碳酸钙为主要成分。

①碳源　青霉素能利用多种碳源，如乳糖、蔗糖、葡萄糖等。乳糖能被产生菌缓慢利用而长时间维持青霉素的分泌，故为青霉素生物合成最好的碳源。但是，乳糖成本较高，普遍使用有一定困难。葡萄糖次之，但须控制其加入浓度。目前，工业上用的碳源是葡萄糖母液和工业用葡萄糖，普遍采用淀粉经酶水解的葡萄糖化液进行流加。加糖一定要控制好残糖量。前期和中期大约在 0.3% ~ 0.6% 之间。

②氮源　氮源以玉米浆为好。玉米浆是淀粉产生的副产物，含有多种氨基酸。常用的有机氮源还有花生饼粉和除去棉酚的棉籽饼粉等。无机氮源由硫酸铵等。因为国内玉米浆产量较少，生产上用花生饼粉、麸质粉、玉米胚芽粉及尿素等作为氮源。

③前体　生产青霉素 G 时，应加入含有苄基基团的物质，如苯乙酸或苯乙酰胺等。这些前体对青霉菌有一定毒性，加入量不能大于 0.1%，加入硫代硫酸钠可减少毒性。

④无机盐　青霉菌的生长和青霉素的合成需要硫、磷、钙、镁和钾等盐类。铁离子对青霉菌有毒害作用，需要严格控制铁离子的浓度，一般在 $30\mu g/ml$。

（2）其次要控制好发酵条件

①pH 控制　丝状菌发酵，pH 为 6.2 ~ 6.4，球状菌发酵 pH 为 6.7 ~ 7.0. 应尽量避免超过 7.0，因为青霉素在碱性条件下不稳定，容易加速水解。在青霉素的发酵过程中，如果 pH 过高，可以加入糖、硫酸或无机氮源；pH 过低，可加入碳酸钙、氢氧化钠、氨或尿素，或者提高通气量。

②温度控制　青霉菌生长最适温度一般高于青霉素分泌的最适温度，一般生长的适宜温度为 27℃，而分泌青霉素的适宜温度为 20℃ 左右。生产上，一般采用变温控制法，保证前期罐温度高于后期，以适合不同发酵阶段的需要。丝状菌发酵温度要求 26℃ -24℃ -23℃ -22℃，球状菌为 26℃ -25℃ -24℃。逐渐降低发酵温度，可延缓菌丝衰老，增加培养液中的溶解氧，延长发酵周期。

③进气控制　青霉菌深层培养需要通入空气并搅拌，以保证发酵液中溶解氧的浓度，通气量通常为 0.8 ~ 1.0V/（V·min）。

4. 发酵液预处理和过滤　因为青霉素在低温时比较稳定，细菌繁殖也较慢，从而减少了青霉素的损失。发酵液放罐后要立即冷却。目前，主要采用鼓式过滤及板框式过滤。从鼓式过滤机得到的滤液多为棕黄色或棕绿色。除去滤液中蛋白质，通过板框式过滤机过滤，得二次滤液，二次滤液一般澄清透明。发酵液和滤液一般在 10℃ 以下保存。

5. 萃取　目前，工业生产上萃取青霉素所采用的溶解多为乙酸丁酯和乙酸戊酯。整个萃取过程在低温下进行（低于 10℃），提取设备要用冷盐水通过夹层或蛇管进行冷却，特别是酸化步骤，温度要求更低些。

萃取方式一般采用多级逆流萃取（常为二级）。浓缩比的选择很重要，因为乙酸丁酯的用量与青霉素的收率和质量都有关系。乙酸丁酯用量太多，萃取较完全、收率高，但浓度较低，达不到结晶的要求，反而增加溶剂的用量；乙酸丁酯用量太少，则萃取不完全，降低收率。

6. 精制 在二次丁酯萃取液中加入活性炭进行脱色。结晶时要求水分含量低于 0.9%。因为青霉素钾盐或钠盐在水中溶解度较大，降低二次丁酯萃取液的水分可使结晶后母液中的单位降低，提高结晶效率。

7. 结晶 青霉素游离酸在有机溶剂中的溶解度很大，当它与有些金属或有机胺类物质结合成盐之后溶解度减小，于是从溶剂中结晶。在青霉素游离酸的乙酸丁酯提取液中加入乙酸钾、乙酸钠，则分别生成青霉素钾盐、钠盐的结晶。还可以采用共沸蒸馏结晶，水和有机溶剂形成共沸物被蒸出，青霉素达到饱和，结晶析出。

（五）工艺控制要点

1. 培养基成分的控制

（1）碳源 产黄青霉菌可利用的碳源有乳糖、蔗糖及葡萄糖等。目前生产上普遍采用的是淀粉水解糖、糖化液 ［葡萄糖当量（dextrose equivalent，DE）50% 以上］进行流加。

（2）氮源 氮源常选用玉米浆、精制棉籽饼粉、麸皮，并补加无机氮源（硫酸铵、氨水或尿素）。

（3）前体 生物合成含有苄基基团的青霉素 G，需在发酵液中加入前体。前体可用苯乙酸、苯乙酰胺，一次加入量不大于 0.1%，并采用多次加入，以防止前体对青霉素的毒害。

（4）无机盐 加入的无机盐包括硫、磷、钙、镁、钾等，且用量要适度。另外，由于铁离子对青霉菌有毒害作用，必须严格控制铁离子的浓度，一般控制在 $30\mu g/ml$。

2. 发酵培养的控制

（1）加糖控制 加糖量的控制是根据残糖量及发酵过程中的 pH 确定，最好是根据排气中 CO_2 量及 O_2 量来控制，一般在残糖降至 0.6% 左右，pH 上升时开始加糖。

（2）补氮及加前体 补氮是指加硫酸铵、氨水或尿素，使发酵液氨氮控制在 0.01% ~ 0.05%，补前体以使发酵液中残存苯乙酰胺浓度为 0.05% ~ 0.08%。

（3）pH 控制 对 pH 的要求视不同菌种而异，一般为 pH 6.4 ~ 6.8，可以补加葡萄糖来控制。目前一般采用加酸或加碱控制 pH。

（4）温度控制 前期 25 ~ 26℃，后期 23℃，以减少后期发酵液中青霉素被降解破坏。

（5）溶解氧的控制 一般要求发酵中溶解氧量不低于饱和溶解氧的 30%。通风比一般为 1:0.8，搅拌转速在发酵各阶段应根据需要而调整。

（6）泡沫的控制 在发酵过程中产生大量泡沫，可以用天然油脂，如豆油、玉米油或用化学合成消泡剂"泡敌"等来消泡，应当控制其用量并要少量多次加入，尤其在发酵前期不宜多用，否则会影响菌体的呼吸代谢。

（7）发酵液质量控制 生产上按规定时间从发酵罐中取样，用显微镜观察菌丝形态变化来控制发酵。生产上惯称"镜检"，根据"镜检"中菌丝形态变化和代谢变化的其他指标调节发酵温度，通过追加糖或补加前体等各种措施来延长发酵时间，以获得最多青霉素。当菌丝中空泡扩大、增多及延伸，并出现个别自溶细胞，这表示菌丝趋向衰老，青霉素分泌逐渐停止，菌丝形态上即将进入自溶期，在此时期由于菌丝自溶，游离氨释放，pH 上升，导致青霉素产量下降，使色素、溶解和胶状杂质增多，并使发酵液变黏稠，增加下一步提纯时过滤的困难。因此，生产上根据"镜检"判断，在自溶期即将来临之际，迅速停止发酵，立刻放罐，将发酵液迅速送往提炼工段。

3. 染菌的控制　青霉素发酵，要特别注意严格操作防止污染杂菌。在接种前后、种子培养过程及发酵过程中，应随时进行无菌检查，以便及时发现染菌，并在染菌后进行必要处理。

任务二　氨基酸生产工艺

案例导入

案例： 亲，您炒菜的时候放味精或者其类似产品（鸡精）了吗？味精，对每个人来说再熟悉不过了，是烹饪过程中必不可少的调味品之一，有着很好的提鲜效果。每当你在炒菜的过程中，添加上一点点的味精，顿时鲜味十足。正因为如此，味精自从发现开始就风靡全球，成为了家庭必备的产品。味精主要是通过刺激舌头味蕾上特定的味觉受体，比如说氨基酸受体或谷氨酸受体，以带给人味觉感受。这种味觉被定义为"鲜味"。

然而，近年来，味精，这种家庭必备的产品，不断地受到人们的"质疑"。不断的有人提出在烹饪过程中添加味精对人体有着很大的危害作用，如味精饮食过多会导致掉头发，视力减退，缺锌，甚至有人提出可能还会导致癌症或者其他内脏疾病。然而，事实真的是这样吗？

根据相关的研究表明，在菜肴或者食品中添加适量的味精是安全的。美国 FDA、美国医学协会、联合国粮食及农业组织和世界卫生组织食品添加剂联合专家组等权威部门的评审表示：味精在食品中的使用没有一定的限制，无需担心其安全性。因为味精的主要成分是谷氨酸钠盐，进入人体后可转化为谷氨酸、谷氨酰胺和酪氨酸，而这些氨基酸是人体蛋白质的重要组成单元之一，有着重要的功能。

讨论： 您还知道还有哪些氨基酸在人们日常生活中使用吗？它们是如何生产的？

氨基酸是构成蛋白质的基本单位。在生命活动中蛋白质之所以表现出各种各样的生理功能，主要是因为不同蛋白质分子中氨基酸残基的组成、排列顺序以及形成的特定三维空间结构各异。蛋白质、多肽在体内不断地被分解为氨基酸，体内的氨基酸又不断地合成各种蛋白质、多肽，蛋白质、多肽的合成与分解在机体内形成一个动态平衡体系。因此，氨基酸具有重要的生理作用，具体如下。

（1）氨基酸作为药物　用于治疗蛋白质代谢紊乱和缺乏引起的一系列疾病，不仅是重要的营养补充剂，而且有些氨基酸具有特殊的生理作用和临床疗效。氨基酸缺乏可导致机体生长迟缓、自身蛋白质消耗、生理功能衰退、抵抗力下降等临床症状。直接输入复方氨基酸制剂可改善患者营养状况，增加血浆蛋白和组织蛋白，纠正负氮平衡，促进酶、抗体和激素等活性蛋白的生物合成。

（2）氨基酸作为营养补充剂　由于重度营养不良是导致急慢性感染及消耗性疾病病情加重甚至死亡的直接原因，因此，补充氨基酸，特别是缬氨酸、甲硫氨酸、异亮氨酸、苯丙氨酸、亮氨酸、色氨酸、苏氨酸和赖氨酸等八种必需氨基酸可纠正负氮平衡，是实施支持疗法的基础。

（3）氨基酸可降血氨　谷氨酸、谷氨酰胺、精氨酸、天冬氨酸、鸟氨酸等是体内以氨为原料合成尿素过程中的成员，补充这些氨基酸可加速鸟氨酸循环，促进尿素合成，有利于降低血氨水平，减少其毒害作用。

（4）氨基酸具有保护作用　半胱氨酸及其参与组成的谷胱甘肽因含有游离的巯基而具有抗氧化性质，是体内氧化还原体系的重要组成，可防止电离辐射、自由基、氧化剂等对生物大分子的损伤，从而可起到保护巯基酶类和巯基蛋白质并延缓衰老的作用。

（5）氨基酸作为离子载体可促进离子进入细胞　天冬氨酸是钾、镁离子载体，能够促进钾、镁离子进入心肌细胞，有助于改善心肌收缩功能，降低心肌耗氧量。甘氨酸是铁离子载体，以硫酸甘氨酸铁的形式发挥作用，使细胞膜有良好的通透性，并可防止铁在胃中的氧化，有利于吸收。

（6）氨基酸可转变成重要的生物活性物质　谷氨酸在体内经氧化脱羧可转变成 γ-氨基丁酸，γ-氨基丁酸是抑制性神经递质，谷氨酸和维生素 B_6 协同作用可用于妊娠呕吐的辅助治疗。

自 20 世纪 50 年代以来，氨基酸类药物的应用不断扩大，形成了一个新兴的工业体系，称为氨基酸工业。随着生产技术的不断完善，氨基酸品种和产量不断增加，其品种已构成蛋白质由 20 多种氨基酸发展到 100 多种氨基酸及其衍生物，在医药工业中占有重要地位。目前，谷氨酸、甘氨酸、精氨酸、赖氨酸等已形成了一定的工业生产规模。近年来，氨基酸产生菌的育种工程开始运用 DNA 重组技术，提高了氨基酸基因育种的效率和新菌株的产酸水平。如三井化学公司利用重组 DNA 技术改造的 L-色氨酸发酵菌种可使产量提高 1 倍以上。利用生物工程技术改造过的菌种，已用于包括谷氨酸在内的 6 种以上氨基酸生产。

一、氨基酸的生产方法

（一）氨基酸的制备

氨基酸的生产方法有水解法、微生物发酵法、化学合成法、酶促合成法。

1. 水解法　水解法是以富含蛋白质的物质为原料，通过酸、碱或蛋白质水解酶水解成氨基酸混合物，经分离纯化获得各种氨基酸。本法的优点是原料来源丰富。缺点是单一氨基酸在水解液中含量低，生产成本较高。

优点：反应条件温和、氨基酸不被破坏、设备要求低。

缺点：中间产物多、水解时间长。

生产的品种：胱氨酸、亮氨酸、酪氨酸。

2. 微生物发酵法　发酵法是指以糖为碳源、以氨或尿素为氮源，通过微生物的发酵直接生产氨基酸，或利用菌体的酶系通过转化前体物质合成氨基酸的方法。包括：菌种培养、接种发酵、产品提取及分离纯化等。所用菌种主要为细菌、酵母菌，早期多为野生型菌株，20 世纪 60 年代后，多用人工诱变选育的营养缺陷型和抗代谢类似物突变菌株。自 80 年代开始，采用细胞融合技术和基因重组技术改造微生物细胞，已经获得了多种高产氨基酸重组菌株和基因工程菌。

优点：能够直接生产 L 型氨基酸，原料丰富且价廉，环境污染较轻。

缺点：产物浓度低，生产周期长，设备投资大，有副产物反应，氨基酸的分离纯化技术要求复杂。

生产的品种：谷氨酸、谷氨酰胺、丝氨酸、酪氨酸、组氨酸。

3. 化学合成法　以 α-卤代羧酸、醛类、甘氨酸衍生物、异氰酸盐、卤代烃、α-酮酸及某些氨基酸为原料，经氨解、水解、缩合、取代、加氢等化学反应合成 α-氨基酸。化学合成法是制备氨基酸的重要途径之一，但是氨基酸种类较多，结构各异，故不同氨基酸的合成方法不尽相同。

优点：可采用多种原料和多种工艺路线，特别是以石油化工为原料时，成本较低，生产规模大，适合工业化生产，产品易分离纯化。

缺点：有些氨基酸的合成工艺复杂，生产的氨基酸皆为 DL 型。

生产的品种：甲硫氨酸、甘氨酸、色氨酸、苏氨酸、苯丙氨酸、丙氨酸和脯氨酸。

4. 酶促合成法 酶促合成法也称酶工程技术法、酶转化法，是在特定酶作用下使有些化合物转化成相应氨基酸的技术。基本原理是以化学合成的、生物合成的或天然存在的氨基酸前体为原料，用经固定化处理的含特定酶的微生物、植物或动物细胞，通过酶促反应制备氨基酸。

优点：产物浓度高、副产物少、成本低、周期短、收率高。

缺点：酶反应时间长、生产周期长。

生产的品种：天冬氨酸、丙氨酸、苏氨酸、赖氨酸、色氨酸、异亮氨酸。

（二）氨基酸的分离

基于溶解度或等电点不同分离。不同氨基酸在水或含有一定浓度的有机溶剂的介质中溶解度不同，利用这一性质可将氨基酸彼此分离。如胱氨酸和酪氨酸均难溶于水，但酪氨酸在热水中的溶解度较大，而胱氨酸在热水中的溶解度则与在冷水中的无多大差别，故可将混合物中的胱氨酸、酪氨酸首先与其他氨基酸分离，再通过加热，将二者分离。因为氨基酸在等电点环境中溶解度最小，易于析出，在利用溶解度不同分离氨基酸时，可将溶液 pH 调整到被分离氨基酸的等电点附近。

加入沉淀剂分离。某些氨基酸可以与有机化合物或无机化合物生成具有特殊性质的结晶性衍生物。精氨酸与苯甲醛可生成不溶于水的苯亚甲基精氨酸沉淀物，经盐酸水解除去苯甲醛即得可纯净的精氨酸盐酸盐；亮氨酸与邻二甲苯-4-磺酸反应，可生成亮氨酸磺酸盐沉淀物。该方法操作简单，针对性强，但沉淀剂难以除去。

离子交换剂分离。氨基酸为两性电解质，在一定条件下，不同氨基酸的带电性质及解离状态不同，对同一种离子交换剂的吸附力不同，故可对氨基酸混合物进行分组或单一成分分离。

二、 谷氨酸发酵工艺

谷氨酸是一种酸性氨基酸，分子内含有两个羧基。L-谷氨酸的用途很广泛。谷氨酸被人体吸收后，容易与血氨形成谷氨酰胺，能够解除代谢过程中氨可能引起的毒性。

谷氨酸发酵行业现存工艺可分为两大类：传统工艺为生物素亚适量菌种发酵，利用单罐等电离子交换提取谷氨酸的工艺，简称"亚适量等电离交"工艺；另一种为温度敏感型菌种发酵，利用浓缩等电、连续提取谷氨酸的工艺，简称"温敏浓缩等电"工艺。由于大部分厂家初建厂时是按照"亚适量等电离交"设计的工艺路线，针对传统工艺的弊端，部分企业独辟蹊径，创出了"超亚适量转晶等电离交"工艺。

（一）发酵工艺过程

1. 谷氨酸发酵菌种 按菌种的类型可分为两类菌种。

生物素亚适量菌种：亚适量菌种属于生物素营养缺陷型菌种，生物素是菌种生长的关键因子，影响菌体细胞的生长代谢和细胞膜的通透性。但是生物素除了控制菌体细胞膜的渗透性外，还有一个重要作用，就是生物素作为三羧酸循环中丙酮酸羧化酶的辅酶，参与三羧酸循环中 CO_2 固定反应，最终促进了谷氨酸代谢流速度提高，对菌体产酸有关键性作用。所以说生物素在培养基中控制亚适量添加是谷氨酸发酵生产的关键。

温度敏感型菌种：典型的温度敏感型菌种属于短杆菌的变种，多为基因突变型菌株。在正常培养温度下，菌体生长良好，当温度提高到一定程度时，停止生长只产酸，具有这种特性的菌株就称为温度敏感型突变株。温度敏感型菌种巧妙地解决了生物素对细胞膜转型与生物素促进糖酵解反应之间的矛盾。这样既能大量的促进谷氨酸产生途径的代谢流，又能通过提高温度解除细胞膜的渗透机制。由于解除了对生物素的限制，使得温敏型菌种的产酸水平大大提高，产酸能达到15% ~ 18%。

同为谷氨酸菌种，二者抗杂菌污染能力是不同的，亚适量菌种在谷氨酸发酵行业最初也遇到过污染杂菌的问题，主要是由于人工无菌操作技术不熟练、设备装备水平不高造成的。因亚适量工艺中菌种少，染菌后可以通过"重消"再接种，损失较小，所以生产较稳定。而温敏型菌种则不然，几乎所有刚开始使用温敏型菌种的企业，都在最初使用的几年里遇到了染菌倒罐问题。导致温敏型菌种容易染菌的因素有以下几点：① 温敏型菌种培养周期长，为杂菌的繁殖提供了基础，更容易使杂菌生长；② 温敏型菌种所需培养基营养成分特别丰富，杂菌很容易在温敏型菌种大量繁殖之前迅速蔓延，最终导致发酵染菌；③ 温敏型菌种控制条件中所需通风量较大，相对亚适量菌种而言会增加染菌的机率。

2. 发酵工艺

（1）斜面培养　谷氨酸产生菌主要是棒状菌属、短杆菌属和小杆菌属的细菌。这些菌种都是需氧微生物，都需要以生物素为生长因子，适合糖质原料的谷氨酸发酵。斜面培养基一般采用1.0%蛋白胨、0.5%牛肉膏、0.5%氯化钠、0.1%葡萄糖和2%琼脂糖组成。

（2）一级种子培养　一级种子在摇瓶机上振荡培养。所用的培养基由2.5%葡萄糖、0.9%玉米浆、0.1%磷酸二氢钾、0.5%尿素、0.04%硫酸镁、0.002%硫酸锰等组成。pH7.0，在1000ml锥形瓶内装250ml液体培养基，灭菌后接入斜面孢子，摇床上32℃振荡培养12h，经检查符合要求后，于4℃冰箱中保存，备用。

（3）二级种子培养　二级种子用种子罐培养。所用培养基配方与一级种子培养基配方基本相同。其主要区别是用淀粉水解糖代替葡萄糖。32℃进行通气培养7 ~ 10h，此时在显微镜下检查，可见菌体生长正常，大小均匀，呈单个或八字排列。

3. 发酵过程

（1）菌体生长阶段　当二级种子接入发酵罐后的2 ~ 4h，菌体正处在延滞期，糖消耗很慢。由于尿素的分解，使pH有一定上升。开始进入对数生长期后，菌体代谢旺盛，糖消耗很快，尿素分解加快，pH迅速上升。继续培养，由于尿素分解出来的氨被利用，使pH又开始下降。此时，菌体大量繁殖，溶解氧浓度下降，显微镜检查可见菌体排列成整齐的八字形。这时为了及时供给菌体生长所必需的氮源，可加入尿素，并以此调节pH使其稳定在7.5 ~ 8.0。在菌体生长阶段，培养温度应维持在32 ~ 35℃，培养时间在12h左右。

（2）谷氨酸合成阶段　当菌体生长基本停滞时，就转入谷氨酸合成阶段。此时，菌体浓度基本不变，糖分解后产生的α-酮戊二酸和尿素分解产生的氨，开始合成谷氨酸。为了提供合成谷氨酸所需要的氨基并维持pH7.2 ~ 7.4，必须随时流加尿素，同时通入大量气体。培养温度应维持在34 ~ 36℃。发酵后期，菌体衰老，糖耗缓慢，此时应注意尿素的加量。发酵周期一般为30h。

4. 提取工艺　按谷氨酸提取工艺分类，大致可分为两类。生物素亚适量菌种工艺中，由于产酸不是太高，一般采用单罐等电提取的方法进行谷氨酸提取，发酵液在提取罐中边加硫酸和高流分边降温，最后降温至11 ~ 12℃，pH控制谷氨酸等电点3.22，此时罐下部就可以得到颗粒均匀饱满的α-谷氨酸晶体，上部清液含量基本在2.0% ~ 2.5%之间，这部分谷氨酸一般由离子交换法进行回收，发酵尾液含量一般在 0.2% 以下，所以提取收率一般在 95% ~96% 之间。

温度敏感型菌种由于产酸太高、菌体量太大，如果按照传统的等电离交工艺进行提取谷氨酸，提取工段很容易出现"糊罐"现象，大大影响了谷氨酸的收率。针对产酸高、菌体量大、杂质多的特点，采用温敏型菌种的厂家一般采取的是浓缩等电工艺：浓缩发酵液、连续高温等电、卧螺式离心谷氨酸、谷氨酸转晶进行提取的工艺。"温敏浓缩等电"工艺的提取收率一般在 88% ~90% 之间，比等电离交的 96% 的提取收率低 6% ~8%。

浓缩等电工艺需要把发酵液进行浓缩，虽然下游废水量减少，但是由于发酵液浓缩时 pH 6.4，接近中性溶液中含氨较多，所以浓缩过程生成的冷凝水氨氮含量较高，一般氨氮含量可达 1000mg/L 左右，这部分冷凝水生化处理难度较大，给下游生化处理工序增加了较大负担。等电离交工艺中四效蒸发器原液 pH 在 3.5 左右，铵根离子大多以硫酸铵形式存在，所以多效蒸发器冷凝出来冷凝水氨氮约在 60mg/L 左右，下游生化处理难度较小。另外，由于"温敏浓缩等电"工艺中增加了浓缩步骤，在加入阴离子絮凝剂进行絮凝菌体蛋白的过程中，温敏工艺所生产出的菌体蛋白颜色黑、品相差。但是，浓缩等电工艺中环保排废量大大降低。

由于"亚适量等电离交"工艺需使用离子交换法回收谷氨酸，需要使用液氨作为洗脱剂，硫酸液氨均比"温敏浓缩等电"工艺成本高。同时由于温敏型菌种解除了生物素的限制，使得糖酸转化率大为提高。通过上面的对比，可以总结出"温敏浓缩等电"工艺虽然有很多弊端，但是其发酵强度、环保排废量、生产成本具有很大优势，这也是新建厂大多选择此工艺的主要原因。

（二）工艺控制要点

（1）在培养基配方中，生物素的用量直接影响谷氨酸的合成。

（2）种龄与接种量必须严格控制。

（3）菌种在不同的生长时期需要不同的培养温度，在工艺控制上应该满足它的需求。

（4）通风量影响培养液中的溶解氧含量。

（5）谷氨酸产生菌的最适 pH 一般是中性或微碱性，而不同的时期需要不同的 pH。

（6）要获得高产量的谷氨酸，必须要有足够量的、生长旺盛的菌体。

（7）谷氨酸产生菌对杂菌和噬菌体的抵抗能力差。

拓展阅读

世界氨基酸行业大型生产商介绍

日本 Ajinomoto 公司是世界上最大的氨基酸生产企业。其主要产品除味素和核苷酸外，还有赖氨酸、苏氨酸、色氨酸等饲料氨基酸和甜味剂、药用产品、化妆品添加剂等。它是世界最大的味精生产商，年产味精 50 多万吨，占世界总量 30% 以上。它率先将"氨基酸信息学"应用于氨基酸输液、血液透析、肠胃疾病、糖尿病及高功能药膳中。

德国 Degussa 公司是目前世界上唯一能同时生产蛋氨酸、赖氨酸、苏氨酸和色氨酸四种氨基酸的公司。

味丹国际公司是亚洲区域内生产氨基酸产品、食品添加剂及淀粉工业产品的领先制造商。它味精年产量 12 万 t，为世界三大味精企业之一。

美国 ADM 公司是世界上农产品、贮运和全球贸易的大型国际公司，是世界最大的大豆、谷物、小麦和可可的加工企业，也是世界豆粉、油脂、乙醇、谷类甜味剂和面粉生产方面的领先者。

任务三　酶制剂生产工艺

案例导入

案例：嫩肉粉的主要成分为木瓜蛋白酶，它之所以能对肉类进行嫩化，是因为它能将肉中的结缔组织及肌纤维中结构较复杂的胶原蛋白、弹性蛋白进行适当降解，使得它们结构中的一些连接键发生断裂，在一定程度上破坏了它的结构，从而大大提高了肉的嫩度。同时可使肉的风味得到改善，并且安全、卫生、无毒、不产生任何不良风味。木瓜蛋白酶对肉类蛋白质进行分解的最佳环境为 65℃，pH 在 7.0～7.5 范围内。虽然在其他温度（不超过 90℃，不低于室温），以及其他酸碱范围内（不能过酸或过碱）也能对蛋白质进行分解，但效果却不如处于最佳环境时好。肉质的老韧主要由肉类中结缔组织的致密度大小、含水量的多少及弹力纤维的多少所决定。粗老干硬的肉类菜肴不但风味差，而且难于咀嚼，不利于消化吸收。但是，使用了木瓜蛋白酶后，肉类的品质变得柔软、多汁和易于咀嚼，并可缩短肉的烹调时间，改善肉的风味，增加其营养价值。

讨论：生活中，您使用过哪些酶类产品？

酶抑制剂是一种能抑制酶活性的化学物质。不同的酶抑制剂作用于不同的酶，因此酶抑制剂具有专一性。酶抑制剂可用于抑制某种酶的活性，从而调节或抑制某些代谢过程。在生物代谢过程的研究中，人们早就应用了酶抑制剂。目前，在自然界中发现的酶达 2500 多种，其中数百种已经得到结晶，有 20 多种已经实现工业化生产。

我国的酶制剂始于 1965 年，成立了无锡酶制剂厂，这是我国第一家酶制剂厂。该厂不断发展壮大，酶制剂产量不断增长，品种不断完善，科研成果频繁出现，成为我国酶制剂科研、生产、应用的综合基地。无锡酶制剂厂培养了大批人才，成为我国第一代酶制剂科研和生产的专业人员，也为不断发展的中国酶制剂事业作出了贡献。我国酶制剂已广泛应用于食品、酿造、味精、制药、有机酸、淀粉糖、纺织、皮革、洗涤剂及保健品等很多领域，并且应用领域不断扩大，应用技术水平不断提高，然而与国外先进国家相比尚有差距。进入新世纪以来，发展速度较快的是啤酒、淀粉糖、食品、燃料乙醇、味精和柠檬酸等行业。

一、酶制剂生产工艺

酶制剂大多是采用微生物发酵进行大规模的生产，且可分为固态发酵法和液体深层发酵法。

1. 固态发酵法　固态发酵法适用于霉菌的生产。此法起源于我国的特曲技术，具有生产简单、易行、成本低等特点。固态发酵法一般使用麸皮作为培养基，将菌种与培养基充分混合后，在浅盘活帘子上铺成薄层，然后放置在多层架子上，根据不同微生物的需要控制不同的培养温度和湿度。待长满菌丝，酶活力达到最高值时，停止培养，进行酶的提取。

2. 液体深层发酵法　液体深层发酵法是采用在通气搅拌的发酵罐中进行微生物培养的方法，是目前酶制剂生产中最广泛使用的方法。液体深层发酵法具有机械化程度高、培养条件容易控制等特点。

二、 尿激酶原的生产

尿激酶是从新鲜人尿里提取的一种溶血栓药物。它能激活纤溶酶原转化为有活性的纤溶酶，纤溶酶能使不溶性的纤维蛋白转变为可溶性小肽，从而使血栓溶解。因此，临床上多用于治疗血栓形成、血栓栓塞等症。尿激酶与抗癌剂合用时，由于它能溶解癌细胞周围的纤维蛋白，使得抗癌剂能更有效地穿入癌细胞，从而提高抗癌剂杀伤癌细胞的能力。所以，尿激酶也是一种很好的癌症辅助治疗剂，而且它无抗原性问题，可长时间使用。

尿激酶原为尿激酶的前体，是由 411 个氨基酸组成的单链分子，在纤溶酶的作用下，赖氨酸和异亮氨酸间的肽键断裂后被激活为尿激酶。尿激酶原不同于尿激酶，它对纤溶酶原的激活具有纤维蛋白选择性，因而，作为溶栓制剂，具有较低的出血倾向，倍受人们的重视，被誉为第二代纤溶酶原激活剂，并已在日本临床应用。天然尿激酶原含量稀少，纯化困难，而在各种表达系统中用基因重组技术制备尿激酶原具有不同程度的困难，主要表现为：选用哺乳动物细胞为表达系统时，生产成本高且表达产物易转化为双链形式，分离困难；以酵母菌为表达体系时，其产量低且表达产物活性明显低于天然尿激酶原；以大肠杆菌作为表达体系时，由于尿激酶原含有 12 对二硫键，表达产物以无活性形式存在，体外复性困难，难以放大生产。

那么，用大肠杆菌作为表达体系，工业化生产尿激酶原的工艺过程如下。

（一）菌种及培养基

1. 菌种　用逆转录–聚合酶链式反应（reverse transcription–polymerase chain reaction，RT-PCR）获得尿激酶原基因，用大肠杆菌构建尿激酶原重组表达质粒，并筛选、鉴定尿激酶原工程菌株。

2. 种子培养基　种子培养基每升培养液含胰蛋白胨 10g、酵母粉 16g、氯化钠 10g。

3. 发酵培养基　发酵用培养基每升发酵液含胰蛋白胨 20g、酵母粉 3g、磷酸氢二钾 4g、磷酸二氢钾 1g、氯化铵 1g、硫酸钾 2.4g、氯化钙 132mg、丙三醇 4g，pH7.0；发酵用补料液为 25% 葡萄糖。

（二）重组人尿激酶原工程菌的发酵

挑取尿激酶原工程菌单菌落于培养基中，经 37℃、180r/min 培养约 12h 后，接种至 10L 种子罐，初始时设定温度为 37℃，pH7.0，搅拌速度 200r/min，通气量 5L/min，溶氧 100%，打开酸泵和碱泵控制 pH 为 7.0。逐渐增加通气量至 15L/min，搅拌速度最终提高到 1000r/min。发酵进行约 4h，细菌生长进入对数期，移入 100L 发酵罐。控制 pH 为 7.0，随着发酵的进行，溶氧逐渐下跌，可增加通气量和提高搅拌速度。约 3h 后，开始补充葡萄糖液。发酵过程中，每 1h 取样一次，测定 600nm 波长处的光密度，绘制生长曲线，当生长速度明显减慢，曲线达到基本水平时放罐，用离心机，4℃、20000r/min 离心培养物，收集菌体并称量，−80℃保存备用，整个过程约 10 ~ 12h。

（三）重组人尿激酶原的活化

取菌体，加入裂解液 [100mmol/L 三（羟甲基）氨基甲烷，5mmol/L 乙二胺四乙酸，

pH7.0] 搅拌混匀。用弗氏压碎器破碎细胞，待细胞裂解液冷至 4℃时用超声匀浆仪处理，直至溶液不再黏稠。离心后，取沉淀物悬浮在洗涤缓冲液中，洗涤 3 次。静置24h，测定酶活力。

（四）尿激酶原的分离纯化

浓缩活化液，经透析、缓冲液洗涤后，再用洗脱液洗脱，收集洗脱峰。

（五）尿激酶原制剂制备

选用 L−精氨酸作为赋形剂，将尿激酶原冻干粉溶于赋形剂溶液（每升溶液中含 L−精氨酸 87g、磷酸 39.96g、吐温−20 0.01%，pH6.0）中，配成浓度 $2.2×10^5$IU/ml，过滤除菌后，每瓶分装 5ml，送入冷冻室冷冻干燥。

尿激酶原本身作为一种蛋白水解酶，易自身降解或在血浆酶等蛋白酶的作用转变为尿激酶。尿激酶原和一般酶原不同，它具有 0.1% ~0.4% 的双链活性，能选择性地激活结合在血栓上的纤溶酶原，从而溶解血栓，而对血液中游离的纤溶酶原无作用，与尿激酶相比，在临床上出血危险性低，很有临床应用潜力。

任务四 维生素生产工艺

案例导入

案例： 维生素已经成为人们的生活日常品，它使用范围广泛，种类十分繁多，从儿童到更年期女性，从普通的咀嚼片到昂贵的胶囊，它无处不在，和人们的生活息息相关。但是据英国《每日邮报》报道，英国的一项最新研究发现作为提高人类免疫力的维生素对身体的作用却弊大于利。

通过对 2000 多名男性的实验研究显示，经常服用鱼油胶囊的人容易患前列腺癌，而这原本是用来缓解关节疼痛，改善心脏功能和提高智力。而这不仅仅是个例，参与这项研究的专家指出目前还没有确切的证据能够证明所有的维生素或矿物质药丸可以防止疾病，除非你患有营养缺乏症。他说："通过我们多次实验和研究，发现大量经常服用这些营养补充剂并没有达到有效的效果，反而会让你发病的概率越来越高。

虽然专家的研究结果使对人们对维生素产生恐慌，但是对于大多数人来说，只要你按照规定剂量服用，还是相对安全的。

讨论： 哪些特殊人群需要补充维生素？这些维生素来源有哪些？

维生素是指动物体内不能合成、却为动物体内物质代谢所必需的物质，也指天然食品中含有的能以微小数量对动物的生理功能起重大影响的一类有机化合物。维生素对人体物质代谢过程的调节作用十分重要。体内各种维生素应维持一定的水平，如果某种维生素的水平过低或过高都会引起相应的疾病。

一、维生素的生产方法

维生素的生产方法有三种：提取法、化学法和生物合成法。提取法是从富含维生素的天然食物或药用植物中浓缩、提取而得。由于天然动、植物中的维生素含量比较低、波动大，加工损失大，所以仅有极少数的维生素采用这种方法。化学合成法是目前生产维生素的主要方法，多数维生素的生产均采用化学合成法。生物合成法包括微生物发酵法和微藻类的生物转化法，发展速度非常快。生物合成法与化学合成法相比较，有很多优点，最为突出的优点为由发酵或生物转化反应得到的产物是旋光化合物，它具有生物活性，而化学合成法得到的是消旋混合物。生物合成法在较为温和条件下进行，且安全可靠，成本较低，对环境污染小，其发展速度十分迅速。

二、 维生素 B_2 的生产工艺

维生素 B_2 又称核黄素，是人和动物自身不能合成的低分子有机化合物，在自然界中多与蛋白质相结合而存在，被称作核黄素蛋白。在生物体内，它以黄素单核苷酸和黄素腺嘌呤二核苷酸的形式存在，直接参与碳水化合物、蛋白质、脂肪的生物氧化作用，在生物体内具有多种生理功能，因而核黄素在食品、饲料、医药工业等方面具有广泛的应用前景。目前核黄素生产以微生物发酵为主。

目前，国际上有四种维生素 B_2 生产工艺：植物体提取法、化学合成法、微生物发酵法和半微生物发酵合成法。其中微生物发酵法是近年来发展起来的一种经济有效的方法，生产核黄素具有成本低、生产周期短、产品纯度较高等优点，是国内外工业生产维生素 B_2 的发展趋势。德国的 BASF 公司是全球第二大维生素生产商，采用微生物发酵生产核黄素已经有十多年的历史；瑞士的 Roche 公司在美国用微生物发酵法取代化学合成法生产维生素 B_2；我国的湖北广济药业公司也以微生物发酵生产维生素 B_2，年产量达到 300t 以上。下面介绍两种维生素 B_2 的微生物发酵法。

（一）酵母菌发酵法

可以代谢产生维生素 B_2 的微生物很多，包括真菌和细菌，但真正应用于核黄素生产的菌种却很有限。目前，工业生产中主要以阿舒假囊酵母为核黄素生产菌种。那么，采用阿舒假囊酵母为生产菌株，生产维生素 B_2 的工艺路线见图 9-6。

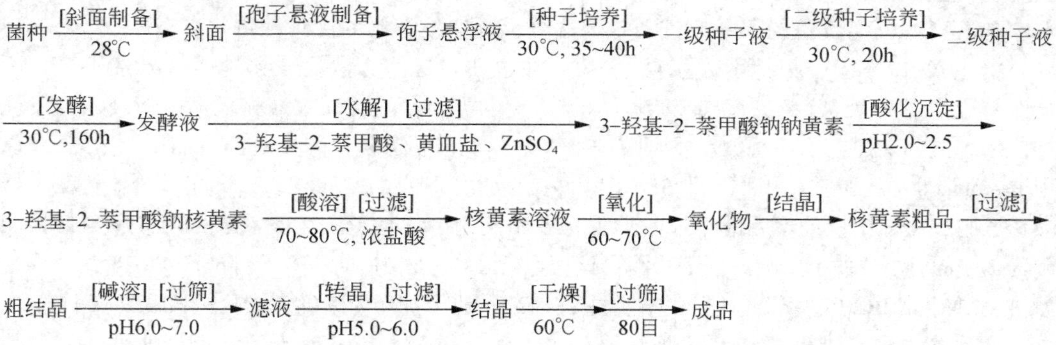

菌种 --[斜面制备] 28℃--> 斜面 --[孢子悬液制备]--> 孢子悬浮液 --[种子培养] 30℃, 35~40h--> 一级种子液 --[二级种子培养] 30℃, 20h--> 二级种子液

--[发酵] 30℃,160h--> 发酵液 --[水解]--> 3-羟基-2-萘甲酸、黄血盐、ZnSO₄ --[过滤]--> 3-羟基-2-萘甲酸钠钠黄素 --[酸化沉淀] pH2.0~2.5-->

3-羟基-2-萘甲酸钠核黄素 --[酸溶] 70~80℃, 浓盐酸 [过滤]--> 核黄素溶液 --[氧化] 60~70℃--> 氧化物 --[结晶]--> 核黄素粗品 --[过滤]-->

粗结晶 --[碱溶] pH6.0~7.0 [过筛]--> 滤液 --[转晶] pH5.0~6.0 [过滤]--> 结晶 --[干燥] 60℃ [过筛] 80目--> 成品

图 9-6　维生素 B_2 发酵生产的工艺路线

1. 培养基准备

（1）斜面培养基　葡萄糖 2%、蛋白胨 0.1%、麦芽浸膏 0.5%、琼脂 2%，灭菌后用氢氧化钠溶液调 pH 至 6.5。

（2）发酵培养基　发酵培养基中以植物油、葡萄糖、糖蜜或大米粉等作为主要碳源，植物油中以豆油对维生素 B_2 产量提高的效果最为显著，有机氮源以蛋白胨、骨胶、鱼粉、玉米浆为主，无机盐有氯化钠、磷酸二氢钾、硫酸镁等。

如果采用少量的葡萄糖和一定数量的油脂作为混合碳源时，维生素 B_2 的产量可增加 4 倍。这可能是微生物对油脂的缓慢作用，解除了葡萄糖或其代谢物对维生素 B_2 生物合成的阻遏作用。在研究烷烃类化合物作碳源时，发现此时菌体合成的维生素 B_2 易分泌到细胞外，

这可能是烷烃类物质影响细胞膜和细胞壁结构的缘故。

2. 发酵工艺 维生素 B_2 的工业发酵一般为二级或三级发酵，种子扩大培养和发酵的通气量要求均比较高，搅拌功率要求比较高。阿舒假囊酵母的最适生长温度在 28～30℃，种子培养 35～40h 后接入发酵罐，发酵培养 40h 后开始连续流加补糖，发酵液的 pH 控制在 5.4～6.2，发酵周期为 150～160h。通气效率高低是影响维生素 B_2 产量的关键，通气效果好，可促进大量膨大菌体的形成，维生素 B_2 的产量迅速上升，同时可缩短发酵周期。

（二）基因工程菌发酵法

由于生命科学技术的迅速发展，从 20 世纪 90 年代以来，出现了一种利用基因工程菌发酵生产核黄素的新方法，即运用 DNA 重组技术构建出能够过量合成维生素 B_2 的基因工程菌，取代原先使用的酵母菌，通过基因工程菌发酵生产核黄素。基因工程菌的发酵周期短，发酵单位高，它既有酵母菌发酵法产品质量好的特点，又有化学半合成法生产效率高的优势，代表了维生素 B_2 生产技术的发展方向。世界上主要的维生素 B_2 生产公司目前都在转向采用基因工程菌发酵法生产维生素 B_2。

瑞士的 Roche 公司采用以枯草芽孢杆菌为受体菌的基因工程菌，已用于核黄素的工业化生产；德国的 BASF 公司正在开发以酵母为受体菌的基因工程菌，用于生产核黄素；日本除使用枯草芽孢杆菌为受体菌的基因工程菌外，还开发了以产氨棒状杆菌为受体菌的产维生素 B_2 基因工程菌。

（三）提取及测定方法

从发酵液中提取维生素 B_2 的方法主要有重金属盐沉淀法、Morehouse 法、酸溶法和碱溶法。目前工业生产中大多采用酸溶法。酸溶法提取维生素 B_2 的能耗较大，经一次溶解、结晶获得的核黄素纯度只有 60%～70%。采用碱溶法提取维生素 B_2，经二次分离结晶，最终获得的成品纯度达到 92.6%，总收率达 80%。碱溶法提取核黄素不仅收益率高，而且能耗低。随着离心分离设备的不断改进，碱溶法分离提取核黄素的优越性将越来越明显。

维生素 B_2 测定一般采用微生物法、荧光比色法。这些方法比较繁琐或特异性不高，不能区分维生素 B_2 及其衍生物，难以满足深入研究的需要。随着高效液相色谱分析技术的发展和应用，国内外建立了一些测定发酵液中维生素 B_2 的分析方法。采用 Diamonsil C_{18} 色谱柱，以甲醇-5mmol/L 乙酸铵（体积比为 35∶65）为流动相，流速 1.2ml/min，荧光检测器检测，样品经乙腈、三氯甲烷处理后进样分析，维生素 B_2 测定的线性范围为 5～200nmol/L，最低检测限为 2.5nmol/L。采用离子对色谱法测定核黄素，在流动相中加入离子对试剂 PICB9，使维生素 B_1 和维生素 B_2 的分离快速完全，排除了其他杂质的干扰，为准确定量分析核黄素打下基础。

微生物发酵产维生素 B_2 是一种经济有效的生产工艺，以其成本低、生产速度快、产品纯度高、易于自动化控制等优点，正日益引起人们的广泛重视。目前，我国微生物发酵维生素 B_2 的研究，无论是理论研究还是工业生产均与国外先进水平有不小的差距，要赶上和超过世界先进水平，还需在以下几个方面取得突破：①微生物代谢产核黄素的分子机制的研究。虽然此方面的研究取得了一定进展，但由于微生物产核黄素机制的复杂性和代谢类型的多样性，许多问题还没有完全从理论上得到根本解决。②高产菌株的选育。目前，用于工业生产的菌株十分有限，产量也不是很高，因此要加强这一方面的工作，争取筛选到产量更高、纯度更高的菌株用于工业生产。③利用基因工程技术构建具有较高核黄素合成能力的工程菌。④微生物发酵产核黄素自动化控制研究。此类研究包括培养基的配制、微生物发酵、核黄素提取、干燥等过程的自动化控制，从而优化核黄素的发酵工艺，降低生产成本，提高核黄素的产量和质量。我国学者已成功应用计算机自动化控制来发酵生产青霉素等医药和工业产品，这些成功的经验和技术必将在核黄素的工业生产中发挥重要作用。

任务五　基因工程药物发酵工艺

案例导入

案例：2016 年 7 月 30 日，寨卡病毒的幽灵盘旋在巴西里约奥运会的上空。游客，甚至知名的运动员，以对寨卡病毒的担忧作为逃避的理由（即便这种感染风险很可能是比较低的）。公众的担忧突出说明了需要快速抵御新出现的传染病。

在抵抗寨卡病毒时，公共卫生专家已寻求听起来像一个不太可能的盟友的帮助：转基因生物（genetically modified organism，GMO），即经过基因修饰的生物。消费者习惯于听到粮食作物中的 GMO，但是可能并没有意识到 GMO 在医学中发挥着至关重要的作用。大多数现代生物医学进步，特别是用来根除疾病和抵抗寨卡病毒、埃博拉病毒和流感病毒等流行病的疫苗，依赖于相同的用来制造 GMO 的分子生物学工具。为了保护大众，科学家们采用 GMO 技术快速地研究新的健康威胁，生产足够数量的保护性疫苗，监控和甚至预测新的流行病暴发。

疫苗预演一种潜在的感染，能够让免疫系统作好准备以便在真正的威胁出现时发起攻击。最早的疫苗是比较原始的，想一下 18 世纪 90 年代 Edward Jenner 通过将未感染的病人的裸露伤口与感染上牛痘的那些人的伤口相互接触来接种牛痘抵抗天花。研究人员能够对基因进行"剪切和粘贴"来孤立地研究它们和发现它们所发挥的作用。当将 DNA 从它初始来源的细胞转移到不同的细胞内进行修饰或研究时，这就是"重组 DNA（recombinant DNA）"。携带重组 DNA 的有机体就被认为是 GMO。

讨论：简述基因工程药物发展的趋势。

基因工程药物又称生物技术药物，是根据人们的愿望设计的基因，在体外剪切组合，并和载体 DNA 连接，然后将载体导入靶细胞（微生物、哺乳动物细胞或人体组织靶细胞），使目的基因在靶细胞中得到表达，最后将表达的目的蛋白质纯化并做成制剂，从而成为蛋白类药或疫苗。目前人类 60% 以上的生命科学成果集中应用于医药工业。这些药物包括细胞因子、菌苗、疫苗、毒素、抗原、血清、DNA 重组产品。体外诊断试剂等，在预防、诊断、控制乃至消灭传染病，保护人类健康，延长生命过程中发挥着越来越重要的作用。基因工程药物引入医药产业，由此引起了医药工业的重大变革，使得医药产业成为最活跃、发展最快的产业之一。

美国是率先应用基因工程药物的国家。自 1971 年全球首家基因工程药物公司在美国成立并试生产至今，已有 1300 余家基因药物公司在美国创建。1982 年，第一个基因工程药物"人胰岛素"在美国上市，至今，已有不少于 200 个基因工程药物和疫苗产品在美国获准上市，这些药物被广泛应用于治疗癌症、贫血、发育不良、糖尿病、肝炎及一些罕见的遗传性疾病等。欧洲在发展基因工程药物方面也进展较快，英、法、德、俄等国在开发研制和生产基因工程药物方面成绩斐然，在生命科学技术与产业的某些领域甚至赶上并超过了美国。在亚洲，日本在基因工程药物研发领域也有一定的建树，目前已有 65% 的生命科学技术与产业公司从事于基因工程药物研究，某些研究实践已达到世界前列。新加坡、韩国和中国台湾在基因工程药物研制和产业开发等方面也雄心勃勃。

我国基因工程药物的研究和开发起步较晚，直至 20 世纪 70 年代初才开始将 DNA 重组技术应用到医学上，但在国家产业政策的大力支持下，这一领域发展迅速，逐步缩短了与先进国家的差距。随着国内科技政策和科研环境的改善，综合国力和国际声望的不断提高，一大批在国外生命科学界很有建树的科学家回国创业，或与国内科研机构携手合作，为我国基因工程技术的成熟与生命科学的发展作出了巨大的贡献，也使得我国的生命科学技术和基因工程药物的基础研究与开发开始与国际接轨，某些研究领域已步入国际领先行列。

利用基因工程技术生产的药物，有以下几个优点。

（1）生产大量难以获得的生理活性蛋白和多肽。

（2）发现和挖掘更多的内源性生理活性物质。

（3）通过基因工程和蛋白质工程进行改造内源性生理活性物质在作为药物使用时存在不足之处。

当人或动物受到某种病毒感染时，体内会产生一种物质，阻止或干扰人体再次受到病毒感染，人们将其称为干扰素（interferon，IFN）。IFN 是 1957 年英国科学家多萨克斯和林德曼在研究流感病毒干扰现象时发现的。干扰素具有广谱抗病毒效能，是治疗乙肝的有效药物，也是国际上唯一批准治疗丙型病毒性肝炎的药物。但是，通常情况下人体内干扰素基因处于"睡眠"状态，血中一般测不到干扰素。只有在发生病毒感染或受到干扰素诱导物的诱导时，人体内的干扰素基因才会"苏醒"，开始产生干扰素，但其数量微乎其微。即使经过诱导，从人血中提取 1mg 干扰素，需要人血 8000ml，成本高得惊人。基因工程生产出来的大量干扰素，是基因工程药物对人类的又一重大贡献。

在抗病毒治疗中，IFN 发挥着重要作用。据报道人重组干扰素对严重急性呼吸综合征（SARS）的治疗有着较好的效果，研究发现在细胞培养上 SARS 病毒的活性能被重组人干扰素较好地抑制。目前，在临床治疗病毒性肝炎方面对 IFN 的使用研究比较深入。

另外，干扰素具有控制细胞增长、促进细胞凋亡和抗肿瘤的功能，在抗肿瘤方面 IFN 发挥着重要作用，其抗肿瘤作用机制主要表现在以下三个方面。

（1）直接抑制肿瘤细胞。干扰素能够抑制细胞分裂；增强淋巴细胞对肿瘤细胞的识别及应答。肿瘤细胞可分泌某些物质抑制机体的细胞免疫反应，使肿瘤细胞逃脱机体的免疫监视，迅速生长。干扰素等免疫活性物质对肿瘤细胞分泌物具有拮抗作用；在阻断肿瘤血供，抑制肿瘤新生血管形成方面发挥作用。

（2）增强或发动宿主对肿瘤细胞的反应。IFN 能调整人体的整个免疫功能，实现包括免疫监视、免疫保护和免疫自稳三大基本功能，主要表现为对免疫效应细胞的作用。

（3）通过与免疫反应无关的途径扰乱宿主与肿瘤间的关系。

（一）干扰素分类

依据干扰素对酸的敏感性分为 I 型干扰素，包括 IFN-α、β、κ、τ、ω、δ 等六种类型，和 II 型干扰素。IFN-α 主要来源于 B 淋巴细胞和巨噬细胞；IFN-β 主要来源于成纤维细胞和上皮细胞；IFN-γ 主要由 T 淋巴细胞产生。

（二）生物学功能

1. 广谱抗病毒作用　主要通过直接激活免疫细胞和间接抑制病毒复制而达到抗病毒作用。

2. 抗细胞内寄生的细菌、立克次体、衣原体、原虫作用　主要通过下调转铁蛋白受体，减少细菌供铁或诱导产生内源性 NO 直接抑制细胞内细菌等。

3. 免疫增强功能　通过刺激自然杀伤（natural killer，NK）细胞、活化巨噬细胞增强其杀伤功能，并直接促进 T、B 细胞分化和细胞毒性 T 淋巴细胞（cytotoxic T lymphocyte，CTL）成熟，刺激 B 细胞分泌抗体，从而增强机体免疫功能。

4. 免疫佐剂作用　细胞因子作为佐剂开始于 20 世纪 80 年代初，许多实验都证明白细胞介素（IL）、干扰素（IFN）以及肿瘤坏死因子（tumor necrosis factor，TNF）都具有较强的佐剂活性，并且对降低副反应也有一定的功效。

（三）生物学特性

1. 作用广谱性　干扰素作用于机体有关细胞后，可使其获得抗多种病毒和其他微生物的能力。

2. 相对无害性　IFN 抗原性弱，无变态反应原性，无毒、无残留。

（四）猪白细胞干扰素的生产

1. 生产原理　由干扰素诱生剂诱导有关生物细胞，即产生干扰素。

2. 主要设备　模拟猪体内环境（包括血液的流速、温度、pH、渗透压、营养成分等），设计并建造的培养罐及符合良好操作规范（Good Manufacturing Practice，GMP）规定的生产车间。

3. 主要原材料　诱生剂；生物细胞是猪白细胞，含粒细胞、淋巴细胞、单核细胞（巨噬细胞）。

4. 工艺流程　分别制备猪白细胞、猪血清、诱导病毒、启动干扰素诱导培养灭活病毒、除菌分装、冻干包装。

5. 主要质量控制点及项目　白细胞、猪血清保持无菌、无外源病毒；诱导病毒注意无菌、血凝价；启动干扰素注意无菌、效价；病毒灭活、除菌注意灭活检验（血凝价）、无菌、效价。

拓展阅读

在 20 世纪 60 年代，病毒学家意识到触发乙型肝炎病毒（HBV）感染者产生免疫反应的乙肝抗原，来自 HBV 病毒外壳的蛋白，出现在乙肝患者的血液中。令他们吃惊的是，将这种纯化的抗原注射到健康人体内会抵抗未来的 HBV 感染。首个乙肝疫苗是 1981 年批准的，是通过收集来自 HBV 携带者（包括静脉吸毒者）血液的这种抗原制造出来的。自从重组 DNA 技术出现以来，研究人员能够分离出 HBV 病毒抗原蛋白的编码基因，从而允许在实验室中利用该基因而不是来自感染者血液的纯化抗原，制造乙肝疫苗。当前，FDA 批准的两种乙肝疫苗就包括该抗原的重组版本。

分子生物学技术能够被用来加快新疫苗的开发。2014 年，前 25 大畅销药中的 10 种是"生物制剂"。由重组产生的蛋白组成的药物，包括用于治疗关节炎、癌症和糖尿病的重磅炸弹药物。在美国疾病控制与预防中心（CDC）推荐新生儿接种的 10 种疫苗当中，有三种是以重组蛋白形式出现的，比如，乙肝疫苗是由转基因酵母产生的。

GMO 在医学中使用的可能最有戏剧性的一个例子发生于 2014 年在西非爆发的埃博拉病毒流行病。当时美国医生 Kent Brantly 和其他的西方志愿者感染上埃博拉病毒，他们当中的几个人被一种被称作 Zmapp 的"神秘血清"治愈了。它是攻击埃博拉病毒的几种蛋白（具体而言是抗体）的混合物，其中这些抗体是由转基因烟草植物制造出来的。

在转基因植物中制造药物的技术是 Charles Arntzen 在 20 世纪 90 年代早期开发的，被称作为"嫁接（pharming，有时也译作基因工程）"。就 Zmapp 而言，这些抗体是在转基因烟草的叶子中制造的。当收集这些叶子时，将它们的细胞裂解，从而收集这些抗体药物，研究人员将这种技术称作为药物制造领域的一大变革。

生物技术公司应用生物技术研究所（Applied Biotechnology Institute）已采用这种技术制造下一代基因工程疫苗（pharmed vaccine）。它正在开发一种转基因玉米植物来产生乙肝抗原。这种植物经收集后可能变成一种看起来像是小型晶片的口服疫苗片剂（oral vaccine tablet），这就与必须冷冻和注射的液体疫苗截然不同。

岗位对接

本项目是药学类、药品制备类、生物制药类等各类制药专业学生必须掌握的内容，为成为合格的合成药物制造、生物技术制药（品）、药物制剂、中药制药及其药品生产、检测人员打下基础。

本项目对应主体岗位的工种包括：生物技术制药（品）岗位群，即从事各种类型生物组织细胞（包括微生物）的大规模培养、发酵及其产物的提取、分离和纯化等生产操作技能的有关岗位，对应国家职业大典上的工种主要为生化药品提取工、抗生素酶裂解工、菌种培育工、微生物发酵工、微生物发酵灭菌工、发酵液提取工、微生物发酵药品精制工等。

本项目对应发展岗位的工种包括：生物药物的制剂、质量检验和控制等岗位群以及医药类与本专业相关的其他岗位：即各种药物制剂工、药物检验工、酶制剂制造工，以及医药购销工、合成药固液分离工、制剂及医用制品灭菌工、药理实验工等。

上述从事药品生产、检测相关岗位的专业人员需掌握青霉素、谷氨酸、尿激酶、维生素 B_2、干扰素等生物制药（品）的制备原理，熟悉青霉素、谷氨酸、尿激酶、维生素 B_2、干扰素等生物制药（品）的生产工艺和工艺控制要点，具备一定的生物制药技术操作能力。

重点小结

根据生物学来源和化学结构可将抗生素进行分类。

青霉素产生菌细胞的生长发育过程可分为六个周期并具有相应特征。

青霉素产生要经过培育菌种、孢子制备和种子培养、发酵培养、发酵液预处理和过滤、萃取、精制及结晶等步骤。

青霉素产生中，要特别注意严格操作防止污染杂菌；用葡萄糖作为碳源必须控制其加入的浓度；严格控制培养基内前体的浓度；发酵的最适 pH 为 6.5 左右。

氨基酸的生产方法有水解法、微生物发酵法、化学合成法、酶促合成法。

L-谷氨酸发酵菌种包括生物素亚适量菌种和温度敏感型菌种。

L-谷氨酸发酵工艺包括斜面培养、一级种子培养及二级种子培养。

　　L-谷氨酸发酵过程包括菌体生长阶段和谷氨酸合成阶段。

　　L-谷氨酸发酵工艺控制要点：在培养基配方中，生物素的用量直接影响谷氨酸的合成；种龄与接种量必须严格控制；菌种在不同的生长时期需要不同的培养温度；通风量影响培养液中的溶解氧含量；谷氨酸产生菌的最适 pH 一般是中性或微碱性；必须要有足够量的、生长旺盛的菌体；对杂菌和噬菌体的抵抗能力差。

　　酶制剂微生物发酵可分为固态发酵法和液体深层发酵法。

　　用大肠埃希菌作为表达体系，工业化生产尿激酶原的工艺过程包括：菌种及培养基、重组人尿激酶原工程菌的发酵、重组人尿激酶原的活化、尿激酶原的分离纯化及尿激酶原制剂制备。

　　维生素 B_2 的生产工艺包括：植物体提取法、化学合成法、微生物发酵法和半微生物发酵合成法。

　　干扰素的作用包括：直接抑制肿瘤细胞，增强或发动宿主对肿瘤细胞的反应，通过与免疫反应无关的途径扰乱宿主与肿瘤间的关系。

目标检测

一、名词解释

1. 抗生素　　2. 尿激酶原　　3. 干扰素

二、多选题

1. 常用抗生素包括（　　）。
   A. 青霉素类　　　　B. 头孢菌素类　　　C. 四环素类　　　D. 氨基糖苷类
   E. 大环内酯类
2. 青霉素发酵控制条件包括（　　）。
   A. pH 控制　　　　B. CO_2 控制　　　C. 进气控制　　　D. 湿度控制
   E. 温度控制
3. 氨基酸的生产方法包括（　　）。
   A. 水解法　　　　B. 微生物发酵法　　C. 裂解法　　　　D. 酶促合成法
   E. 化学合成法
4. 氨基酸生产的控制工艺包括（　　）。
   A. 生物素的用量　　B. 种龄与接种量　　C. 培养温度　　　D. 溶解氧含量
   E. pH
5. 维生素的生产方法包括（　　）。
   A. 提取法　　　　B. 化学法　　　　　C. 生物合成法　　D. 裂解法
   E. 还原法

三、简答题

1. 青霉素各生长周期产生菌的生长状态及特征是什么？
2. 青霉素产生中的工艺控制要点是什么？
3. L-谷氨酸发酵的工艺控制要点是什么？

实训一　固态发酵生产纤维素酶

一、　实验目的

1. 熟悉影响纤维素酶固态发酵的因素。
2. 掌握固态发酵培养基的配制。
3. 掌握纤维素酶活性的分析方法。

二、　实验原理

纤维素是 D-葡萄糖以 $\beta-1,4$ 糖苷键结合起来的链状高分子化合物。一般认为纤维素分子由 8000～12000 个葡萄糖残基构成。纤维素在常温下不溶于水、不溶于稀酸和稀碱。纤维素酶是一个多酶体系。以麦麸、秸秆粉等作为原料，配制固体发酵培养基，以纤维素酶产生菌作为菌种固态发酵产纤维素酶。当采用固态发酵时，需要选用适当的溶剂处理含纤维素酶的原料，使之充分溶解到溶剂中，这也被称为浸提。由于纤维素酶能够溶解于水，而且在一定浓度的盐溶液中，其溶解度增加，所以一般采用在稀盐酸溶液中进行纤维素酶的提取。

三、　实验器材及材料

1. 菌种　分离筛选得到的纤维素酶产生菌或里氏木酶。

2. 培养基

（1）斜面培养基　葡萄糖-马铃薯琼脂培养基：将 200g 马铃薯去皮，切成小块，加水煮沸 10min，纱布过滤。在滤液中加入 20g 葡萄糖，加热溶化后补足水至 1000ml，于 121℃灭菌 20min。

（2）固体发酵培养基（无机盐按干料质量比计）　麦麸（粉碎后过 40 目筛）：秸秆粉（稻草秆或小麦秆粉碎后过 40 目筛）= 1：1，硫酸铵 1%，硫酸二氢钾 0.3%，硫酸镁 0.05%，按料水比 1：2 加水，于 121℃灭菌 60min。

3. 试剂　乙酸、乙酸钠。

4. 主要仪器设备　高压蒸汽灭菌锅、超净工作台、恒温培养箱、控温摇床、pH 计、电子天平等。

四、　实验内容

（一）孢子悬浮液的制备

（1）在装有斜面培养基的茄瓶中接入菌种，30℃静置培养 6～7d。

（2）用无菌水将孢子洗下，制成孢子悬浮液。用血球技术板计数，计算孢子悬浮液浓度。将孢子悬浮液浓度调为 1.7×10^6～2×10^6 个/ml。

（二）固体发酵产酶

（1）在 250ml 锥形瓶中，装入 7.5g 固体发酵培养基，于 121℃灭菌 60min。

（2）冷却后，将 1ml 孢子悬浮液接入固体培养基中，置于 28℃恒温培养箱中发酵培养 5～6d。

（3）培养前 3d 翻曲一次以打碎团体。第 3 天开始每天测一次酶活力。

（三）酶液制备及酶活力测定

（1）取 5g 固体发酵曲，加入 pH4.8 HAc-NaAc 缓冲液 45ml，置于摇床上 30℃，95r/min 浸提 1h。

（2）用滤纸过滤，滤液用于测定酶活力。

（3）于25ml具塞试管A和B中各加入2ml 1%羧甲基纤维素溶液（溶于pH4.8，0.05mol/L柠檬酸缓冲溶液），50℃预热5~10min。

（4）在A试管中加入0.5ml适当浓度（使测定光密度值为0.2~0.8）的酶液，50℃保温60min。取出试管，在试管中加入2.5ml 3,5–二硝基水杨酸（3,5–dinitrosalicylic acid，DNS）试剂，煮沸5min。

（5）在B试管中加入0.5ml酶液和2.5ml DNS试剂，煮沸5min。

（6）A、B试管冷却后各加水定容到25ml，摇匀，540nm波长处测光密度值（B管为空白对照）。

（7）从葡萄糖标准曲线上查出相应的葡萄糖含量，求得外切葡聚糖酶活力。

五、 实验结果与分析

记录酶活测定所得光密度值，从葡萄糖标准曲线上查出相应的葡萄糖含量，按照酶活力定义计算酶活力。

知识链接

纤维素酶固态发酵的因素

1. 温度 微生物在生长和代谢过程中需要释放大量的热量，尤其是在发酵前期，菌体生长旺盛，又因为固态发酵传热效率差，故鼓曲的温度（俗称"品温"）上升很快。降低品温的方法除了加大通气和喷淋无菌水外，适当翻曲也是必要的。

2. pH 采用里氏木酶生产纤维素酶时，pH必须为4.5。但是在发酵过程中因缺乏在线测量湿润物料pH方法，所以pH很难有效地控制。通常采用具有缓冲能力的物质作为底物以消除pH变化所带来的不利影响。

3. 湿度 湿度是指发酵器内环境空气的湿度。若空气湿度太小，物料容易因水分蒸发而变干，影响生长；湿度太大会影响空气中的含氧量，造成环境缺氧，往往又因冷凝使物料表面变湿，影响菌体生长或污染杂菌体生长或污染杂菌，影响产品质量。所以空气湿度应保持在适宜值，一般为85%~97%。

【重点提示】

DNS法测还原糖含量时，标准曲线制作与样品含糖量测定应同时进行，一起显色和比色。

实训二 四环素的发酵生产

一、 实验目的

1. 掌握四环素的发酵原理。
2. 掌握四环素发酵生产流程。

二、 实验原理

四环素发酵生产采用金色链霉菌，由于该菌种也产生金霉素，故在培养时加入抑氯剂有利于合成四环素。产生菌菌种经二级斜面孢子培养、种子罐培养，再经发酵罐培养得到发酵液。

四环素在 pH4.5 ~ 7.2 时在水中溶解度很小，生产上多用沉淀法提取。在提取过程中，应特别注意防止四环素的破坏，防止其降解产物污染成品。发酵液经预处理和过滤，调至 pH4.8 沉淀析出四环素粗碱。粗碱溶于酸性丁醇，再在 pH4.8 时结晶，得到四环素粗品。粗品与尿素生成四环素尿素复盐，得以纯化。复盐在酸性丁醇中分解，结晶出盐酸盐。结晶经洗涤、干燥，得到四环素盐酸盐成品。

三、实验器材及材料

1. 菌种 金色链霉菌。

2. 培养基 种子罐培养基：蛋白胨、花生饼粉、淀粉等为主要成分。

四环素培养基：氮源为 NH_4Cl、$(NH_4)_2SO_4$、NH_4NO_3、花生饼粉、黄豆饼粉、棉籽饼、尿素；碳源为淀粉（也可用玉米淀粉、燕麦粉、土豆粉等代替一部分）、可溶性淀粉、葡萄糖、糖蜜及油脂等；抑氯剂；无机盐为磷酸盐；消泡剂为植物油或动物油。

四、实验内容

1. 菌种准备 四环素采用金色链霉菌进行生产。在培养基中加入抑氯剂时，能合成 95% 左右的四环素。金色链霉菌在马铃薯、葡萄糖等固体培养基中生长时，营养菌丝能分泌金黄色色素，但其气生菌丝却没有颜色。孢子在最初形成时是白色，在 28℃ 培养 5 ~ 7d，孢子从棕灰色转变为灰黑色。金色链霉菌在麸皮斜面上培养，产孢子能力较强。

2. 种子制备

(1) 孢子制备 为了避免发酵单位波动，除了稳定各种条件外，往往在砂土孢子接种母斜面后进行一次自然分离，挑选母斜面上正常形态的菌落接种在子斜面上，再将子斜面孢子接种进入种子罐。

(2) 种子培养 种子罐培养基采用蛋白胨、花生饼粉、淀粉等为主要成分，于 30 ~ 32℃ 培养效果较好。正常的种子培养罐培养 24 ~ 27h 即可成熟。

3. 发酵过程

(1) 培养基 四环素培养基采用的氮源有 NH_4Cl、$(NH_4)_2SO_4$、NH_4NO_3、花生饼粉、黄豆饼粉、棉籽饼、尿素等。为了阻止金霉素的合成，促进四环素的合成，常要加入竞争性的抑氯剂。

(2) 温度 四环素发酵的培养温度采用 28 ~ 32℃。

(3) pH 链霉菌生长的最适 pH 为 6.0 ~ 6.8，而生物合成四环素的最适 pH 为 5.8 ~ 6.0。

(4) 溶氧 二氧化碳浓度应控制在 2 ~ 8ml/100ml，过高将抑制菌体的生长。

4. 提取和精制

(1) 发酵液预处理 通常用草酸或草酸和无机酸的混合物将发酵液酸化到 pH 1.5 ~ 2.0，四环素转入液体中。

(2) 沉淀法提取 发酵滤液调 pH 9.0 左右，加入一定量的氯化钙，使其形成钙盐沉淀。收集沉淀，以草酸溶液溶解，草酸钙析出，过滤得滤液。滤液加草酸调 pH 4.6 ~ 4.8，降温至 10 ~ 15℃，过滤得滤液，再加草酸调 pH 至等电点 4.0 时，四环素以游离碱结晶出来。结晶再经草酸溶液溶解、脱色、分离、洗涤和干燥得四环素碱成品。将四环素精碱悬浮于丁醇中，加入化学纯浓盐酸，在低于 18℃ 条件下过滤除掉不溶性杂质，然后加热，即有盐酸盐析出。再经丙酮洗涤、干燥，即可得四环素盐酸盐。

(3) 精制 可通过四环素与尿素生成复合物而进一步纯化。四环素粗品溶液中加入

1～2倍尿素，调 pH 为3.5～3.8，就会沉淀出四环素与尿素复合物。此复合物可转变为四环素盐酸盐。

知识链接

四环素类抗生素的作用机制

四环素类抗生素可与微生物核糖核蛋白体30S亚基结合，通过抑制氨基酰–tRNA与起始复合物中核蛋白体的结合，阻断蛋白质合成时肽链的延长，抑制蛋白质的合成。细菌的核糖体对四环素类抗生素的敏感性比动物核糖体高100～1000倍，所以这类抗生素有较好的差异毒力。四环素类抗生素具有抗细菌和抗原生动物的广谱抗菌活性。

【重点提示】

1. 加到培养基中的消沫剂——植物油或动物油还可作为碳源，适当增加用量可以提高四环素发酵单位，但油的质量对发酵单位有很明显的影响，特别是油中酸价及过氧化物过多，对四环素的生物合成影响更为明显。质量差的油用量愈大，这种影响愈明显。

2. 发酵培养液中二氧化碳的浓度对四环素的生物合成也有影响。据报道，二氧化碳的浓度在2%～8%范围内四环素产量较高，如二氧化碳浓度超过15%则会使菌体的呼吸率降低45%～50%。

实训三　纳他霉素的发酵生产

一、实验目的

1. 掌握纳他霉素的发酵原理。
2. 掌握纳他霉素发酵流程。

二、实验原理

纳他霉素在发酵生产中常用的菌种有恰塔努加链霉菌、纳塔尔链霉菌和褐黄孢链霉菌。发酵过程中，培养液中各成分的浓度和类型都会影响纳他霉素的生物合成，其中碳氮比是最关键的因素之一，氮源促进菌体的生长繁殖。纳他霉素在以葡萄糖为碳源时产量最高。纳他霉素能够专一性地抑制酵母菌和霉菌，故纳他霉素已被广泛应用于食品防腐和真菌引起的疾病的治疗等。

三、实验器材及材料

1. 菌种　褐黄孢链霉菌。

2. 培养基　孢子斜面培养基：酵母提取粉4g/L、麦芽提取粉10g/L、葡萄糖4g/L、琼脂20g/L，pH7.0。

摇瓶种子培养基：葡萄糖15g/L、蛋白胨10g/L、氯化钠10g/L，pH7.0。

摇瓶发酵培养基：大豆分离蛋白19.5g/L、麦芽糊精50g/L、酵母提取粉4g/L、葡萄糖6g/L，pH7.0。

3. 试剂　酵母提取粉、葡萄糖、琼脂、蛋白胨、氯化钠、大豆分离蛋白、麦芽糊精、乙醇、20% NaOH、1mol/L 盐酸。

4. 仪器 250ml 锥形瓶、摇床、生化培养箱、离心机。

四、 实验内容

1. 孢子的制备 按斜面孢子培养基配方准确配好培养基，121℃灭菌 15min，摆斜面冷却后置于 37℃培养 1～2d，备用，用斜面转接管接种，25℃培养 10d，待孢子长满后，放置冰箱 5d 以上再用。涂片观察孢子形态，并显微拍照。

2. 摇瓶种子制备 按摇瓶种子培养基配方准确配好培养基 200ml，平分装在两个锥形瓶中，121℃灭菌 25min。待培养基冷却后，刮取孢子接种摇瓶，每支斜面接种五瓶摇瓶。29℃，200r/min 振荡培养 24h。

3. 摇瓶发酵 按摇瓶发酵培养基配方准确配培养基 600ml，平分装在六个锥形瓶中，121℃灭菌 25min。待培养基冷却后，取摇瓶种子 1ml 接种，29℃、200r/min 振荡培养 120～168h。

4. 纳他霉素的分离纯化 合并全部发酵液，12000r/min 离心 10min。离心前发酵液的体积与离心后上清液的体积之差即为湿菌泥的体积；加两倍湿菌泥体积的 95% 乙醇，20% 氢氧化钠调 pH10～10.5，边加边搅拌 0.5h（注意一定要调过 pH 后再计时），以便纳他霉素充分溶解；然后再 12000r/min 离心 10min，保留上清液，将上清液用 1mol/L 盐酸调 pH6.5，静置 3h（冰箱），以便纳他霉素在等电点处沉淀析出；最后再 12000r/min 离心 10min，保留沉淀（产物），将产物置于 55℃真空干燥 2h，称重。

知识链接

纳他霉素的作用

纳他霉素是一种由链霉菌发酵产生的高效、广谱抗真菌抗生素，对哺乳动物细胞的毒性极低，可广泛应用于食品防腐保鲜以及抗真菌治疗上。1982 年 6 月，美国食品药品监督管理局（FDA）正式批准纳他霉素作为食品防腐剂，是 FDA 批准在食品中使用的仅有两种生物防腐剂之一（另一种为乳酸链球菌素 Nisin）。目前全世界有三十多个国家允许纳他霉素用于乳制品、肉制品、果汁饮料、葡萄酒等的生产和保藏。与其他抗菌成分相比，纳他霉素对哺乳动物细胞的毒性极低，可以用于治疗一些由真菌引起的疾病。除此之外，由于纳他霉素的溶解度低，可用其对食品的表面进行处理以增加食品保质期却不影响食品的风味和口感。美国 CFR 编码：ZlcFR172.55，其中纳他霉素的每日允许摄入量（acceptable daily intake，ADI）值是 0.3mg/kg，根据我国《食品添加剂使用卫生标准》（GB2760）规定，食品中的使用量为 10^{-6} 数量级。因此，纳他霉素是一种高效、安全的新型生物防腐剂。

实训四　青霉素的仿真发酵生产

一、 实验目的

1. 掌握青霉素的发酵原理。
2. 掌握青霉素发酵生产流程。

二、 实验原理

青霉素是产黄青霉菌株在一定的培养条件下发酵生产的。生产上一般将孢子悬液接入种子罐经二级扩大培养后，移入发酵罐进行发酵，所制得的含有一定浓度青霉素的发酵液经适当的预处理，再经提炼、精制、成品分包等工序最终制得合乎药典要求的成品。

由于发酵液中青霉素浓度很低，仅 0.1% ~4.5% 左右，而杂质浓度比青霉素的高几十倍甚至几千倍，并且某些杂质的性质与抗生素的非常相近，因此提取精制是一件十分重要的工作。青霉素的提取采用溶媒萃取法。青霉素游离酸易溶于有机溶剂，而青霉素盐易溶于水。利用这一性质，在酸性条件下青霉素转入有机溶媒中，调节 pH，再转入中性水相，反复几次萃取，即可提纯浓缩。选择对青霉素分配系数高的有机溶剂。工业上通常用醋酸丁酯和戊酯，萃取 2~3 次。从发酵液萃取到乙酸丁酯时，pH 选择 2.8~3.0，从乙酸丁酯反萃到水相时，pH 选择 6.8~7.2。为了避免 pH 波动，采用硫酸盐、碳酸盐缓冲液进行反萃。所得滤液多采用二次萃取，用 10% 硫酸调 pH2.8~3.0，加入醋酸丁酯。在一次丁酯萃取时，由于滤液含有大量蛋白，通常加入破乳剂防止乳化。第一次萃取，存在蛋白质，加 0.05%~0.1% 乳化剂 PPB。

三、 实验器材

青霉素发酵生产仿真软件、Windows XP 操作系统、电脑。

四、 实验内容

1. 正常发酵（过程）

（1）进料（基质），开备料泵。

（2）开备料阀。

（3）备料后（罐重 100000kg）关备料阀。

（4）关备料泵。

（5）开搅拌器。

（6）设置搅拌转速为 200r/min。

（7）开通风阀。

（8）开排气阀。

（9）投加菌种。

（10）补糖，开补糖阀。

（11）补氮，开加硫铵阀。

（12）开冷却水，维持温度在 25℃。

（13）pH 保持在一定范围内。

（14）前体超过 $1kg/m^3$（扣分步骤，出现则扣分）。

2. 出料

（1）停止进空气。

（2）停搅拌。

（3）关闭所有进料，开阀出料。

3. 发酵过程中 pH 调节

（1）发酵过程中 pH 低，调节 pH：开大氨水流量。

（2）发酵过程中 pH 高，关闭进氨水；开大补糖阀，调节 pH。

4. 发酵过程中溶解氧调节低

（1）发酵过程中溶解氧偏低：开大进空气阀 V02，调节溶解氧大于 30%。

（2）发酵过程中溶解氧偏高：关小进空气阀 V02。

5. 残糖浓度低 开加糖阀补糖。

6. 发酵过程中温度高 开通冷却水进水冷却，达到温度指标。

7. 泡沫高 添加消泡剂，泡沫高度降低到 30cm。

知识链接

青霉素类抗生素的作用机制

已有的研究认为，青霉素的抗菌作用与抑制细胞壁的合成有关。细菌的细胞壁是一层坚韧的厚膜，用以抵抗外界的压力，维持细胞的形状。细胞壁的里面是细胞膜，膜内裹着细胞质。细菌的细胞壁主要由多糖组成，也含有蛋白质和脂质。革兰阳性菌细胞壁的组成是肽聚糖占细胞壁干重的 50% ~80%（革兰阴性菌为 1% ~10%）、磷壁酸质、脂蛋白、多糖和蛋白质。其中肽聚糖是一种含有乙酰基葡萄糖胺和短肽单元的网状生物大分子，在它的生物合成中需要一种关键的酶即转肽酶。青霉素作用的部位就是这个转肽酶。现已证明青霉素内酰胺环上的高反应性肽键受到转肽酶活性部位上丝氨酸残基的羟基的亲核进攻形成了共价键，生成青霉噻唑酰基-酶复合物，从而不可逆的抑制了该酶的催化活性。通过抑制转肽酶，青霉素使细胞壁的合成受到抑制，细菌的抗渗透压能力降低，引起菌体变形，破裂而死亡。

实训五　红霉素的发酵生产

一、实验目的

1. 掌握红霉素的发酵原理。
2. 掌握红霉素发酵生产流程。

二、实验原理

红霉素的产生菌是红色链霉菌。红霉素是多组分的抗生素，其中红霉素 A 为有效组分，红霉素 B、红霉素 C 为杂物。国产红霉素中 C 为主要杂质。红霉素 C 和 A 的结构极为相似，但红霉素 C 抗菌活性比 A 低很多，其毒性却是它的两倍。由于两者在提炼过程难以分离，故要提高产品质量、提高产品的抗菌活性和降低毒性。

红色糖多孢菌在合成培养基上生长的菌落由淡黄色变为微黄色，气生菌丝为白色，孢子呈不紧密的螺旋形，孢子呈球状。现在生产上使用的菌种为通过育种，选育的具有抗噬菌体、生产能力高的菌种。选育以诱变育种为主要方法。红色糖多孢菌一般经过斜面孢子、摇瓶培养、种子罐培养后移入发酵罐进行发酵生产。

三、实验器材及材料

1. 菌种 红色糖多孢菌。

2. 培养基 孢子斜面培养基：淀粉 1%、硫酸铵 0.3%、氯化钠 0.3%、玉米浆 1%、碳酸钙 0.25%、琼脂 2.2%，pH7.0 ~7.2。

摇瓶种子培养基：淀粉 4%、糊精 2%、蛋白胨 5%、葡萄糖 1%、黄豆饼粉 1.5%、硫酸铵 0.25%、氯化钠 0.4%、七水合硫酸镁 0.05%、磷酸二氢钾 0.02%、碳酸钙 0.6%，pH7.0。

摇瓶发酵培养基：淀粉 4%、葡萄糖 5%、黄豆饼粉 4.5%、硫酸铵 0.1%、磷酸二氢钾 0.03%~0.05%、碳酸钙 0.6%、油 1.2%、丙醇 1%，pH7.0。

3. 仪器　250ml 锥形瓶、摇床、生化培养箱、离心机。

四、 实验内容

1. 孢子的制备　按斜面孢子培养基配方准确配好培养基，121℃灭菌 15min，摆斜面冷却，空白斜面放置两周备用，用斜面转接管接种，37℃、相对湿度 50%、避光培养。培养 7~10d 斜面上长成白色至深米色孢子。

2. 摇瓶种子制备　按摇瓶种子培养基配方准确配好培养基 200ml，平分装在两个锥形瓶中，121℃灭菌 25min。待培养基冷却后，刮取孢子接种摇瓶，每支斜面接种五瓶摇瓶。35℃、200r/min 振荡培养 60~70h。

3. 摇瓶发酵　按摇瓶发酵培养基配方准确配培养基 600ml，平分装在 6 个锥形瓶中，121℃灭菌 25min。待培养基冷却后，取摇瓶种子 1ml 接种，29℃、200r/min 振荡培养 150~160h。

4. 红霉素的分离纯化　合并全部发酵液，加入 0.05% 甲醛、3%~5% 硫酸锌、氢氧化钠调 pH7.8~8.2，进行过滤，收集滤液。在滤液中加入氢氧化钠调 pH 至 10.0~10.2，加入醋酸丁酯进行萃取，收集有机层产物。向醋酸丁酯溶液中加入用醋酸丁酯稀释至 20%~30% 的乳酸，调节 pH 至 6.0，加完后继续搅拌 0.5h，得到红霉素的乳酸盐湿晶体。用适量醋酸丁酯洗涤，55℃干燥。将红霉素乳酸盐加入 10% 丙酮水溶液中溶解，加氨水碱化至 pH10，水洗至 pH7~8，55℃干燥得到红霉素成品，称重。

参考文献

[1] 刘东，张学仁. 发酵工程 [M]. 北京：高等教育出版社，2007：2-3.

[2] 何建勇. 发酵工艺学 [M]. 北京：中国医药科技出版社，2009.

[3] 许赣荣，胡鹏刚. 发酵工程 [M]. 北京：科学出版社，2013：3.

[4] 熊宗贵. 发酵工艺原理 [M]. 北京：中国医药科技出版社，2007.

[5] 于文国. 微生物制药工艺及反应器 [M]. 2版. 北京：化学工业出版社，2008.

[6] 吴德荣. 化工工艺设计手册 [M]. 4版. 北京：化学工业出版社，2009.

[7] 杨永杰. 化工环境保护概论 [M]. 北京：化学工业出版社，2009.

[8] 雷德柱，胡位荣. 生物工程中游技术实验手册 [M]. 北京：科学出版社，2010：81-84.

[9] 刘国生. 微生物学实验技术 [M]. 北京：科学出版社，2007：77-87.

[10] 王莘. 发酵工艺原理实验技术 [M]. 长春：吉林科学技术出版社，2004：29-31.

[11] 诸葛健. 现代发酵微生物实验技术 [M]. 北京：化学工业出版社，2005：100-123.

[12] Vogel H C, Haber C C. Fermentation and biochemical engineering handbook：principles，process design，and equipment [M]. 3rd ed. New York，U.S.：William Andrew Publishing，2014.

目标检测参考答案

绪　论

一、名词解释

1. 发酵：指生物体对于有机物的某种分解过程，是人类较早接触的一种生物化学反应。
2. 发酵工程：利用微生物的生长和代谢活动来大量生产人们所需要的产品的过程理论和工程体系。

二、单选题

1. A　2. C

三、多选题

1. ABCD　2. ABCDE　3. ABCD

四、简答题

1. 微生物制药的一般过程是什么？发酵工业产品类型有哪些？

答：发酵工程过程一般包括菌体生产及代谢产物或转化产物的发酵生产。其主要内容包括生产菌种的选育培养及扩大，培养基的制备，设备与培养基的灭菌，无菌空气的制备，发酵工艺控制，产物的分离、提取与精制，成品的检验与包装等。

发酵工业产品类型包括：微生物菌体发酵、微生物酶发酵、微生物代谢产物发酵、微生物转化发酵、生物工程细胞的发酵。

2. 发酵工程有何特点？

答：发酵工业是利用微生物所具有的生物加工与生物转化能力，将廉价的发酵原料转化为各种高附加值产品的产业。它与化工产业相比，有以下特点：

①以活的生命体（微生物）作为目标反应的实现者，反应过程中既涉及特异的化学反应的实现又涉及生命个体的代谢存活及生长发育。②反应通常在常温常压下进行，条件温和，能耗小，设备较简单。③原材料来源丰富，价格低廉，过程中废物的危害性较小。④受微生物代谢特征的限制，反应液中底物浓度不应过高，产物浓度不应过高，导致生产能力下降，设备体积庞大。⑤微生物参与发酵，易产生复杂的高分子化合物。⑥微生物发酵过程是微生物菌体非正常的、不经济代谢过程，生产过程中应为其代谢活动提供良好的环境。⑦产品的质量标准不同，生产环境亦不同。⑧现代发酵技术的最大特点是高技术含量、智力密集、全封闭自动化、全过程质量控制、大规模反应器生产和新型分离技术综合利用等。

项目一　菌种选育与保藏

一、名词解释

1. 富集培养：也称增殖培养，是指为了得到所需菌种，人为地通过控制养分或培养条件，使目标菌种在数量上占优势。
2. 诱变育种：是指通过人工方法处理微生物，使之发生突变，并运用合理的筛选程序和方法，把适合人类需要的优良菌株选育出来的过程。
3. 基因工程育种：指利用 DNA 重组技术将外源基因导入到微生物细胞，使后者获得前者的某些优良性状或者作为表达场所来生产目的产物。

二、单选题

1. B　2. C　3. D　4. D　5. C

三、多选题

1. ABD　2. ABCD　3. ABCDE　4. ABCDE　5. ABDE

四、简答题

1. 试述从自然界中分离枯草芽孢杆菌的流程。

（1）采样　取枯草芽孢杆菌。

（2）增殖培养　选用液体培养基，根据枯草芽孢杆菌所需的营养及环境条件，目的使目标菌大量繁殖

（3）纯种分离　选择固体培养基，目的让目标菌及其杂菌分离，找到目标菌菌落，将目标菌菌落纯培养

（4）性能测定　初筛——挑选优质枯草芽孢杆菌，复筛——挑选适合工业生产目标菌

2. 工业发酵对生产菌种的一般要求。

（1）菌株生长速度和产物生成速度快。

（2）能够利用廉价的原料，培养条件易于控制。

（3）菌种抗杂菌和抗噬菌体能力较强。

（4）菌种的遗传稳定性高、不易退化。

（5）发酵产物易于提取。

（6）不是病原菌，不产生有害的生物活性物质或毒素。

项目二　培养基的制备

一、名词解释

1. 培养基：指人工配制而成的适合微生物生长繁殖和积累代谢产物所需要的营养基质。

2. 固体培养基：指在液体培养基中加入一定的凝固剂，使其成为固体状态的培养基。

3. 促进剂：在发酵培养基中加入某些微量的化学物质，可促进目的代谢产物的合成，这些物质被称为促进剂。

抑制剂：发酵过程中加入某些化学物质会抑制某些代谢途径的进行，同时会使另一代谢途径活跃，从而获得人们所需的某种代谢产物，或使正常代谢的中间产物积累起来，这种物质被称为抑制剂。

4. 天然培养基：是利用天然有机物（动植物）配制而成，化学成分还不清楚或化学成分不恒定，也称为化学限定培养基。

5. 前体：在微生物代谢产物的生物合成过程中，有些化合物能直接被微生物利用构成产物分子结构的一部分，而化合物本身的结构没有大的变化，这些物质称为前体。

二、单选题

1. A　2. D　3. D　4. C　5. D

三、多选题

1. ABC　2. AB　3. ABCD　4. BCD　5. ACD

四、简答题

1. 凝固剂应具备的条件有哪些。

（1）不被所培养的微生物分解利用。

（2）在微生物生长的温度范围内保持固体状态。在培养嗜热细菌时，由于高温容易引起培养基液化，通常在培养基中适当增加凝固剂来解决这一问题。

    （3）凝固剂凝固点温度不能太低，否则将不利于微生物的生长。

    （4）凝固剂对所培养的微生物无毒害作用。

    （5）凝固剂在灭菌过程中不会被破坏。

    （6）透明度好，黏着力强。

    （7）配制方便且价格低廉。

2. 固体培养基主要用途。

    固体培养基广泛用于微生物的分离、鉴定、保藏、计数及菌落特征的观察等。

3. 影响培养基质量的因素有哪些。

    （1）原材料质量　业发酵中使用的培养基绝大多数是由一些农副产品组成，所用的原材料成分复杂，因而常常引起发酵水平的波动。

    （2）水质　水是培养基的主要组成成分，水中的无机离子和其他杂质影响着微生物的生长和产物的合成。

    （3）灭菌　如果灭菌的操作控制不当，会降低培养基中的有效营养成分，产生有害物质，影响培养基的质量，给发酵带来不利的影响。

    （4）培养基黏度　培养基中一些不溶性的成分使培养基的黏度增加，直接影响氧的传递和微生物对溶解氧的利用，对灭菌控制和产品的分离提取也带来不利影响。

4. 配制培养基的一般程序。

    （1）玻璃器皿的洗涤和包装；

    （2）培养基的配制；

    （3）培养基的分装；

    （4）棉塞的制作及试管、锥形瓶的包扎；

    （5）培养基的灭菌；

    （6）斜面和平板的制作；

    （7）培养基的无菌检查。

5. 培养基中水分的作用。

    （1）水是最优良的溶剂，产生菌没有特殊的摄食及排泄器官，营养物质、氧气和代谢产物等必须溶解于水后才能进出细胞内外。

    （2）通过扩散进入细胞的水可以直接参加一些代谢反应，并在细胞内维持蛋白质、核酸等生物大分子稳定的天然构象，同时又是细胞内几乎所有代谢反应的介质。

    （3）水的比热较高，是一种热的良导体，能有效地吸收代谢过程中所放出的热量，并及时将热量迅速散发出细胞外，从而使细胞内温度不会发生明显的波动。

    （4）水从液态变为气态所得的汽化热较高，有利于发酵过程中热量的散发。

项目三　灭　菌

一、名词解释

1. 灭菌：指采用物理或化学的方法杀灭或去除所有活的微生物及其孢子的过程。

2. 实消：将配制好的培养基输入发酵罐内，经过间接蒸汽预热，然后直接通入饱和蒸汽加热，使培养基和设备一起灭菌，达到要求的温度和压力后维持一定时间，再冷却至发酵要求的温度，这一工艺过程称为分批灭菌或实罐灭菌，也称实消。

3. 连消：培养基在发酵罐外经过一套灭菌设备连续加热灭菌，冷却后送入已灭菌的发酵罐内，这种工艺过程称为连续灭菌，也称连消。

4. 空消：是指将饱和蒸汽通入未加培养基的发酵罐（种子罐）内，进行罐体的湿热灭菌过程。

二、单选题

1. D　2. D　3. D　4. C　5. D

三、多选题

1. ABCDE　2. ABCDE　3. ABCDE　4. ABCDE　5. ABCDE

四、简答题

1. （1）将配制好的培养基输入发酵罐内，经过间接蒸汽预热，然后直接通入饱和蒸汽加热，使培养基和设备一起灭菌，达到要求的温度和压力后维持一定时间，再冷却至发酵要求的温度，这一工艺过程称为分批灭菌或实罐灭菌。分批灭菌方法的优点有：①设备要求低，不需另外设置加热冷却装置；②操作要求低，适于手动操作；③适合于小批量生产规模；④适合于含大量固体物质的培养基灭菌。其缺点有：①培养基营养物质损失较多，灭菌后培养基质量下降；②需反复进行加热和冷却，能耗较高；③不适合于大规模生产过程的灭菌；④发酵罐利用率较低。

（2）培养基在发酵罐外经过一套灭菌设备连续加热灭菌，冷却后送入已灭菌的发酵罐内，这种工艺过程称为连续灭菌，也称连消。连续灭菌工艺的优点是：可采用高温快速灭菌方法，营养成分破坏少；发酵罐非生产占用时间短，容积利用率高；热能利用合理，适合自动化控制；蒸汽用量平稳，但蒸汽压力一般要求高于 $5 \times 10^5 Pa$，缺点是不适用于黏度大或固形物含量高的培养基的灭菌；需增加一套连续灭菌设备，投资较大；增多了操作环节，增加了染菌的机率。

2. 常见的空气除菌方法有辐射灭菌、加热灭菌、静电除菌、过滤除菌等。空气介质除菌的原理为空气除菌的介质间的空隙远大于微生物细胞等颗粒直径，颗粒随气流通过过滤层时，滤层纤维形成的网格阻碍气流前进，使气流无数次改变运动速度和运动方向，引起微粒对滤层纤维产生惯性冲击、拦截滞留、布朗扩散、重力沉降、静电吸附等作用，从而被截留在介质内，达到过滤除菌的目的。

项目四　种子的扩大培养

一、名词解释

1. 种子的扩大培养：是发酵生产的第一道工序，该工序又称为种子制备，指的是从保藏的休眠状态的菌种开始，经过试管斜面活化后，再经过摇瓶及种子罐逐级扩大培养而获得足够数量和优等质量的纯种过程。

2. 接种量：移入的种子液体积和接种后培养液体积的比例称为接种量。

3. 种龄：种子培养时间称为种龄。

二、单选题

1. D　2. C　3. C　4. D　5. D

三、多选题

1. ACD　2. ABCDE　3. ABCE　4. ABCDE　5. ABD

四、简答题

1. 种子的扩大培养是发酵生产的第一道工序，该工序又称为种子制备，指的是从保藏的休眠状态的菌种开始，经过试管斜面活化后，再经过摇瓶及种子罐逐级扩大培养而获得足够数量和优等质量的纯种过程。

2. 影响种子质量的因素包括孢子质量、培养基、培养条件、种龄和接种量等。培养基营养成分要适当地丰富和完全，氮源和维生素含量较高，这样可以使菌丝粗壮并具有较强的活力；培养基的营养成分要尽可能地和发酵培养基接近，种子培养应选择最适温度，如果培养温度超过其最高生长温度，都会造成微生物死亡，而培养的温度低于生长温度，则细胞生长会受到抑制。培养过程中通气和搅拌的控制很重要，通气可以供给大量的氧，而搅拌能使通气的效果更好。不同生长阶段的菌体的生理活性差别很大，接种种龄的控制就显得非常重要。种龄过长或过短，会延长发酵周期，也会降低产量。

项目五 生物反应器

一、名词解释

1. 气含率：是指反应器内气体所占有效反应体积的百分率。

2. 生物反应器：是借助于生物细胞（死或活）或酶实现生物化学反应过程中质量与热量传递的生物设备。

二、单选题

1. A　2. B　3. D　4. A

三、多选题

1. ABD　2. AD　3. ABCD　4. ABC　5. AB

四、简答题

1. 以外循环为例来说明空气带升式（气升式）发酵罐的工作原理。在罐外装设上升管，与发酵罐构成一个循环系统，在上升管的下部有空气喷嘴，空气以 250～300m/s 的高速度喷入上升管，借喷嘴的作用而使空气泡分割细碎，与上升管的发酵液密切接触。由于上升管内的发酵液轻，加上压缩空气的喷流动能，因此使上升管的液体上升，罐内液体下降而进入上升管，形成反复循环，在上升管提供微生物所需要的溶解氧，使发酵正常进行。

2. 通用的机械搅拌通风发酵罐主要部件：罐体，搅拌器和挡板，消泡器，联轴器及轴承，空气分布装置，轴封，传热（冷却）装置。

   搅拌器作用：打碎空气气泡，增加气-液接触界面，以提高气-液间的传质速率。其次是为了使发酵液充分混和，液体中的固形物料保持悬浮状态。挡板的作用：①改变液流的方向，由径向流改为轴向流，促使液体激烈翻动，增加溶解氧。②防止搅拌过程中旋涡的产生，而导致搅拌器露在料液以上，起不到搅拌作用。竖立的蛇管、列管、排管也可以起挡板作用。

项目六 微生物发酵工艺控制

一、名词解释

1. 发酵热：是发酵过程中产生的净热量，是各种产生的热量减去各种散失的热量后所得的净热量。

2. 生物热：菌体在生长繁殖过程中产生的热是内在因素，称为生物热。

3. 最适菌体浓度：当菌体浓度合适时，摄氧率等于氧传递速率，且溶解氧维持在高于临界溶氧度浓度的水平，此时的菌体浓度为菌体的呼吸不受限制条件下的最大菌体浓度，即称为最适菌体浓度或临界菌体浓度。

4. 气泛现象：当空气流速增加到某一值时，由于空气流速过大，通入的空气不经过搅拌叶的分散，而沿着搅拌轴形成空气通道，空气直接逸出发酵液，

5. 机械性泡沫：发酵液液面上的泡沫，气相所占的比例特别大，与液体有较明显的界限。

6. 流态泡沫：发酵液中的泡沫，分散在发酵液中，比较稳定，与液体之间无明显的界限。

7. 相对溶氧浓度：培养液中的溶解氧浓度与在相同条件下未接种前发酵培养基中溶氧浓度

比值的百分数。

8. 呼吸强度：单位质量的菌体（折干）每小时消耗氧的量。

二、单选题

1. B　2. A　3. D　4. C　5. A

三、多选题

1. BCD　2. ABCD　3. ABCDE　4. ABCDE　5. ABCDE　6. AB

四、简答题

1. 在发酵整个过程，初期、中期、末期它们温度如何变化？

在发酵初期温度相对较低，随着微生物的生长繁殖温度逐渐升高在发酵中期温度达到最高，微生物生长速度达到最快，代谢最旺盛。温度升高同时也导致了酶失活速度加快，细胞开始衰老死亡，在末期时温度开始降低。

2. 发酵产品生产中控制的参数有哪些？生产上如何实现最优化控制？

发酵过程的最优化控制可以使细菌生长达到最佳状态，从而得到最多的代谢产物达到最大利益化。发酵产品生产中控制的参数有营养要求、培养温度、pH、溶氧量、二氧化碳浓度、泡沫等。

3. pH 是如何影响微生物的生长繁殖和代谢产物形成的？

pH 可以通过影响微生物的菌体形态来影响代谢产物的形成和生长繁殖；pH 可以影响微生物产物的稳定性；pH 可以影响生物合成的途径来改变代谢产物。

4. 以霉菌发酵为例，说说发酵过程中泡沫的消长规律？

在发酵过程中，培养基的性质随着细胞的代谢活动在不断变化，因此来影响泡沫的消长。发酵初期泡沫的高稳定性与高的表观黏度与地表面张力有关，随着霉菌对碳、氮源的利用，培养基的表观黏度下降，促使表面张力上升，泡沫的寿命逐渐缩短，泡沫减少，到了发酵后期，菌体自溶，培养基中的可溶性蛋白浓度增加，有促使泡沫的稳定性上升。

5. 生产上常用的消泡剂有哪些？

天然油脂、聚醚类、高级醇、硅酮类、脂肪酸、亚硫酸、磺酸盐，最多使用的是天然油脂、聚醚类。

6. 影响发酵过程中供氧的因素有哪些？

微生物的种类和生长阶段；培养基的成分；发酵液中溶解氧浓度；培养液的 pH、温度等培养条件；CO_2 浓度；搅拌；空气流速；发酵液物理性质；泡沫。

7. 菌体浓度对发酵有何影响？如何控制菌体浓度？

影响：适当的生长速率下，产率与菌体浓度成正比；菌体浓度过高对发酵产生不利影响，产物得率下降；引起基质消耗过快，溶氧下降，导致菌体过早衰老，使产量降低。（临界菌体浓度：摄氧速率与氧传递速率相平衡时的菌体浓度）

控制：控制菌体的生长速率；在一定培养条件下，主要受营养基质浓度的影响，基础培养基配方中各物质配比适当，以避免产生过高或过低的菌体浓度；通过中间补料来控制，如碳源、磷酸盐等。

8. 形成泡沫的原因有哪些？

同时存在气、液两相；存在有表面张力大的物质；发酵液的温度；pH；基质浓度；泡沫的表面积。

9. 发酵过程中搅拌的作用有哪些？

混合发酵液，是其更加均匀，提高传质效率；增加氧气在液体中的分布，提高氧在发酵液中的溶解度；破碎气泡，起到消泡的作用；破碎菌丝团，防止菌丝结块。

10. 原电池型溶氧电极测定溶氧浓度的原理是什么？

   溶氧电极用薄膜将阴极，阳极，以及电解质与外界隔开，一般情况下阴极几乎是和这层膜直接接触的。氧以和其分压成正比的比率透过膜扩散，氧分压越大，透过膜的氧就越多。当溶解氧不断地透过膜渗入腔体，在阴极上还原而产生电流，此电流在仪表上显示出来。由于此电流和溶氧浓度直接成正比，因此只需将测得的电流转换为浓度单位即可。

项目七　发酵下游过程简介

一、名词解释

1. 将发酵目的产物从发酵液中分离、纯化、精制相关生物制品的过程称为发酵下游加工过程。
2. 使用加压膜分离技术，在一定的压力下，使小分子物质和溶剂穿过一定孔径的超滤膜，而大分子溶质不能透过，留在膜的另一边，从而使大分子物质得到了部分的纯化的技术称为超滤法。

二、单选题

1. D　2. B　3. B　4. D　5. C

三、多选题

1. ACD　2. ABCDE　3. ABDE　4. ACD　5. CDE

四、简答题

1. 发酵液的预处理通常采用絮凝或凝聚的方法，增大发酵悬浮液中固体粒子的大小，加快沉降速度；也可使用稀释、加热的方法降低发酵液整体黏度，便与分离。发酵液的固-液分离常采用过滤和离心的方法，如果所需发酵产物在微生物细胞内，在收集微生物细胞后还需要进行细胞破碎以获取发酵产物，细胞破碎的方法主要有物理法（包括匀浆法、冻融法、超声法等）；化学法（包括渗透法、脂溶法等）；生物法（包括酶溶法等）。
2. 吸附法：操作简单、成本较低；吸附性能不稳定。

   沉淀法：设备简单、原料易得、节省溶剂、成本低、收率高；较难过滤，质量比溶剂法稍差。离子交换法：设备简单、操作方便、成本低，并能节约大量有机溶剂；生产周期长、pH 变化较大，对稳定性较差的微生物药物不适宜。

   溶剂萃取法：浓缩倍数大、产品纯度高、可连续生产、生产周期短；溶剂耗量大、设备要求高、成本较高，还需要一整套溶剂回收装置和相应的防火、防爆措施等。

   超滤法：过程简单，不发生相变化，也不需加入化学试剂，消耗的能量也较少；浓差极化和膜的污染，膜的寿命较短。

项目八　发酵工业与环境保护

一、名词解释

1. 化学需氧量：英文缩写 COD，是在一定的条件下，采用一定的强氧化剂处理水样时，所消耗的氧化剂量。它是表示水中还原性物质多少的一个指标，以 mg/L 表示。
2. 生化需氧量：英文缩写 BOD，在好氧条件下，微生物分解水中有机物质的生物化学过程中所需要的氧量。用它来间接表示废水中有机物的含量。单位 mg/L。
3. 污泥沉降比：从曝气池中取出 100ml 混合液于量筒中静置 30min 后，立即测得的污泥沉淀体积与原混合液体积的比值，一般以 % 表示。
4. 有机负荷率：即 BOD 负荷率，表示曝气池里单位质量的活性污泥（MLSS）在单位时间里承受的有机物（BOD_5）的量，单位是 kg/（kg·d）。

5. 污泥浓缩：含有大量水分的污泥，通过沉淀、压密或其他方法使水分降到某一限度的过程。

二、单选题

1. A   2. B   3. D   4. C   5. C

三、多选题

1. AD   2. ABCD   3. AB   4. ABC   5. ABD

四、简答题

1. 催化剂只能缩短反应到平衡的时间，而不能使平衡移动，更不可能使热力学上不可发生的反应进行；催化剂性能具有选择性，即特定的催化剂只能催化特定的反应；每一种都有它的特定活性温度范围，低于活性温度，反应速度慢，催化剂不能发挥作用，高于活性温度，催化剂会很快老化甚至被烧坏；每一种催化剂都有中毒、衰老的特性。

2. 生物法处理发酵工业废气设备简单，运行维护费用低，无二次污染，尤其在处理低浓度、生物可降解性好的气态污染物时表现出的经济性，使其成为发酵废气处理工艺选择中的的一种主要方法。但是，体积大和停留时间长是生物法的主要问题，同时该法对成分复杂的废气或难以降解的废气去除效果较差。

3. 污水生物处理是指利用微生物的代谢作用，使废水中呈溶解、胶体状态的有机物转变为稳定、无害的物质的过程，它能使一些有毒物质转化分解或者吸附沉淀从而达到净化污水的目的。按起作用的微生物对氧的要求不同，可分为好氧生物处理和厌氧生物处理两大类。

4. 污水经初次沉淀池进入生物膜反应器，污水在生物膜反应器中经好氧生物氧化去除有机物后，再通过二次沉淀池出水。初次沉淀池的作用是防止生物膜反应器受大块物质的堵塞，对空隙小的填料是必要的，但对空隙大的填料也可以省略。二次沉淀池的作用是去除从填料上脱落入污水的生物膜。

项目九　发酵工业应用实例

一、名词解释

1. 抗生素：是生物在其生命活动过程中产生的、在低微浓度下能够选择性地抑制或影响它种生物功能的相对低分子量的化学物质。

2. 尿激酶原：为尿激酶的前体，是由 411 个氨基酸组成的单链分子，在纤溶酶的作用下，赖氨酸和异亮氨酸间的肽键断裂后被激活为尿激酶。

3. 干扰素：当人或动物受到某种病毒感染时，体内会产生一种物质，阻止或干扰人体再次受到病毒感染，人们将其称为干扰素（interferon，IFN）。

二、多选题

1. ABCDE   2. ACE   3. ABDE   4. ABCDE   5. ABC

三、简答题

1. 青霉素各生长周期产生菌的生长状态及特征是什么？

第一期，分生孢子发芽，孢子先膨胀，再形成小的芽管；第二期，菌丝增殖，末期出现类脂肪小颗粒；第三期，形成脂肪粒，原生质嗜碱性强，形成脂肪粒；第四期，形成中小空胞，原生质嗜碱性减弱，脂肪粒减少；第五期，形成大空胞，脂肪粒消失；第六期，个别细胞自溶，细胞内看不到颗粒。

2. 青霉素产生中的工艺控制要点是什么？

青霉素产生中，要特别注意严格操作防止污染杂菌；用葡萄糖作为碳源必须控制其加入的浓度；严格控制培养基内前体的浓度；发酵的最适 pH 为 6.5 左右。

3. L-谷氨酸发酵的工艺控制要点是什么？

在培养基配方中，生物素的用量直接影响谷氨酸的合成；种龄与接种量必须严格控制；菌种在不同的生长时期需要不同的培养温度；通风量影响培养液中的溶解氧含量；谷氨酸产生菌的最适 pH 一般是中性或微碱性；必须要有足够量的、生长旺盛的菌体；对杂菌和噬菌体的抵抗能力差。

教学大纲

（供药品生产技术、药品生物技术、药学专业用）

一、 课程任务

《实用发酵工程技术》是高职高专院校药品生产技术、药品生物技术专业一门重要的专业核心课程。本课程的主要内容是介绍工艺流程的基本原理、操作技术和重要设备，同时也反映了现代发酵工程的一些最新应用成果。本课程的任务是使学生掌握发酵工程的基本概念和理论，了解发酵工业特点及发酵工程的发展概况，熟悉发酵工业的整个过程，掌握有氧发酵、液体发酵和固体发酵等常规发酵方法及其与药物有关的产品包括抗生素、药用酶、维生素等发酵生产的有关问题。

二、 课程目标

（一）能力目标

1. 具有熟练使用发酵罐并对生产工艺进行控制能力。
2. 具有运用所掌握的发酵理论知识和技能进行发酵药品生产能力。

（二）知识目标

1. 了解发酵制药的应用前景及国内外研究现状及发展趋势。
2. 熟悉典型发酵的一般过程。
3. 掌握微生物发酵生产药物的基本知识和基本技术。

（三）素质目标

1. 具备严谨的科学态度、良好的职业道德、身体状况和心理素质。
2. 具备严谨细致、求真务实的工作作风。
3. 具备爱岗敬业、诚实守信、团结合作和竞争拼搏的品质。
4. 具备切合实际的生活目标和个人发展目标，能正确地看待现实，主动适应现实环境。

三、 教学时间分配

教学内容	学时数		
	理论	实践	合计
一、绪论	2	0	2
二、菌种选育	4	8	12
三、培养基	4	8	12
四、灭菌	4	8	12
五、生产菌种的制备与保藏	4	8	12
六、生物反应器	4	8	12
七、微生物发酵工艺的控制	6	8	14
八、发酵下游过程简介	2	8	10
九、发酵工业应用实例	4	8	12
十、发酵工业与环境保护	2	0	2
合计	36	64	100

四、 教学内容与要求

单元	教学内容	教学要求	教学活动建议	参考学时	
				理论	实践
一、绪论	一、发酵和发酵工程的基本概念	掌握	理论讲授	2	
	二、发酵工程的特点	掌握	讨论		
			多媒体		
	三、发酵工程典型工艺流程及产品类型	掌握			
	四、微生物发酵工程的发展史	熟悉			
	五、发酵工程在医药方面的应用	熟悉			
	六、微生物发酵工业的现状与未来	了解			
二、菌种的选育与保藏	任务一 自然选育		理论讲授	4	
	一、工业发酵微生物及代谢产物	了解	讨论		
	二、工业发酵对生产菌种的一般要求	熟悉	示教		
	三、工业发酵生产菌种的来源	熟悉	多媒体演示		
	四、主要步骤	掌握			
	任务二 诱变育种		理论讲授		
	一、诱变剂	熟悉	讨论		
	二、一般步骤	掌握	多媒体		
	任务三 杂交育种				
	一、原生质体的制备	熟悉			
	二、原生质体的融合	掌握			
	三、原生质体的再生	了解			
	四、融合子的检出	了解			
	任务四 基因工程育种				
	一、概述				
	二、一般步骤				
	任务五 生产菌种的保藏				
	一、菌种保藏的原理				
	二、常用的保藏方法				
	三、菌种保藏注意事项				
	四、菌种保藏机构介绍				

续表

单元	教学内容	教学要求	教学活动建议	参考学时	
				理论	实践
二、菌种的选育与保藏	实训一　菌种的自然选育 实训二　紫外线诱变育种抗药性菌株的筛选 实训三　芽孢杆菌的原生质体融合	学会	技能实践	8	
	任务一　液体培养基		理论讲授	4	
	一、培养基的成分	掌握	示教		
	二、液体培养基的配制方法	熟悉	多媒体演示		
	任务二　固体培养基		讨论		
	一、分类	熟悉			
	二、固体培养基的配制方法	掌握			
	三、影响培养基质量的因素	熟悉	理论讲授 讨论 多媒体演示		
三、培养基的制备	任务三　半固体培养基				
	一、半固体培养基配制一般过程	熟悉			
	二、培养基的常规配制程序	了解			
	任务四　种子培养基				
	一、配制种子培养基时的注意事项	熟悉			
	二、培养基的设计和筛选	了解			
	任务五　发酵培养基				
	实训一　牛肉膏蛋白胨培养基的制备				
	实训二　马铃薯培养基的制备	学会			
	实训三　高氏一号培养基的制备		技能实践	8	
	实训四　伊红–美蓝培养基的制备				
	任务一　培养基灭菌		理论讲授	4	
	一、灭菌的基本概念	掌握	讨论		
	二、灭菌的基本原理	熟悉	多媒体演示		
四、灭菌	三、温度和时间对培养基灭菌的影响	熟悉			
	四、影响培养基灭菌的其他因素	熟悉			
	五、培养基灭菌的方法	掌握			

续表

单元	教学内容	教学要求	教学活动建议	参考学时 理论	参考学时 实践
四、灭菌	任务二　空气除菌				
	一、基本概念	了解			
	二、空气除菌的方法和原理	掌握			
	三、无菌空气的制备过程	掌握			
	任务三　发酵设备的灭菌				
	一、发酵设备的灭菌	掌握			
	二、发酵罐附属设备、空气过滤器及管路等的灭菌	熟悉			
	任务四　无菌检查与染菌的处理				
	一、染菌的危害	了解			
	二、染菌的检查	掌握			
	三、染菌的处理	掌握			
	四、染菌原因的分析和预防措施	掌握			
	实训　高压蒸汽灭菌	学会	技能实践		8
五、种子的扩大培养	任务一　生产菌种的制备过程		理论讲授	4	
	一、孢子制备	掌握	讨论		
	二、种子制备	掌握	多媒体演示		
	任务二　生产菌种的质量控制				
	一、影响孢子质量的因素及其控制	了解			
	二、影响种子质量的因素及其控制	了解			
	实训　米曲霉固体发酵生产蛋白酶	学会	技能实践		
六、生物反应器	任务一　机械搅拌式反应器		理论讲授	4	
	一、结构特点	了解	讨论		
	二、发酵罐的操作与维护	掌握	多媒体演示		
	三、应用范围	熟悉			
	任务二　鼓泡式反应器与气升式反应器				
	一、鼓泡式反应器	了解			
	二、气升式反应器	掌握			
	三、应用范围				8
	任务三　膜生物反应器及其他生物反应器				
	一、膜生物反应器	了解			
	二、其他生物反应器	了解			
	实训一　黑曲霉发酵生产柠檬酸				
	实训二　大肠埃希菌液体发酵生产菌体蛋白	学会	技能实践		

单元	教学内容	教学要求	教学活动建议	参考学时	
				理论	实践
	任务一　发酵过程的主要控制参数		理论讲授	6	
	一、物理参数	熟悉	讨论		
	二、化学参数	熟悉	多媒体演示		
	三、生物参数	熟悉			
	任务二　菌体浓度对发酵的影响及控制				
	一、菌体浓度对发酵的影响	熟悉			
	二、菌体浓度的控制	掌握			
	三、菌体浓度的检测	了解			
	任务三　基质浓度对发酵的影响及控制				
	一、基质浓度对发酵的影响	熟悉			
	二、基质浓度的控制	掌握			
七、微生物发酵工艺控制	任务四　溶解氧浓度对发酵的影响及控制				
	一、溶解氧浓度对发酵的影响	熟悉			
	二、溶解氧浓度的控制	了解			
	三、发酵过程中溶解氧的检测	熟悉			
	任务五　pH 对发酵的影响及控制				
	一、pH 对发酵的影响	熟悉			
	二、发酵过程中 pH 的变化	掌握			
	三、发酵过程 pH 的确定和控制	熟悉			
	任务六　温度对发酵的影响及控制				
	一、温度对发酵的影响	熟悉			
	二、影响发酵温度变化的因素	掌握			
	三、发酵温度的控制	熟悉			
	任务七　CO_2 对发酵的影响及控制				
	一、CO_2 对发酵的影响	掌握			

续表

单元	教学内容	教学要求	教学活动建议	参考学时	
				理论	实践
	二、CO_2浓度的控制	熟悉			
	任务八　泡沫对发酵的影响及控制				
	一、泡沫对发酵的影响	熟悉			
	二、发酵过程中泡沫的变化	掌握			
	三、泡沫的控制	熟悉			
	任务九　发酵终点的判断				
	一、考虑经济因素	熟悉			
	二、产品质量因素	熟悉			
七、微生物发酵工艺控制	三、特殊因素				
	任务十　发酵工艺的放大				
	一、实验室研究	熟悉			
	二、摇瓶实验	掌握			
	三、不同规模发酵间的差异	掌握			
	四、发酵规模变化的影响	掌握			
	五、发酵规模的放大	了解			
	实训一　红芝液体发酵生产多糖				
	实训二　纳豆激酶固体发酵条件的优化	学会	技能实践		8
	任务一　下游加工过程的特点				
	一、概述	了解			
	二、下游加工过程及技术	熟悉			
	任务二　下游加工技术的选择				
	一、根据发酵产物自身性质	熟悉			
八、发酵下游过程简介	二、根据分离、纯化、精制获得发酵产物需要的成本	熟悉			
	三、具有环保意识	熟悉			
	任务三　下游加工技术的发展趋势	了解			
	实训一　纳豆激酶粗酶液的制备及活性测定				
	实训二　考马斯亮蓝法测定发酵液中蛋白质含量	学会	技能实践		

续表

单元	教学内容	教学要求	教学活动建议	参考学时 理论	参考学时 实践
九、发酵工业与环境保护	任务一 发酵工业废气的处理		理论讲授	2	
	一、发酵工业废气的来源和特点	熟悉	讨论		
	二、发酵工业废气处理常用技术	熟悉	多媒体演示		
	任务二 发酵工业污水的处理				
	一、发酵工业污水的来源和特点	熟悉			
	二、衡量污水水质的指标	掌握			
	三、发酵工业污水处理常用技术	熟悉			
	任务三 发酵工业废渣的处理				
	一、发酵工业废渣的来源和特点	熟悉			
	二、发酵工业废渣的处理技术	熟悉			
十、发酵工业应用实例	任务一 抗生素生产工艺		技能实践 理论讲授	4	
	一、抗生素的分类	熟悉			
	二、青霉素	熟悉			
	任务二 氨基酸生产工艺		讨论 多媒体演示		
	一、氨基酸的生产方法	掌握			
	二、谷氨酸发酵工艺	熟悉			
	任务三 酶制剂生产工艺				
	一、酶制剂生产工艺	熟悉			
	二、尿激酶原的生产	掌握			
	任务四 维生素生产工艺				
	一、维生素的生产方法	了解			
	二、维生素 B_2 的生产工艺				
	任务五 基因工程药物发酵工艺				
	实训一 固体发酵生产纤维素酶				
	实训二 四环素的发酵生产	学会	技能实践		8
	实训三 纳他霉素的发酵				
	实训四 青霉素仿真发酵生产				
	实训五 红霉素的发酵生产				

五、 大纲说明

（一） 适应专业及参考学时

本教学大纲主要供高职高专院校药品生产技术、药品生物技术专业教学使用。总学时为 100 学时，其中理论教学为 36 学时，实践教学 64 学时。

（二） 教学要求

1. 理论教学部分具体要求分为三个层次，分别是：了解，要求学生能够记住所学过的知识要点，并能够生产中应用。熟悉，要求学生能够通过理解知识点运用发酵工业应用实例中。掌握，要求在掌握基本概念、理论和规律的基础上，通过分析、归纳、比较等方法解决所遇到的实际问题，做到学以致用，融会贯通。

2. 实践教学部分具体要求分为两个层次，分别是：熟练掌握，能够熟练运用所学会的技能，合理应用理论知识，独立进行专业技能操作和实验操作，并能够全面分析实验结果和操作要点，正确书写实验或见习报告。学会，在教师的指导下，能够正确地完成技能操作，说出操作要点和应用目的等，并能够独立写出实验报告或见习报告。

（三） 教学建议

1. 本大纲遵循了职业教育的特点，教学内容难易得当，突出了技能实践的特点，以典型的发酵工艺流程为主线，以发酵工程工作任务为中心组织教材内容，凸现职业领域完成工作任务的知识系统性和工作整体性。

2. 教学内容上要注意发酵工程的基本知识、技能与专业实践相结合，要十分重视理论联系实际，理论学习和实训使学生掌握较系统的发酵工程必要知识，学生通过该课程的学习，达到综合运用所学的基本理论知识和技术来解决一些与生产相关的实际问题的能力。

3. 教学方法主要采用重视实践教学环节，开展以启发引导、案例分析、学生设计、汇报等多种形式教学改革，积极开展项目导向、任务驱动等新型教学模式，运用先进信息技术，例如微课、网络课程、qq 群、微信公众平台等多种形式完成教学内容，能充分调动学生兴趣，注重培养学生实际能力的教学方法。

4. 考核方法可采用知识考核与技能考核，集中考核与日常考核相结合的方法，具体可采用：考试、提问、作业、测验、讨论、实验、实践、综合评定等多种方法。知识考核包括理论课讲授的知识点，能够利用所学理论知识及实验操作，进行药品发酵生产，技能考核包括实训课程中涉及到的实验操作。